JN218083

放射線について考えよう。

高エネルギー加速器研究機構
多田将

明幸堂

なぜ、いまさら「放射線」なのか

日本で放射線の話をするときには、東北大震災にともなう福島第一原子力発電所事故について避けて通ることはできません。あの事故直後には、放射線に関する言説が、デマも含め、とてもたくさん出されました。いまさら放射線について書くぐらいなら、なぜ、そのときに書かなかったのか、と思われる人もいるかもしれません。あのころ僕はちょうど生まれて初めての本を出そうとしていた時期であり、それを自分の勤務先の研究施設（Ｊ-ＰＡＲＣ）の震災復旧のため、連日倒れそうなくらいの激務の合間にやっていたために、ほかの本を出すような無謀なことはできなかった、というのが実情です。復旧が終わり、時間に余裕が出てくると、完全に時機を逸してしまっていました。

ではなぜいまさら書く気になったのかと言いますと、きっかけは豊洲市場問題です。あそこで繰り広げられた「安全より安心」とかいう無意味な話や、それを煽るマスコミ、間違った風評で相手を傷つけても自分のちっぽけな正義感さえ満たされればそれでよいのだという風潮に、なんだかとても既視感をおぼえたからです。６年たっても、あるいは、あれだけの大騒ぎをしたあとでも、日本人はまったく変わっていなかったのだなぁ、と。

デマはなぜ正確な情報よりもはるかに広く拡散するのか。

理由はとても簡単です。そのほうが面白いからです。「特になにも問題はありません」よりも、「じつは深刻な……」といったほうが、人間の興味をそそるのです。

正直、デマを流されたほうとしては、とても許しがたい理由ですが、実態はこんなもので、人間のモラルなど、しょせんこの程度なのです。だから僕は、こういった連中が少しでもデマを流さないように期待することなど、いっさいやめてしまいました。

その代わりに、少しでも「聴く耳」を持ってくださっている方々に対しては、可能な限りていねいに、誠実に、説明することにしました。世の中に数ある書籍やサイトの中で、わざわざ本書を選んでくださった方々には、それ相応の誠意をもってお話ししたいと思います。

そして、その方々が、デマに立ち向かうための武器、と言えばおおげさですが、そうでなくとも、デマにだまされないようにするための道具として使っていただけるよう、この文章を書きました。

原子力発電所事故の直後は、「誰の言うことを信じてよいのかわからない」という言葉も聞きましたが、それに対する答えは、「自分で考えるしかない」ということです。自分で考えることをやめて、他人に判断をゆだねている時点で、その人はだまされてもしかたないと言えます。本書は、そういった「自分で考える」ための準備のひとつでありたいと思います。本書を読めばすべてが解決するわけではありませんし、仮にそのように言いきるものがあれば、それをこそ疑うべきだと思います。

ひところ「理系の人間はどういう連中か」というテーマの本が書店に平積みされているときがありました。僕もそれらをぱらぱらと見てみたのですが、見たページが悪かったのか、いっさい共感できないことばかり書いてありました。そこには、理系の人間を完全に誤解した、ステレオタイプな「理系の人間像」が描かれていました。たとえば、コミュニケーション能力が欠如しているだの、すぐに専門用語を使いたがるだの、夢見がちで浮世離れしたところがあるだの、ところ構わず白衣を着ているだの、本当に理系の人間を見たことがあるのか、と疑わしくなるような内容でした。

では、現実の「理系の人間」とはどういう特徴をもっているのでしょうか。

ひとつは、論理的に考える、ということ。
もうひとつは、定量的に考える、ということ。

理系でない人たちにとって、前者が「こうるさい」、後者が「細かい」と否定的に考えられる原因になっていると思います。

僕はいちおう理系の学者のはしくれではありますが、それでよかった、と思うことがあります。それは、世の中に満ちあふれるデマに、だまされにくいことです。デマや疑似科学の多くは、論理的でもなければ定量的でもありません。ところが、それに気づくには、ふだんから論理的かつ定量的に考えることに慣れていないとむずかしいのです。デマを堂々と否定するためには、「こうるさく」「細かく」なければなりません。

デマに流される人やデマを発信する側の人には、あらゆることを○×式にとらえる、という特徴があります。実際世の中で起きていることのほとんどは、自然科学に関することではなくとも、「程度問題」なのであって、単純に○×式で判断できるものはほとんどありません。にもかかわらず、自分の頭で考えることを面倒臭がって、○か×かの二元式の答えを要求する。全否定か全肯定しかない。そういう人たちこそが、もっともだまされやすい人間です。しかし残念ながら、そのような人たちが日本ではまだまだ多くいて、主流ですらあるというのが悲しい現実だと思います。そういう風潮に流されないために、「どの程度か」ということを考えることが、「定量的」な思考なのです。

そして、放射線の問題でも、豊洲問題でも、「安全より安心」という言葉を呪文のように唱える人たちがいます。その人たちに聞きたいのは、では、「安心」を感じる基準はなにか、ということです。それが科学的なものではなく「自分たちの心の中の問題だ」などと言われたら、人間がふたり以上いる社会ではまったく話になりません。なぜなら、「心の中」など、人それぞれまったく違うからです。そのまったく違うことを考える人たちがたくさん集まった社会で「安全」を調整する手段こそが法であり、その法の根拠となるものが科学であるはずです。

ですから、本当に「安全」かどうか「自分で考えて判断する」ための、科学的な根拠を与える道具として、本書を活用していただきたいのです。

本書は、高校では物理学の授業を受けなかった、または、受けたのだが、すっかり頭の中から抜けてしまった、という方を主な対象として書いたつもりですので、学生のみなさんや、学生時代のことがまだ頭に入っている方には、もの足りないと感じられることでしょう。そのときには、本書を、より詳しい放射線についての本を読む「きっかけ」としていただければ幸いです。

あるいは逆に、中学校の段階ですでに物理学を苦手とされていた方には、なんだかむずかしいことが書いてあってつらいな、と感じられるかもしれません。本書は、表面的な知識を並べたてるだけでなく、「なぜそうなっているのか」ということから理解するのが目的ですから、原理から詳しく書いてあります。物理学が苦手だった方の中には、物理学という学問が「なんかよくわからない公式を憶える科目」という認識であった人すらいるらしいですが、それは完全な間違いで、物理学とは、「物」事はなぜそうなっているのか、その「理」由を考える「学」問なのです。

「なんかよくわからないものを憶える」では、物理学という学問とまったく逆のことをしていることになります。公式なんかどうでもよいのです。「なぜか」ということを考えていただきたいのです。それをしてこなかった方には、慣れないことゆえに、多少戸惑うかもしれませんが、根元から考えることこそ、だまされないために絶対に必要なことだからです。「他人にそう教わった」ではなく、「自分で考えた」が大切です。苦労して身につけたことは、そう簡単に揺らいだりしないからです。ゆっくりと、少しずつでよいので、考えながら読み進めていってください。

そして、みなさんに言いたいことは、本書を、放射線のことだけでなく、世の中のあらゆるできごとを科学的に、つまり「論理的に」「定量的に」考える「きっかけ」として利用していただきたい、ということです。

本書では、「なぜそうなっているのか」という仕組みを理解するために、順を追って話を進めていっています。そのため、みなさんが知りたいことにすぐにたどりつけなくて、ちょっとイライラするかもしれません。でも、そうやって「なぜ」という仕組みを順序立てて考えることが、「論理的に」考える練習になります。

そして、多くの量や数値が出てくるのも本書の特徴です。これも数字を見るのがいやな人には、ちょっと気分がよくないかもしれません。しかし、数値がもつ意味を考えること、その数値が大きいのか小さいのか、どの程度であって、我々にとって問題はないのか、それを考えることこそ、「定量的に」考えることなのです。

「お化け」が怖いのは、つまるところ、その正体がわからないからです。お化けに光を当て、正体を白日の下にさらしてやれば、それほど怖いものではありません。お化けが主に夜に活躍するのはそのためです。

放射線という「お化け」も、必要以上に恐れられているのは、多くの人が「それがなんだかわからない」と思っているからです。ですから、その正体を理解することで、恐れをなくし、「安心感」を得るのが、本書の目的です。

放射線という「お化け」を、白日の下にさらしてやりましょう。

放射線について考えよう。目次

第1章

原子と原子核の中身について考えよう

原子の中身はどうなっているのか

いきなり最初から「原子の中身」なんて、ちょっと難しそうで……と思われるかもしれませんが、これから放射線の話をしようというのですから、放射線を出す「もと」のところを知る必要があります。「いやな臭いはもとから断たなきゃだめ」ではありませんが、臭いのもとを知らなければ、臭いの対策ができませんからね。

「原子」は、その名のとおり、かつて、世の中のあらゆるものの基本的な構成要素だと思われていたものです。この原子が組み合わさって分子となり、その分子が集まって細胞となり、その細胞が集まって臓器となり、その臓器が組み合わさって我々の身体ができています。

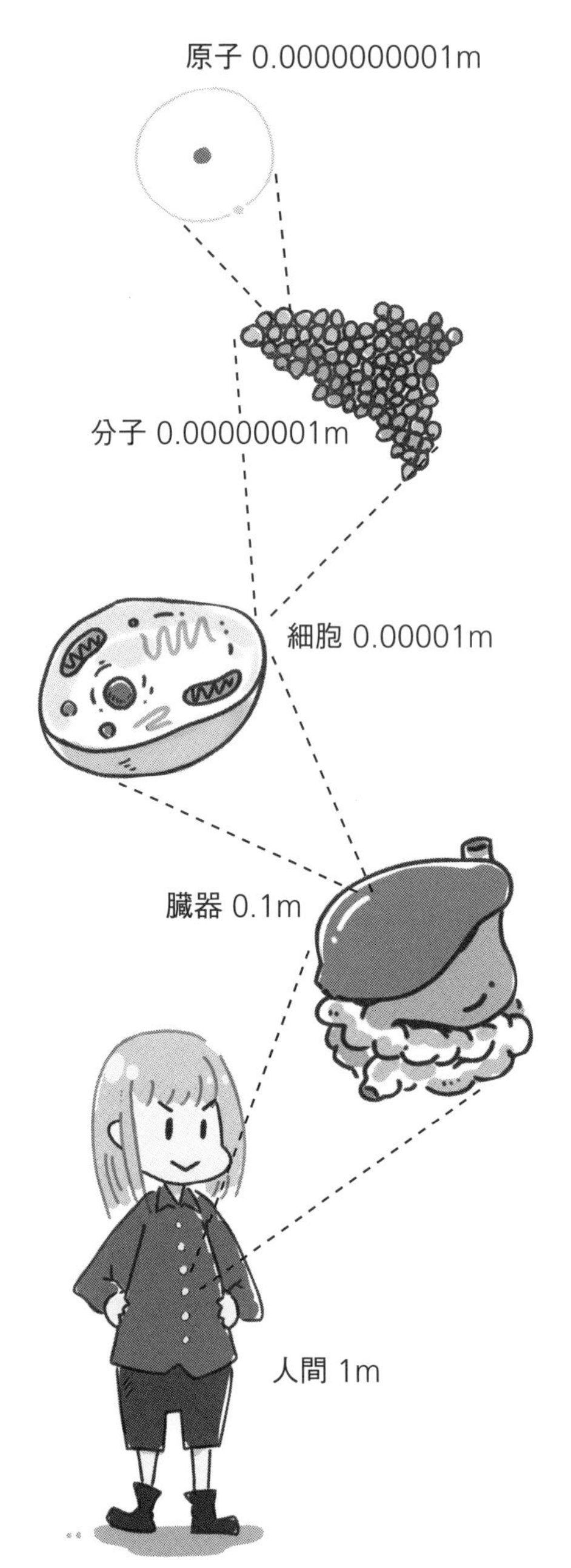

中学校の化学の授業を思い出してください。そのときは、原子は「それ以上分割できない最小単位」としていました。ところが、以下では、その原子を「分割」して、中身について見ていくことで、放射線が出てくる「もと」を探ってみることにします。

原子の中身が明らかになったのは、今から100年前、20世紀の初頭です。原子の中身をモデル化すると、下のようになります。

原子の大きさは100億分の1m（0.0000000001m）と、ちょっと想像もつかないほど小さいものですが、その中身というと、さらにその上をいく想像のつかなさです。なにが想像を絶するのかというと、ぎっちりとなにかが詰まっているわけではなく、ほとんどが空洞だ、ということです。

下の図を見て、人によっては、まるで太陽系のようだ、と感じられたかもしれません。ちょうど中心に太陽のような小さな塊があり、その周りを惑星にあたる粒子が回っています。太陽にあたるものを原子核、惑星にあたるものを電子と呼びます。惑星の軌道が、水星、金星、地球、火星と、すべてきっちりと決まっているように、電子の軌道も、原子ごとにきっちりと決まっています。ただしこれはあくまでも簡単に理解できるようにしたモデルであって、実際の電子は、惑星のようにしっかりした塊となって飛んでいるわけではなく、

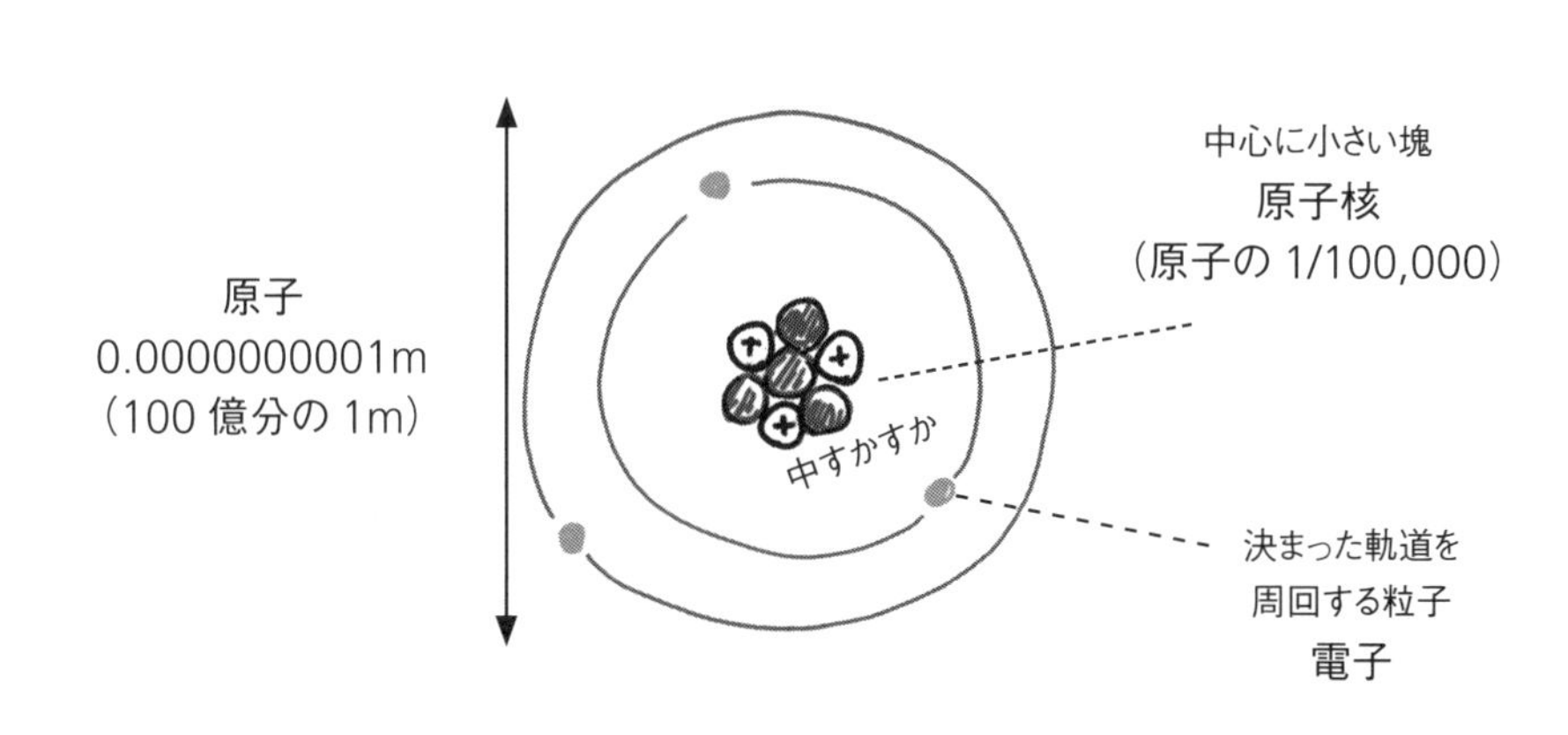

雲のように広がって原子を覆っています。

原子の内部は空洞だった

原子核のことを「小さな塊」と言いましたが、本当に小さく、原子全体の10万分の1の大きさしかありません。原子の大きさが100億分の1mでしたから、さらにその10万分の1というと、1000兆分の1m（0.000000000000001m）です。先ほどの図はわかりやすくそれぞれの要素を大きめに描いていますが、実際のサイズとしては、たとえばみなさんが今ご自宅の一室でこの文章を読んでいるとして、その部屋全体を原子だとすると、原子核は髪の毛の直径（それも毛が細い人）よりも小さいのです。想像してみてください、真ん中に髪の毛が1本だけ置かれている部屋を。がらんどうの部屋でしょう。意外なことに、原子はそのようなほぼ空洞でできているのです。

空洞でできていたらなんだ、と思われるかもしれません。ところが、よく考えてみてください、原子は世の中のすべてのものをつくる基本単位ですから、それが空洞だとすると、みなさんの身のまわりのものも、すべてがすかすかでもおかしくないですよね。

ところが、今、みなさんが自分の身体を触ってみても、あるいはこの文章を読んでいる本を触ってみても、しっかり中身が詰まっていて、まったくすかすかではありませんよね。すかすかだったら、本を触れることも無理そうです。ではなぜ触れることが可能なのでしょうか。

原子核

雲状に広がる電子

物体は、電子の力で形づくられている

その理由は、まさにこの原子の構造にあります。先ほどお話ししたとおり、原子の表面は、雲のように広がった電子によって覆われています。そして、電子はすべて同じマイナスの電気（電荷）を持っています。ということは、ありとあらゆる原子が、その表面をマイナスの電気で覆われている、ということです。

電気というものは、プラス同士、マイナス同士のように、同じ符号同士では反発し合います（逆に異なる符号同士だと引き合います）。ですから、たとえば手でタブレットを持つ場合には、手の表面の原子（を覆う電子）とタブレットの表面の原子（を覆う電子）とが反発し合い、そのことで手とタブレットはたがいに通り抜けずに、しっかり持つことができるのです。中身がすかすかの原子同士がしっかりと反応できるのは、電子のおかげなのです。電子のように電気（電荷）を持つ粒子を、「荷電粒子」と呼びます。

陽子と中性子の組み合わせで、すべての物質がつくられる

次に原子の中心にいる原子核の中身を見てみましょう。
先ほどの原子の模式図では原子核は意図的に2種類の粒子が

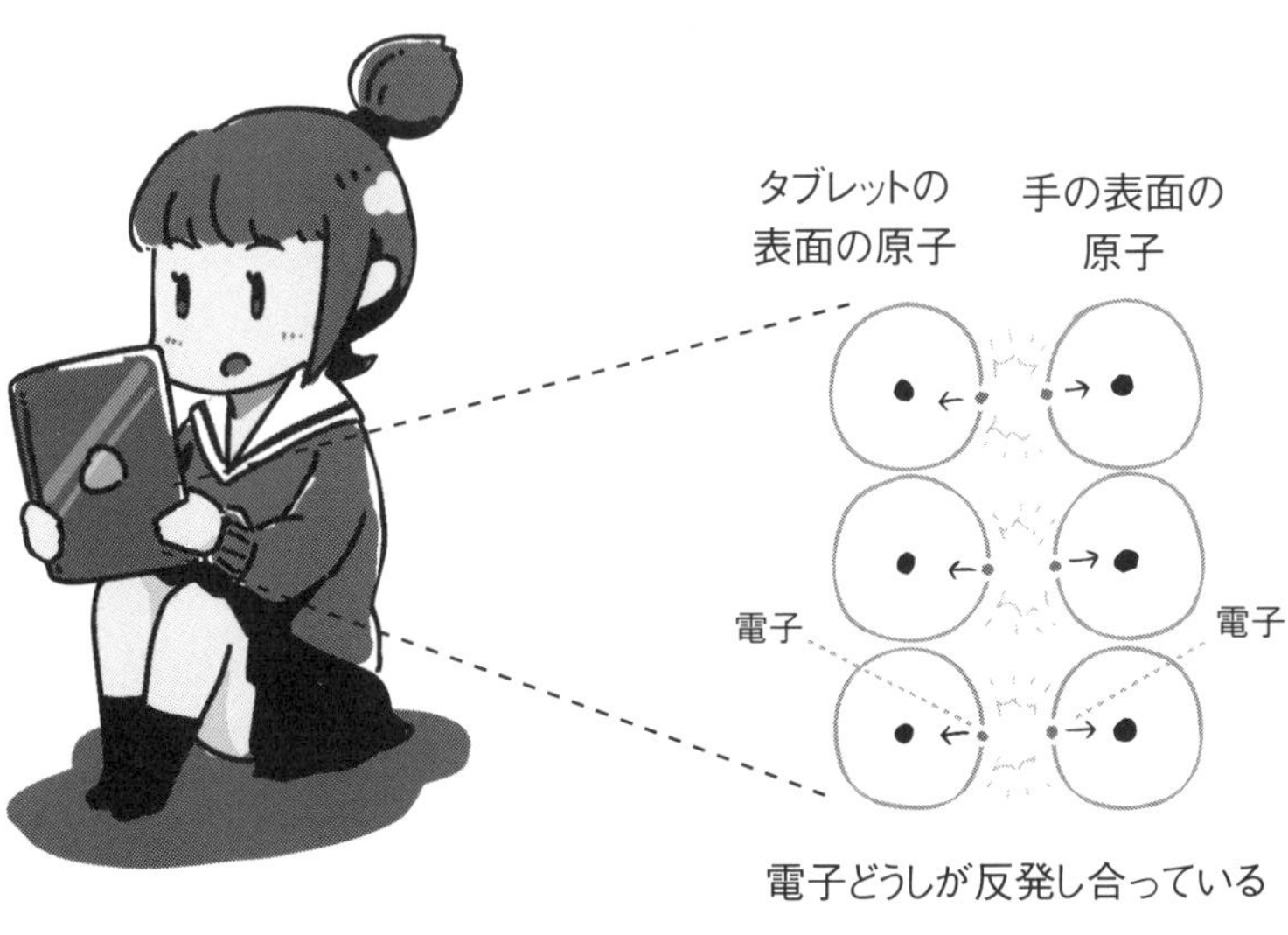

固まっているように描いてありますが、下の図のように、それぞれ、陽子と中性子と呼ばれる粒子がくっつくことによって、原子核はできています。図中の⊕が陽子、●が中性子という粒子です。これから、図中では、すべてこのように描くことにします。

陽子と中性子は、大きさや重さはほぼ同じで、大きく違うのは、陽子はプラスの電荷を持っているのに対して、中性子は電荷を持っていない、ということです。その違いから、「陽」子、「中性」子、という名前がついています。ですから陽子は電子と同じ荷電粒子です。陽子の電荷は、符号は電子の逆ですが、大きさは電子とまったく同じです。また、陽子と中性子が組み合わさって原子核となることから、両者をまとめて「核子」と呼びます。

20世紀の初頭には、世の中のあらゆる原子（核）は、言いかえればあらゆる物質は、すべてこの陽子と中性子からできあがっている、ということがわかりました。

たとえば、今みなさんが手にされている本は、セルロースからできています。机に向かって椅子に座っているかもしれませんが、その机の材質は何でしょうか。木材か鉄が一般的ではないでしょうか。椅子はフレームが鉄で、座る面にはクッションがあり、それには布や綿が使われていると思います。

このように、我々の身の回りのものは、それぞれ見るからに違うさまざまな物質からできているわけですが、あらゆる物質の原子核が陽子と中性子からできているとするならば、陽子と

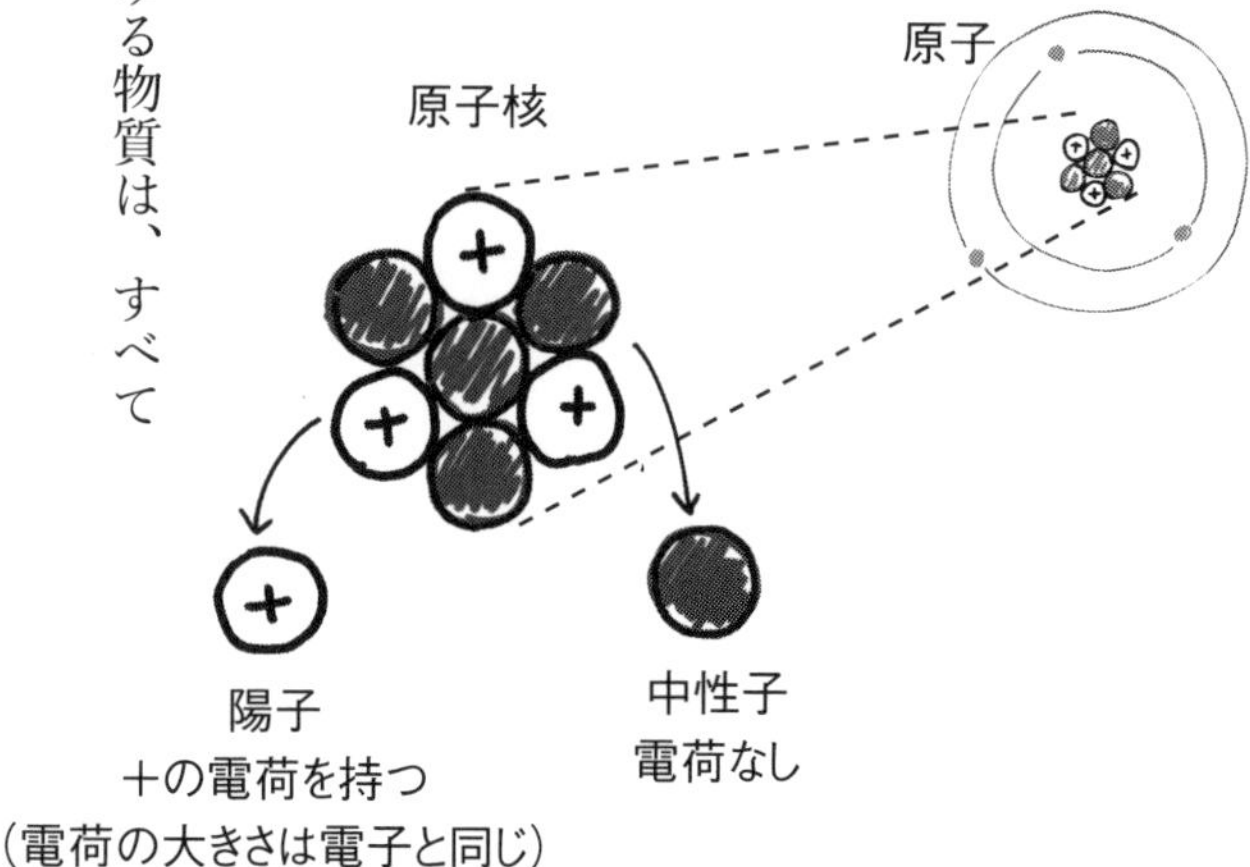

中性子の組み合わせが違うだけで、その物質の違いが生じていることになります。

陽子の数で、元素の種類が決まる

陽子と中性子の組み合わせを変えていくことで、どんな物質ができるのか、見ていきましょう。

陽子が1つだけでできている原子（核）は、水素になります。燃える気体です。そして、酸素との化合物は、この世界でもっとも重要な化合物である、水になります。

陽子が2つ、中性子が2つの場合はヘリウムになります。ヘリウムは我々のような研究者にとってはとても重要な物質ですが、一般の人たちには、吸い込んで声を変えたり、風船に入れたりするぐらいにしか、使うことはないかもしれません。

陽子3つと中性子4つだとリチウムになります。こちらのほうがみなさんには馴染みが深いと思います。リチウムはモバイル機器の電池の材料として使われている化学的な反応性の高い金属です。現代ではなくてはならないものですね。

陽子4つと中性子5つだとベリリウムになります。ベリリウムは非常に硬くかつ軽い金属で、融点も高く、構造材料としては理想的で、アルミニウムとの合金は、航空機や自動車のブレーキの材料として使用されていますが、一時期は、自動車のエンジンにも使用されました。

H
水素

He
ヘリウム

Li
リチウム

Be
ベリリウム

陽子5つと中性子6つだとホウ素になります。ホウ素は金属と非金属の間にある物質で、みなさんの身の回りのものでは、ホウ酸という名前を聞いたことがあるかもしれません。このホウ素は、のちほど重要な役割を持って再登場します。

陽子6つと中性子6つだと炭素になります。炭素は、我々をはじめあらゆる生物の最も重要な構成元素です。炭素化合物が意志を持ったものが生物だと言ってもよいくらいです。

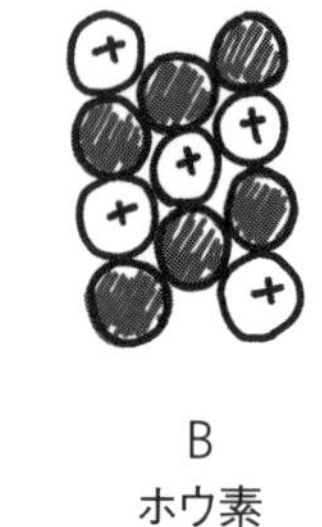
B
ホウ素

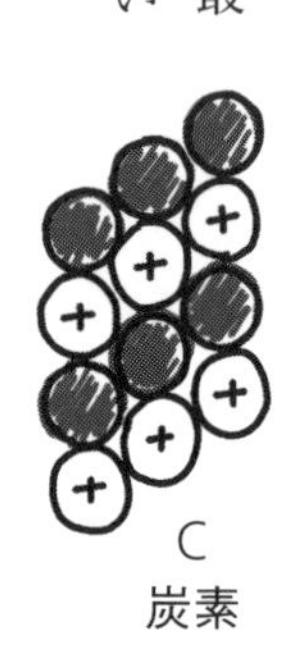
C
炭素

このように、陽子の数が異なるだけで、原子の性質はまったく異なってしまうことがおわかりでしょう。ここでは陽子の数6つまでの原子を紹介しましたが、世の中には、100を超える種類の原子（元素）が存在しています。それらはみなさんが実生活で体験しているとおりに、それぞれまったく異なる性質を持っていますが、もとをただせば、すべては陽子と中性子というたった2種類の粒子が組み合わさってできており、その化学的な性質の違いは、単なる陽子の数の違いでしかないわけです。ここで「化学的」とは、原子同士の結びつきをあつかうことを意味します。

電子の数と配列が化学的性質を決める

なぜ、陽子の数が化学的性質を決定するのでしょうか。簡単に考えてみましょう。
先ほど、我々の身の回りの物体がその形を保っているのは、原子を覆う電子同士の反発によるものだとお話ししました。ところが、まさにその我々の身の周りの物体は、我々人間サイズで見た場合には、静電気が発生していないときには、ふつうはまったく電気を帯びていないでしょう。触ってもびりびりしないはずです。電子も陽子も電荷を持っているのに、なぜでしょうか。

その理由は、プラスの電荷を持つ陽子の数と、マイナスの電荷を持つ電子の数とが、ひとつの原子の中では同数だからです。先ほどのとおり、陽子1つが持つ電荷量と、電子1つが持つ電荷量は、符号が反対で大きさは等しいので、数が同じであれば、電荷量の合計は、ちょうど零となります。

化学では、原子同士の結びつきをあつかいますので、つまり電子同士の反応をあつかっているとも言いかえられます。電子が主役ですから、化学的性質は電子の数（と配列）が決めているようなものなのです。そして、電子の数と陽子の数は同じなのですから、結局のところ、陽子数がその原子（元素）の化学的性質を決めていることになります。中性子は電子の数と関係がありませんから、中性子の数は化学的性質とは基本的に無関係なのです。

ということで、化学的性質で原子を分類するには、陽子の数で分類するのが一番よいことになります。陽子の数の順に原子（元素）を並べた一覧表を周期表と呼びます。みなさんもご覧になられたことがあるかと思います（周期表は巻末に掲載しています）。

錬金術、華麗に復活！

かつて世の中には錬金術というものが存在していました。たとえば「水銀を金に変えてみせます！　そのための設備が必要ですので、投資を！」と言って権力者たちからお金をだましとる方法です。

ところが、「世の中の物質はすべて原子の組み合わせからできており、原子自体は変化しない」という原子論が登場してからは、それまでなんとなくあやしいと思われていた錬金術が、詐欺のツールだとはっきりしました。原子論にしたがえば、水銀の原子と金の原子は別物ですから、水銀から金を生み出すことはできないのです。化学の世界では、今でもこれは正しいわけです。

ところが、原子の中身を調べ、その中の原子核までを知ると、陽子と中性子の組み合わせしだいで、どんな原子もつくることが可能だとわかりました。つまり、錬金術は、化学的には不可能でも、物理学的には可能なのです。水銀の原子核の陽子と中性子の数を変えれば、金をつくり出すことは原理的に可能です。ただし、原子核の組み合わせを変えるには、とてつもないコストと手間がかかりますので、ふつうに金を採掘したほうが、はるかに安あがりなのですがね。

同位体（アイソトープ）とは、中性子の数だけが異なる元素

陽子の数が元素の違い（化学的性質の違い）を決めていることをお話ししましたが、それでは、中性子の数は何にかかわっているのでしょうか。

たとえばヘリウムであれば、陽子2つと中性子2つとからできていますが、陽子2つと中性子1つの原子核であっても、これは同じヘリウムであり、化学的な性質は同じです。しかし、物理学的な性質は異なります。このように、同じ元素（陽子数が同じ）で、中性子の数が異な

るものを、同位体（アイソトープ）と呼びます。
原子（元素）を表わすには、元素記号を用いるのが一般的です。ここで、ヘリウムを例にあげて見てみましょう。

元素記号は、大文字1字、または大文字1字と小文字1字とで表わされます。ヘリウムの元素記号はHeですが、その左上と左下に数字が書いてあります。左下の数字が原子番号と言って、陽子の数を表わしています。そのため、ある元素記号を持ってくれば、原子番号はもう決まっていますので、わざわざ原子番号を書く必要もありません。ですから省略されることが多いです。

いっぽう、左上の数字は質量数と言って、陽子と中性子を足した合計の数（つまり核子の総数）です。原子の中の粒子の質量を考えると、電子は陽子の1／2000しかないのでほとんど無視することができます。そして陽子と中性子はほとんど同じ質量ですので、核子の総数が、「原子全体の質量が陽子の質量の何倍か」ということをだいたい表わしていることになります。そのため、質量数、という名前がついています。

下には、ふたつのヘリウムの元素記号を書いています。同じヘリウムですが、質量数が違います。つまり、中性子の数が違う、ヘリウムの同位体です。日本語では、質量数を元素名のあとに続けて、それぞれ、「ヘリウム3」「ヘリウム4」と読みます。

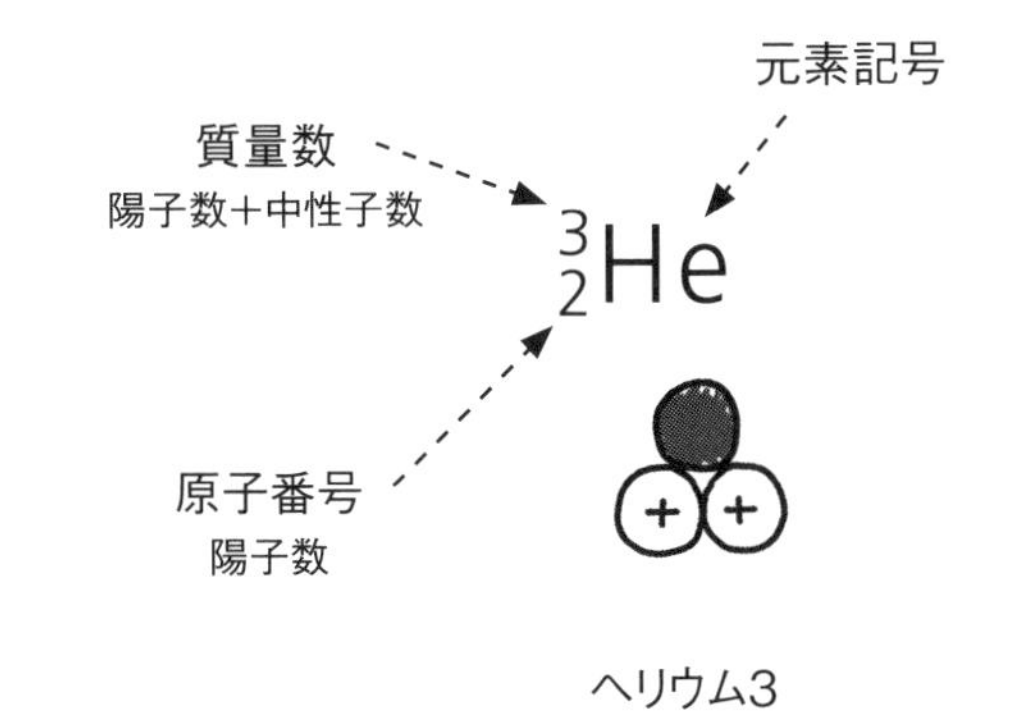

質量数が意味するところ

質量数についてもう少しお話しすると、この数字は、その同位体の原子をアヴォガドロ定数（6.02×10^{23}）分だけ集めた場合の質量を、g（グラム）で表わしたものとほぼ等しくなります。というのも、このアヴォガドロ定数というものが、「12gの炭素12に含まれる原子の数」と定義されたからです。[1]

アヴォガドロ定数個の集まりを1mol（モル）と呼びます。[2] 12個の集まりを1ダースと呼ぶのと似ています。

ここで触れておきたいのは、我々が通常目にしているものは、途方もない数の原子の集まりだということです。たとえば1cm^3の体積に含まれる原子の数は、

アルミニウム　60,000,000,000,000,000,000,000個
鉄　85,000,000,000,000,000,000,000個
ウラン　48,000,000,000,000,000,000,000個

にもなります。億が8桁、兆が12桁ですから、22桁というのは文字どおり途方もない数です。

いっぽう、これらの数字をご覧になられて、もうひとつ気づいたことはありますでしょうか。そう、質量数が大きく違うもの（つまり原子核の大きさが大きく違うもの）でも、同じ体積中に含まれる原子数には大きな差がないということです。アルミニウムとウランでは、質量数が

1　2018年から定義が変わります。詳しくは「新しいSIの定義」でぐぐってください。

2　これは、ラトヴィア生まれのドイツの化学者であるフリードリヒ・ヴィルヘルム・オストヴァルトが、ドイツ語のMolekül（分子）から取った名称です。

9倍も違いますが、同じ体積中に含まれる原子の数はほとんど同じです。
これは、質量数が大きく違っても、原子自体の大きさにはたいして差がないことを意味しています。原子の大きさにたいして差がないということは、質量数が大きい原子ほど比重（質量密度）が大きく、別の言いかたをすると、「比重が大きなものほど同じ体積中に存在する原子核の総量が大きい」ことを示しています。原子核と言えば部屋の中に置かれた髪の毛みたいなものですが、その髪でも太さが違うということです。これは、あとで、放射線と原子核の反応を考えるときに重要となってきます。

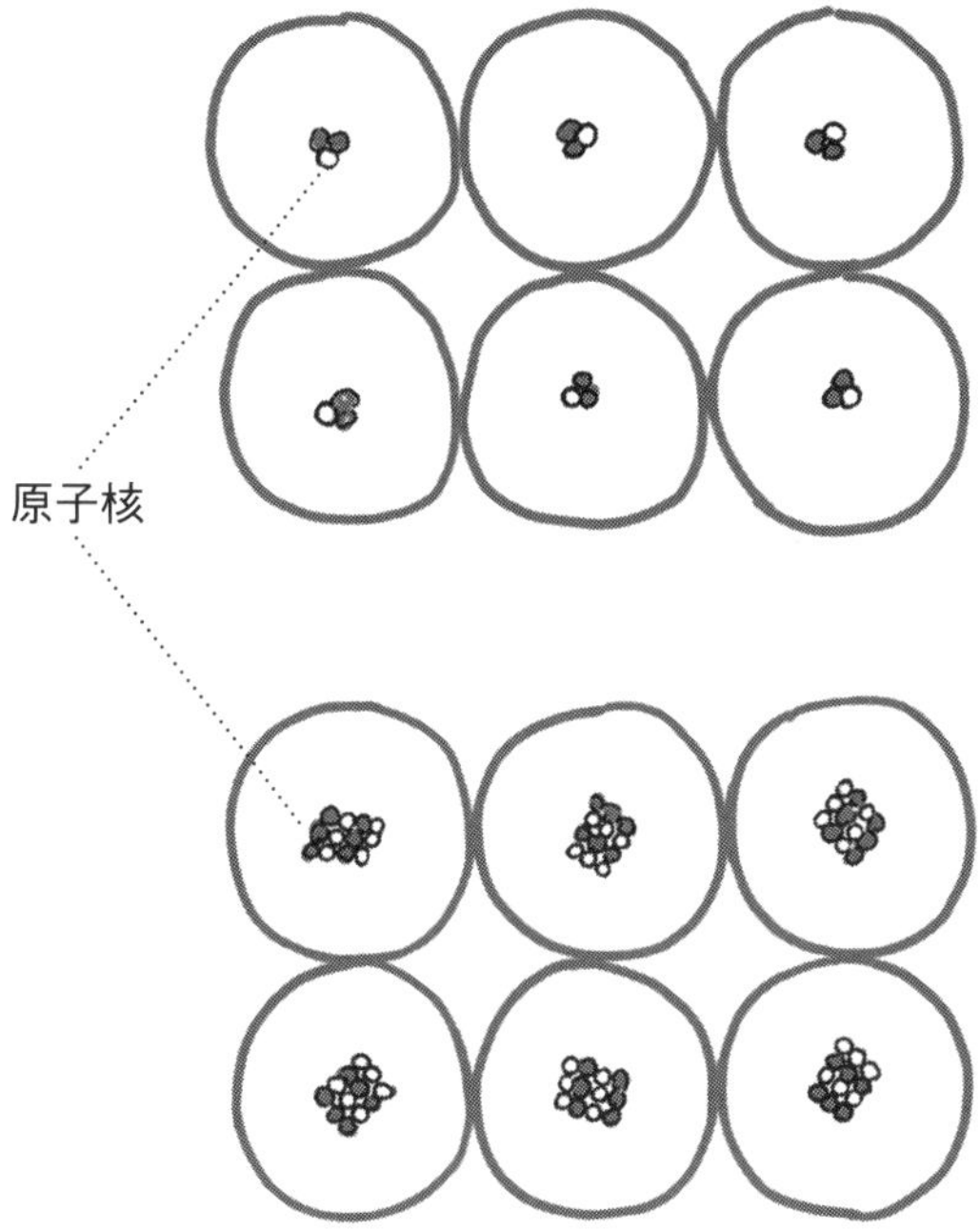

原子核が大きいほど、
物質の比重（質量密度）は
大きくなる

言いかえると…

比重が大きなものほど、
同じ体積中に存在する
原子核の総量が大きい

安定な原子核と、不安定な原子核

原子核は中性子と陽子の組み合わせでできていますが、それぞれどんな数でもいいわけではありません。でたらめな数を組み合わせても、うまく原子核として塊にならず、不安定になって、すぐに壊れてしまいます。ある陽子の数に対して、ちゃんと安定して存在できる中性子の数、というものが決まっているのです。その理由は、あとでお話しするように、陽子と中性子を結合させる力と、陽子の電磁力とのバランスが取れなければならないからです。

下の図をご覧ください。横軸が陽子の数、縦軸が核子の総数です。点を打ってあるところが、安定して存在できる原子核です。意外に限られた範囲でしか存在できないことがわかるでしょう。左下から右上へ、陽子の数と中性子の数がほぼ同じところしか、安定して存在できないのです。ここで示した安定領域から外れれば外れるほど、不安定になり、できて

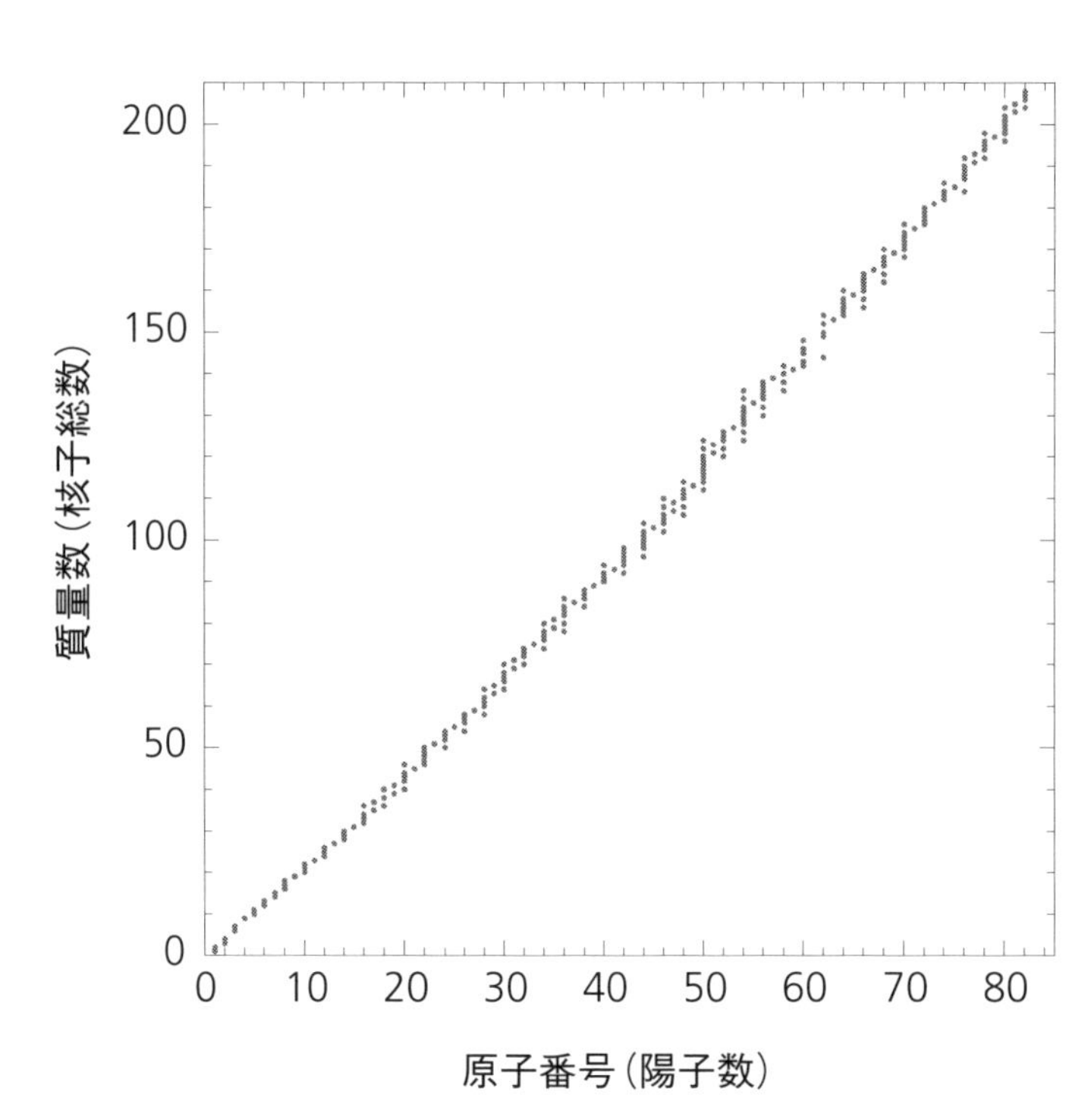

もすぐに壊れてしまいます。

恐るべきポロニウム

ここでひとつ、ある元素を紹介しましょう。ポロニウムです。ポロニウムの名前は、みなさんも耳にされたことがあるかもしれません。放射性物質なのですが、寿司にまぶして……あ、いえいえ、元КГБ（国家保安委員会）／ФСБ（連邦保安庁）職員のアレクサンドル・リトヴィネンコ氏の暗殺に使われたことでも有名です。彼はポロニウムを摂取したことによる体内被曝によって亡くなりました。ポロニウムの同位体はすべて放射性（放射線を出す）なのですが、このとき使用されたのはポロニウム２１０だと考えられています。このポロニウムが出す放射線については、第2章で詳しくお話しします。

ちなみに、ポロニウムの発見者はピエール・キュリーとマリア・スクウォドフスカ・キュリーの夫妻で、マリアの故郷ポーランドから名前をとって、ポロニウムと名づけられました。元素名が国の名前由来であることはとても名誉あることですが、よりにもよってポロニウムだけに、ポーランドの人たちの中には、複雑な気持ちの方もおられるかもしれません。

ポロニウム２１０は原子炉などで人工的につくるのが一般的なのですが、自然界にもある程度は存在しています。みなさんが摂取する可能性があるとしたら、タバコからです。肥料中に含まれる放射性物質の崩壊によって発生したポロニウム２１０が、タバコの葉につくのです（崩壊については第2章でお話しします）。そしてタバコは葉を燃やして吸いますから、喫煙（受動喫煙も含みます）によって肺の中に入るわけです。放射線医学総合研究所の評価[3]によると、１

3 『喫煙者の実効線量評価―タバコに含まれる自然起源放射性核種―』*RADIOISOTOPES*, **59**, 733-739 (2010)

※通常、引用論文は、「著者名、雑誌名、巻数、ページ数、年」の順で書きますが、本書では、みなさんがぐぐりやすいよう、著者名の代わりにタイトルを書いてあります。

日に20本のタバコを吸う人の被曝量は、1年間で190μSv（マイクロ・シーヴェルト）だそうです。この程度であれば、被曝によるリスクを無視できるレヴェルですが、吸わなくてよいものであれば、わざわざこの危険な放射性物質を肺に入れる必要もないのではないでしょうか。ここで出てきた各種の用語や放射線量の単位などについては、第2章以降に順を追ってお話ししていきます。

ところで、下の図はタイで売られているマイルドセブンライトのパッケージですが、とてもグロい画像が描かれていますね。癌に冒された肺の画像ですが、タイでは、タバコのパッケージの面積のある割合以上が警告表示で占められねばならないことになっているらしく、そのためこのような画像がでかでかと描かれているのです。このパッケージは、マイルドでもライトでもありませんがね。

このポロニウムですが、アメリカでは、意外な形でふつうに販売されています。それは、静電気除去ブラシです。アナログ盤の表面の埃を取るのに使われるのですが、なんとこれにポロニウムが使われているのです。

ブラシの毛の部分の根元附近に金色の板がありますが☞、この中にポロニウム210が含まれています。ポロニウム210はα（アルファ）線という放射線を出します。このα線こそが、リトヴィネンコ氏を死に至らしめた元

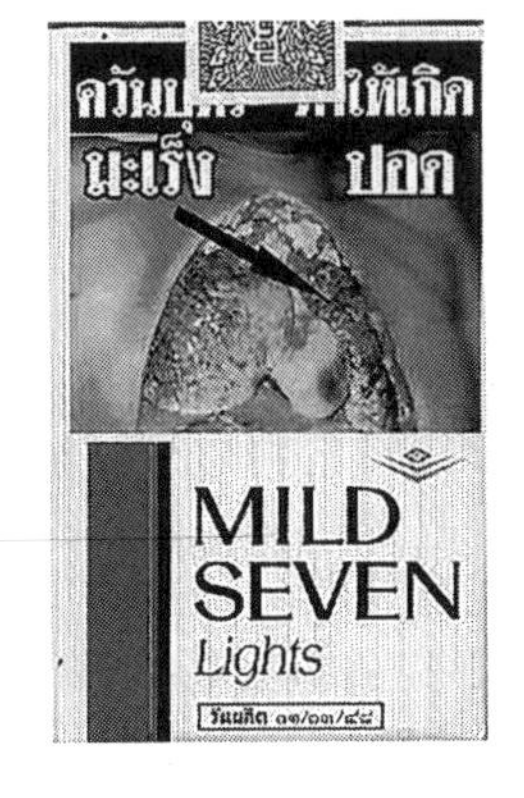

図ですが、このブラシではそのα線を有効に使っています。α線が空気分子を電離し、それが静電気を除去するのです。これを手軽なブラシとして市販するところが、いかにもアメリカ的な大胆さです。通信販売を利用すれば、日本からも取り寄せられるはずです。電離については、第4章でお話しします。

このα線という放射線は、遠くまで飛べず、水中（人体も同じ）では40μm程度しか飛びません。僕がこのブラシの金属板に直接触れたとしても、α線は皮膚ですべて止まってしまうのです。但し、40μmで止まってしまうということは、40μmの範囲にすべてのエネルギーを与えてしまう、ということですから、周囲の細胞に与える損害はとても大きく、したがって、皮膚ならばともかく、体内に入って重要な臓器や組織にあたってしまうとたいへんなことになります。それでリトヴィネンコ氏も被害を受けたわけです。このあたりのことについては第4章から第6章にかけて詳しくお話しします。

ですから、こういう形で使用する場合には、吸い込める粉末のような形で体内に入ることを絶対に防ぐ手立てが必要です。また、製造の途中でもむき出しにならないようにしないと、工場で働く人の安全を保つのがむずかしくなります。そこで考え出された方法が、先ほど触れた、現代の錬金術なのです。

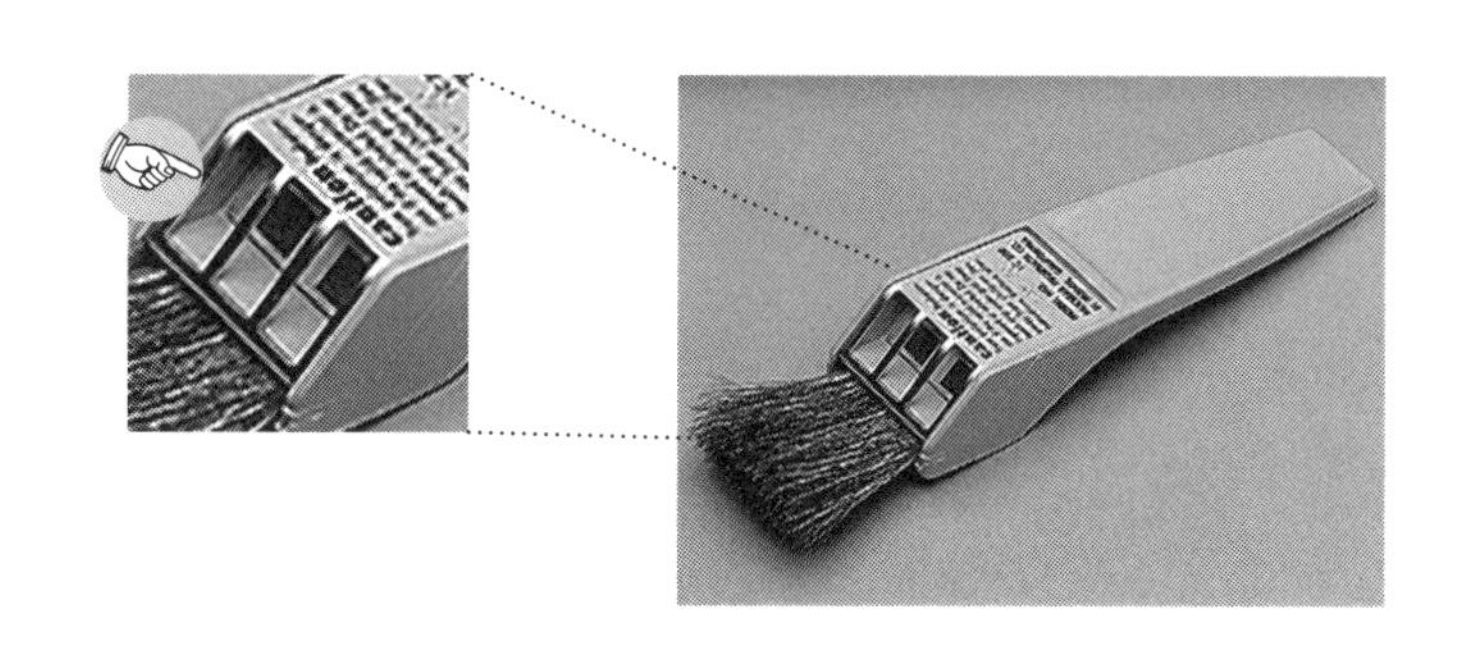

ポロニウムをつくり出す現代の錬金術

まず、銀の板を用意します。そこにビスマスという金属をメッキします❶。そしてその上にさらに金を薄くメッキします❷。この状態ではビスマスは表面に露出していません。これに、原子炉を用いて、中性子を照射します❸。

天然のビスマスはすべてビスマス209（陽子83個、中性子126個）です。このビスマス209に中性子を照射すると、その原子核は中性子を吸収し、ビスマス210（陽子83個、中性子127個）になります。このビスマス210は、先ほどお話しした原子核の安定した領域から外れており、不安定ですので、半減期5日で中性子の1つが陽子へと変わり（β崩壊）、ポロニウム210（陽子84個、中性子126個）へと変わるのです❹。

この方法であれば、製造工程でポロニウムは直接表面に露出することがありませんから、（原子炉を除

❶ビスマスをメッキ

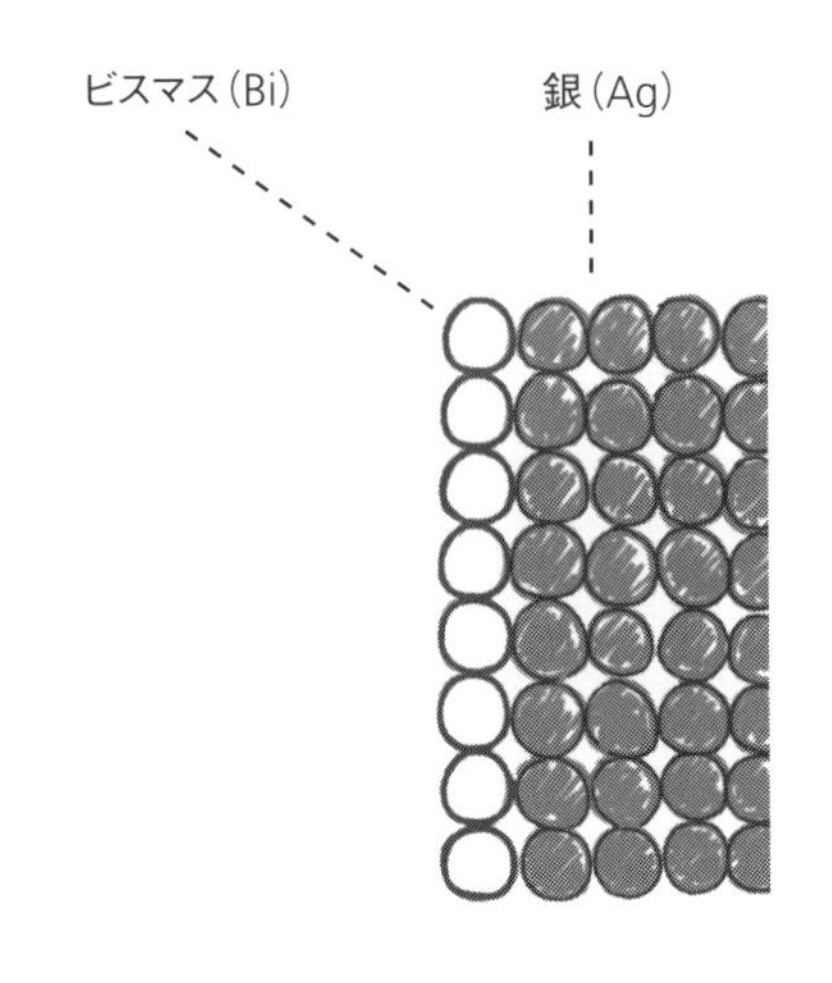

❷金をメッキ

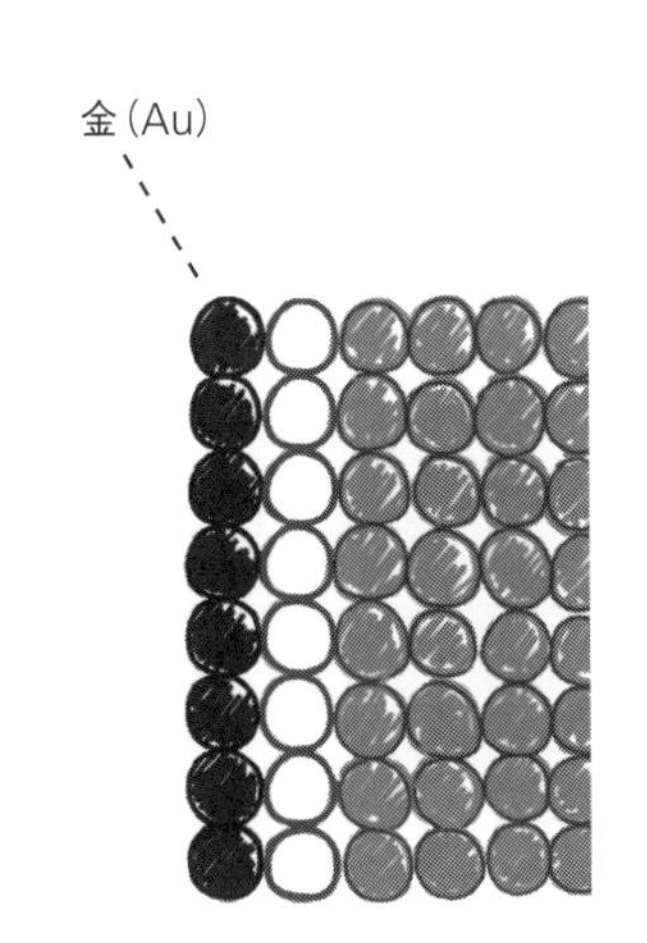

いて）特別な設備がなくとも安全に製造できるのです。これが実用的な錬金術の一例です。β崩壊については第2章で、半減期については第3章で、原子核が中性子を吸収する反応については第4章で、それぞれお話しします。

リトヴィネンコ氏が暗殺された際に、日本では「ポロニウムを用意できるのはロシアしかないからロシアが犯人だ」みたいに言う人までいましたが、それを信じた人たちは、アメリカがふつうにAmazonでも買える静電気除去ブラシにすら使っていることを、どう考えているのでしょうね。

原子核をくっつける「強い力」

さて、原子核の中身の話に戻りましょう。

原子核は、陽子と中性子とがくっついて塊になっているのですが、もともと陽子はプラスの電荷を持っていて、中性子は電荷を持っていませんから、こういったもの同士がくっついているのは、電磁力だけで考えると不思議な話です。プラスの電荷を持っ

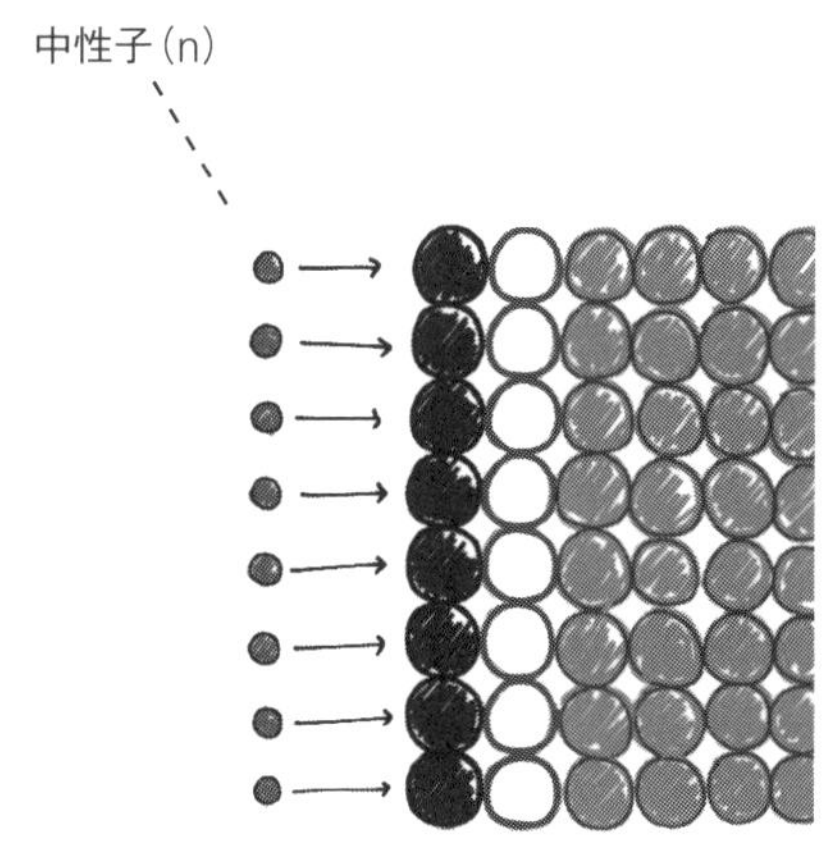

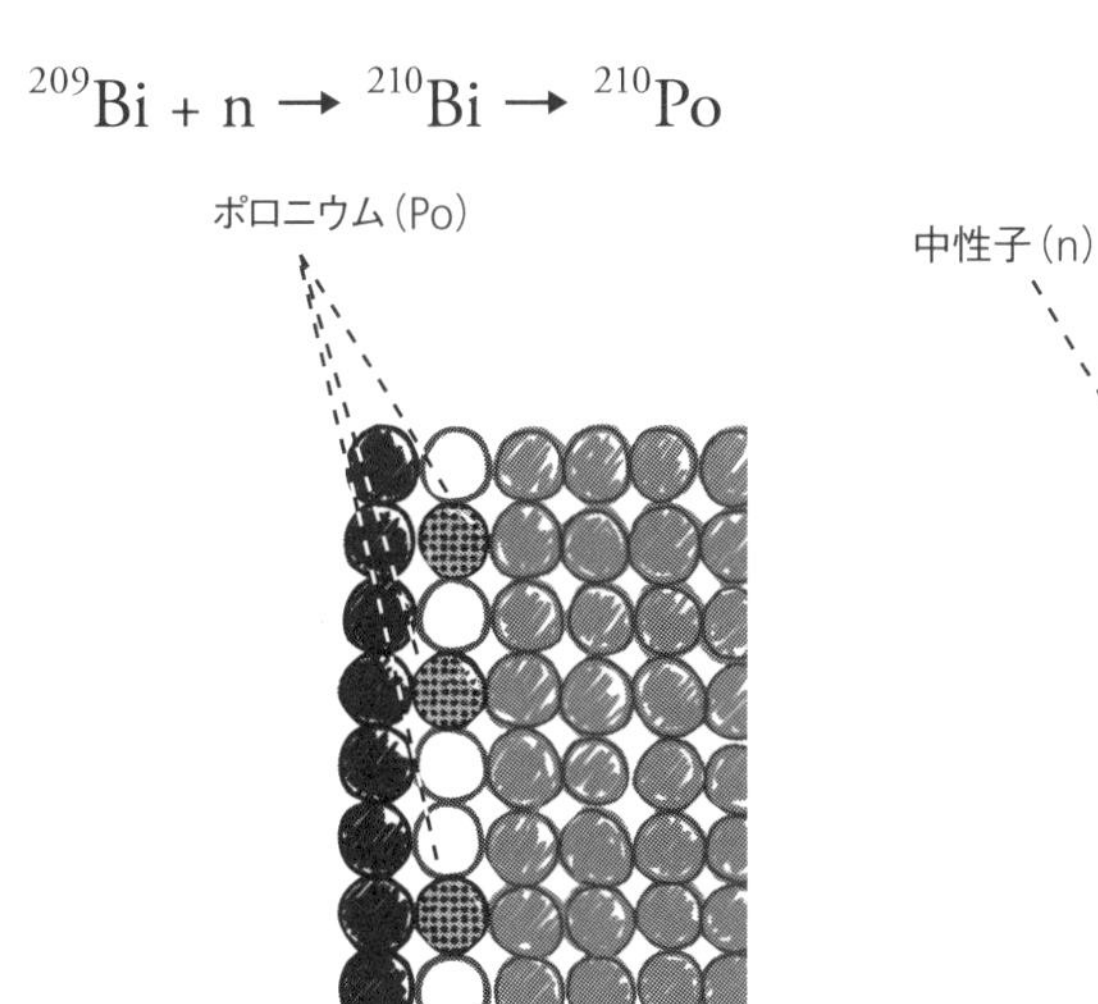

たものを集めても、反発し合うからです。

じつは、原子核の中では、陽子と中性子をくっつけるためのある力が働いているのです。

原子核を発見するまで、人類は、重力と電磁力というふたつの力しか知りませんでした。しかし、原子核の構造を知ることで、必然的に、もうひとつの力が必要であることを知ったのです。この力を「強い力」と呼びます。strong interactionを訳したものですが、もうちょっとなんとかして欲しいネイミングですよね。

この「強い」は、電磁力より強いという意味ですが、本当に強くて、電磁力の100倍ほどの強さで、陽子と中性子をがっちりとつなぎとめています。

電磁力は電荷を持った陽子にしか働かないのですが、強い力は陽子にも中性子にも働きます。下の図では、細い矢印が電磁力、太い矢印が強い力を表わしています。

強い力は確かに強いのですが、いっぽうで、その力が届く距離が短いのが特徴です。力が届く距離を到達距離と言います。たとえば重力であれば、無限

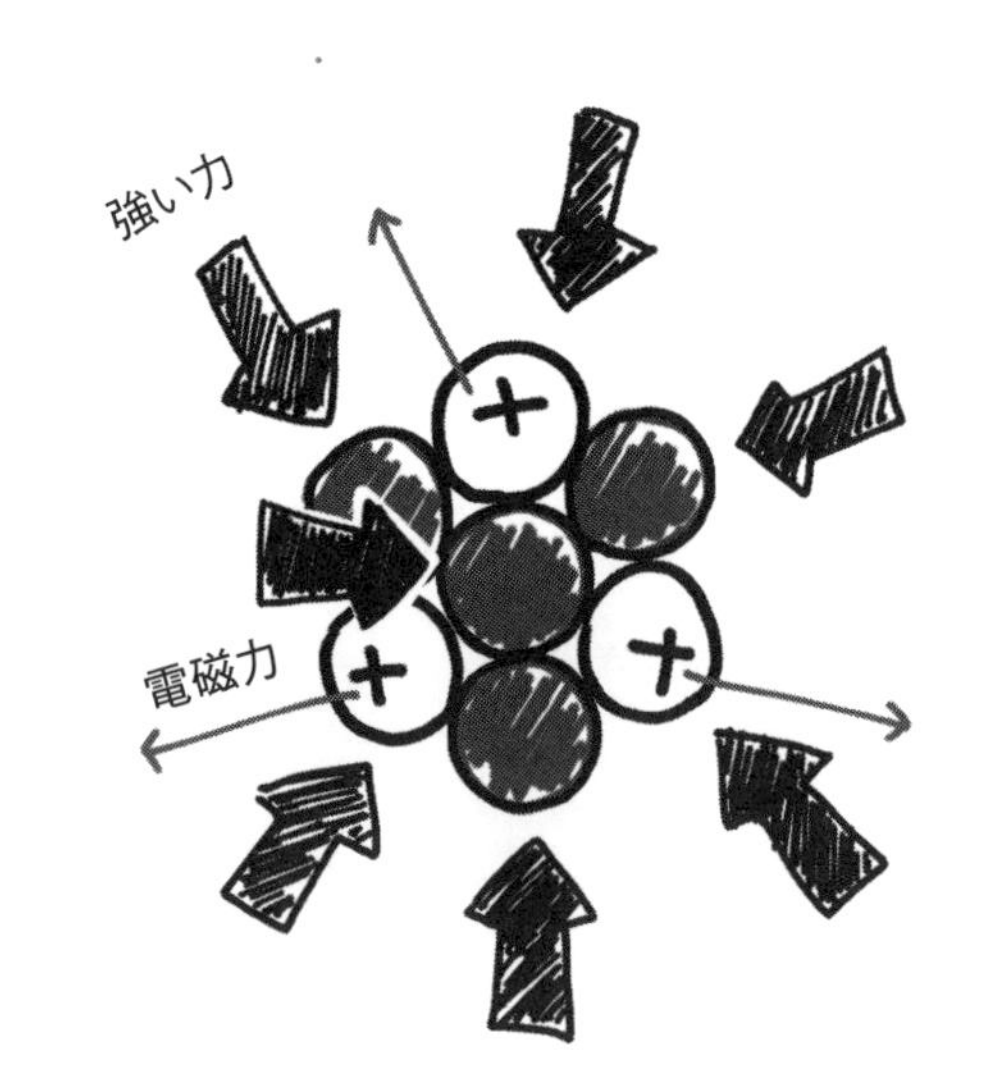

陽子にも中性子にも働く

強い力

∨

電磁力

陽子にだけ働く

に遠い距離のものにまで力を及ぼせます。月ははるか遠くにありますが、潮の満ち引きなど、地球に影響を及ぼしています。電磁力も重力と同様、無限の遠さのところまで力を及ぼすことができるのですが、強い力はそうではありません。強い力は、だいたいとなりの陽子や中性子のあたりまでしか働かないのです。そこから少し離れると、その力があっという間に失われてしまいます。

少し離れたほうが愛の力は強くなる

また、力の働き方も変わっています。重力や電磁力は距離が近いほど強く働きます。ところが強い力は逆で、距離が遠くなるほど、より強くなるのです。ちょうどバネみたいな感じですね。バネも伸ばせば伸ばすほどもとに戻る力は強くなります。そしてこれもバネ同様、ある長さを超えると（到達距離を超えると）、突然、バネが切れるように、まったく力が働かなくなるのです。

私事で恐縮ですが、以前に、とある女子高で講演を行ったときに、この強い力について質問した生徒さんがおられました。それでこのバネのたとえを出したのですが、僕はつい、「これはまるで男女の仲みたいですね」という話をしてしまいました。つまり、あまり近づきすぎるよりも、多少離れたほうが、ふたりの愛の力は強くなるが、離れすぎると、もうどうでもよくなってしまう。原子核の場合は、陽子（ようこ）さんと、中性子（ちゅうせいこ）さんですので、女同士、百合の関係ですがね。

このように、強い力は到達距離が短く、となりの核子ぐらいにしか働きません。巨大な原子核の場合には、原子核の反対側の位置にある陽子や中性子は、互いに力を及ぼさないのです。

近いときはよそよそしく

離れると仲良く

離れすぎると…
お互いに興味なし

大きい原子核ほど、中性子がたくさん必要

ここでふたたび安定核の領域を示した図に注目してください。

この図をはじめに見せたとき、「陽子の数と中性子の数がほぼ同じところ」が安定だ、と言いましたが、よくよく見ると少し違います。原子番号が小さなところでは、陽子の数と中性子の数は確かにほぼ同じですが、原子番号が大きくなるにつれて、中性子が多めになってきます。そのことは、質量数＝原子番号×2の直線を引いてみるとよくわかります。右に行けば行くほど、その直線からずれ、上のほうへとはねあがっているでしょう。その理由が、この強い力の特殊な働き方に関係があります。

電磁力は陽子にしか働かず、強い力は陽子だけでなく中性子にも働きます。そして、電磁力が無限遠にまで働くのに対して、強い力がとなりの核子にしか働かないために、大きな原子核では、電磁力に打ち勝って原子核の形を保つために、より多くの中性

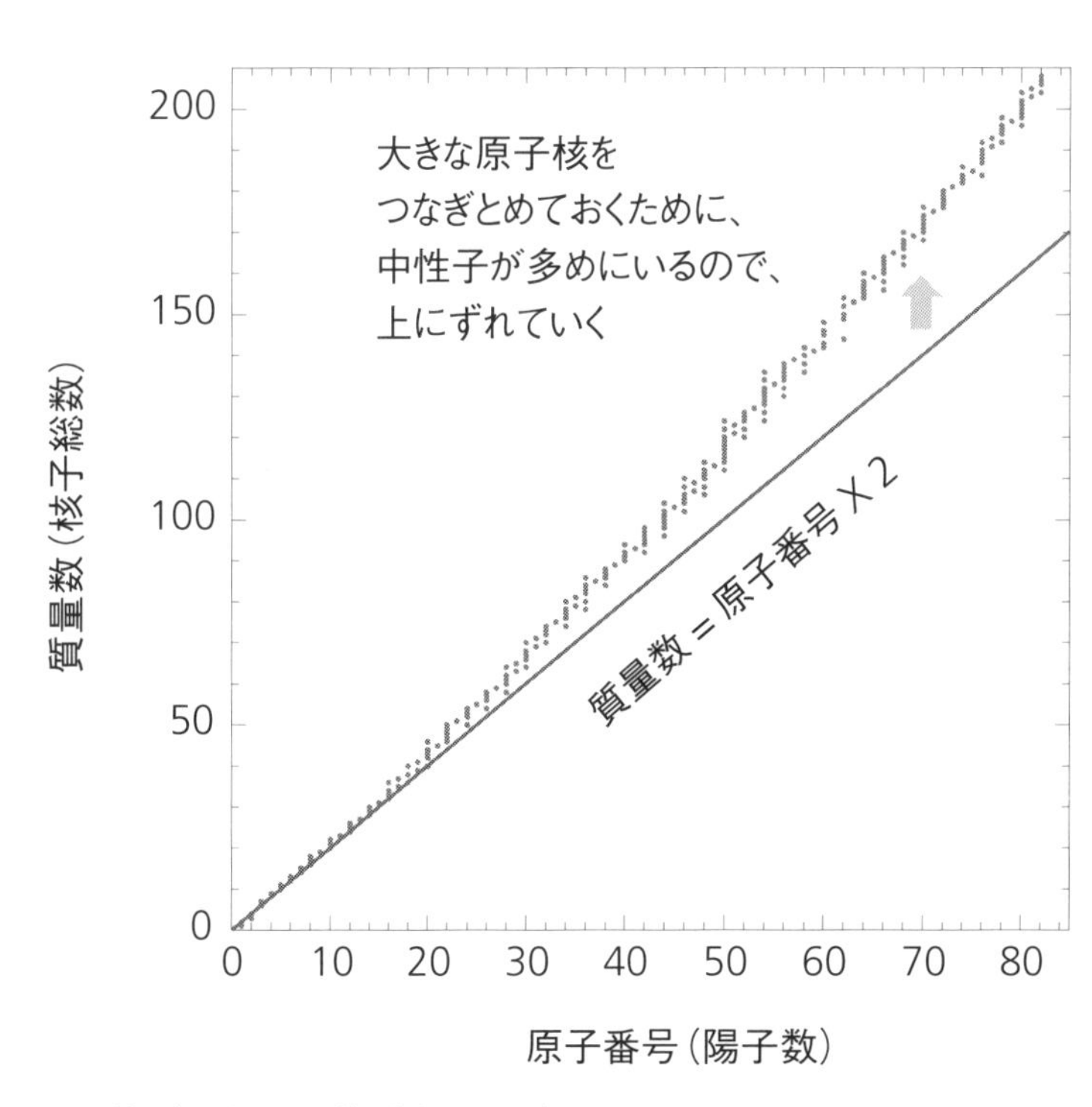

子が必要になってくることを意味しています。もし強い力が遠くまで作用する力であったなら、陽子と中性子の数の比率は、小さな原子核でも大きな原子核でも同じようになっていたことでしょう。

以上の原子核の仕組みを頭に入れたうえで、次章からいよいよ放射線についてお話ししましょう。

第1章まとめ

◎原子は原子核と電子からできている
◎原子核は陽子と中性子からできている
◎陽子の数（電子の数）が元素の化学的性質をきめる
◎安定していられる陽子と中性子の数の組み合わせは限られている
◎ポロニウムヤヴァい

第2章
どうやって放射線が出てくるのかについて考えよう

原子と原子核の中身について知ったうえで、いよいよ放射線の話をしましょう。この章では、主な放射線の種類と、それぞれの放射線がどうやって放出されるのかについてお話しします。

安定になる方法1
ヘリウム4の原子核を放出する（α崩壊）

第1章では、安定な原子核は限られているという話をしましたが、では、不安定な原子核は、いったいどうなってしまうのでしょうか。

第1章で安定な核の領域を示しましたが、それは、陽子の数と中性子の数が同じくらいの原子核です。そこから外れるほど不安定になるのですが、あまりに大きく外れた、つまり陽子数と中性子数があまりに違いすぎる原子核は、そもそも存在することが困難です。

ある程度数が異なると（左図の■色の部分）、陽子が持つ電磁力（すべてが同じプラスの電荷なので反発する力）が、原子核を結合させる強い力に勝ってしまって、原子核は分裂してしまいます。それは核分裂と言って、原子力発電や核兵器で用いられますが、本書では対象外とします。

ここでは、少しだけ数が違う、つまり、少しだけ修正すれば安定な状態になる原子核について、あつかうこととします。

その「少しだけ修正」のひとつめの方法は、原子核の一部を放出することです。放出のしかたにはいろいろあってもよさそうなのですが、じつはそうではなくて、ひととおりしかありません。それは、陽子2つと中性子2つの塊、つまりヘリウム4の原子核と同じものを放出することです。[1]

1　これは、原子核を放出するのですから、核分裂の一種ともいえるのですが、物理学の世界では、ヘリウム4以外の原子核を放出する場合を、核分裂と呼びます。ヘリウム4の場合は特別あつかいなのです。

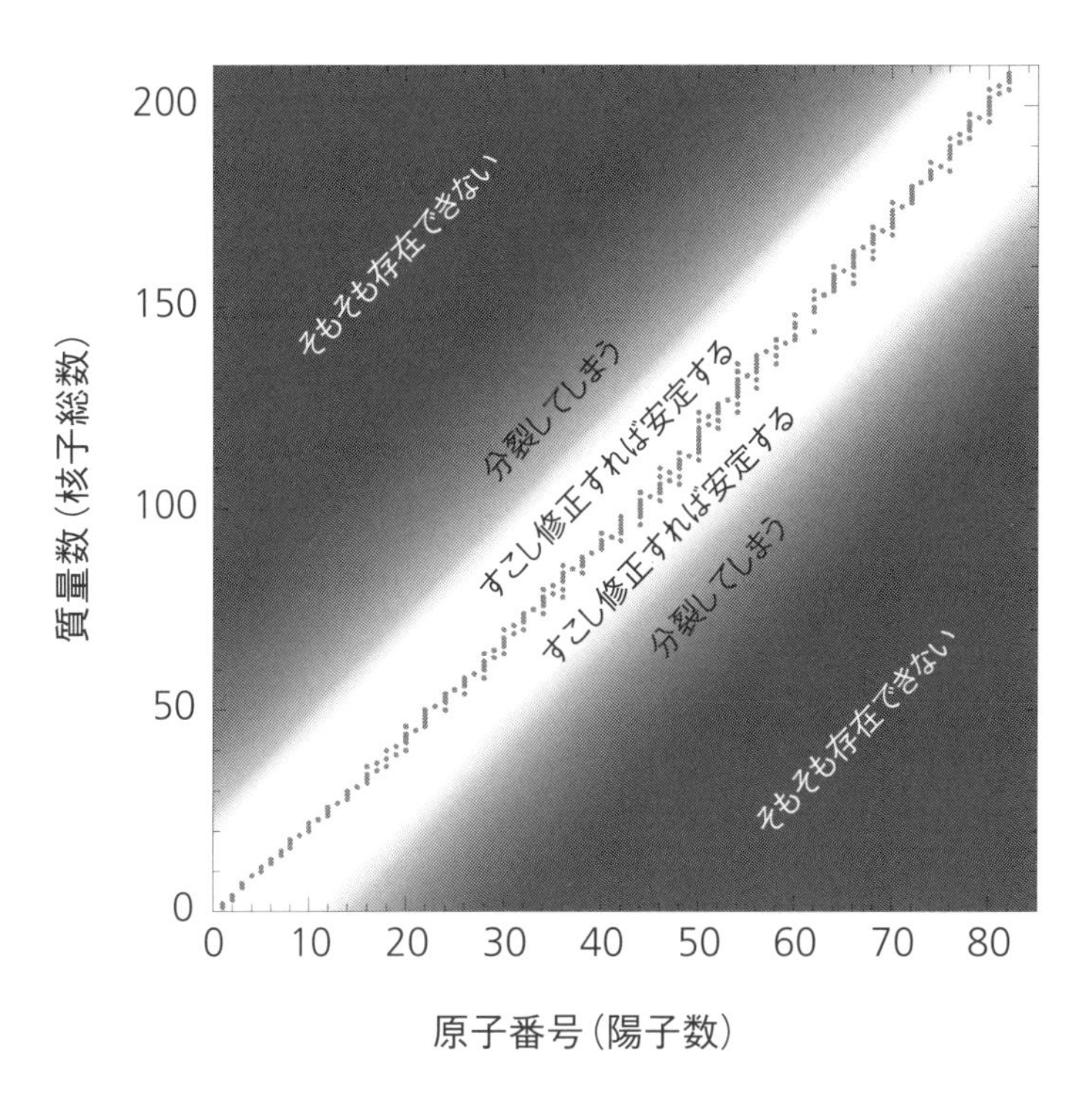

200
150
100
50
0
0
10
20
30
40
50
60
70
80
質量数（核子総数）
原子番号（陽子数）
そもそも存在できない
分裂してしまう
すこし修正すれば安定する
すこし修正すれば安定する
分裂してしまう
そもそも存在できない

この放出されたヘリウム4の原子核、あるいは、（放出された）ヘリウム4の原子核が飛んでいる状態を、「α線」と呼びます。また、このα線を放出する現象を、「α崩壊」と呼びます。

ポロニウムが鉛に（α崩壊の例）

α崩壊の例としては、第1章で登場したポロニウム210などがあります。ポロニウム210は、α崩壊によって、安定な鉛206となります。

ここで注目していただきたいのは、質量数と原子番号（陽子の数）です。質量数は、最初210だったものが、206になりますから、4だけ減っています。その数値が、α線、つまりヘリウム4の質量数と同じですから、全体としては核子の数は合っています。消滅したりしません。

原子番号は、ポロニウムの84から鉛の82へと、2だけ減っています。これも、ヘリウムの原子番号2と同じですから、やはり全体で見ると陽子の数は変わっていません。消滅したわけではなく、単に、外に出ただけです。

ポロニウム210　→　鉛206　ヘリウム4

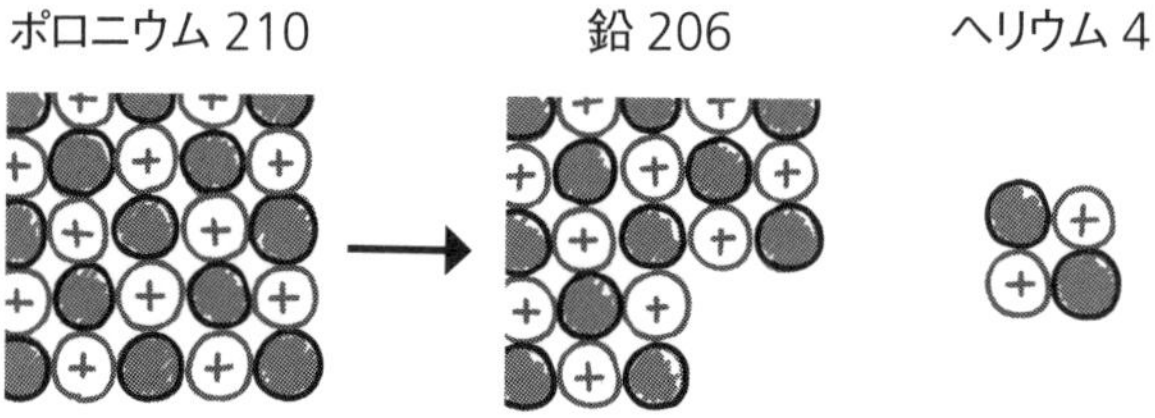

$$^{210}Po \rightarrow {}^{206}Pb + {}^{4}He$$

210	=	206	+	4	質量数
84		82		2	原子番号

安定になる方法2
核子の種類を変えて、電子を放出する
（β崩壊）

不安定な原子核を安定にする、ふたつめの方法は、中性子を陽子に変え

ることで、中性子の数を減らし、陽子の数を増やすことです。こうすれば、数のうえでのアンバランスを解消し、陽子と中性子の数を同じくらいに近づけることができます。

中性子が陽子へと変わるときに、電子と反電子ニュートリノが1つずつ放出されます。[2] この放出された電子、あるいは、（放出された）電子が飛んでいる状態を、「β（ベータ）線」と呼びます。また、この現象を、「β崩壊」と呼びます。

中性子が陽子に、陽子が中性子に（β崩壊の例）

β崩壊の例として、ここでは、水素の同位体である水素3について触れておきましょう。

水素3は、陽子が1つに中性子が2つですが、中性子が多すぎて不安定であるために、このうちの1つの中性子がβ崩壊を起こして陽子となり、陽子2つに中性子1つのヘリウム3となります。

この現象では、中性子が陽子に変わっただけですから、核子の総数は変化しません。質量数が、反応前後で同じ3であることがおわかりになるかと思います。原子番号は、陽子が1つ増えるために、ひとつ上がっています（水素の1からヘリウムの2へ）。

また、中性子には電荷がなく、陽子は電荷がプラス、電子は電荷がマイナスですから、反応の前後で電荷の総量が変化していないことにも注目して下さい。

水素3　→　ヘリウム3　電子　反電子ニュートリノ

$$^{3}H \rightarrow {}^{3}He + e^{-} + \bar{\nu}_e$$

3	=	3	質量数
1		2	原子番号

2　反電子ニュートリノとは素粒子のひとつです。本書ではこれ以上あつかいませんが、詳しくは拙著『ニュートリノ』（イースト・プレス）をご覧ください。

この反応で、変わった部分、つまり中性子だけを抜き出すと、なにが起こったのか、よくわかります。

中性子が多すぎる場合はこのように電子を放出して陽子に変わりますが、逆に、陽子が多すぎる場合はどうでしょうか。単純に考えれば、陽子が中性子に変わればよいのですが、それにはふたつの方法があります。それを考えるために、β崩壊の反応式をちょうど逆にしてみましょう❶。

そして、ここから、まずは反電子ニュートリノだけを右辺に移します。本書では反粒子については説明しませんが、粒子は、左右の辺を移動するときに、粒子・反粒子の反転をします。ちょうど数式の移項と同じです。反粒子については、拙著『ニュートリノ』に詳しく解説していますので、そちらをご覧ください。

すると、陽子が電子とくっついて中性子となり、電子ニュートリノ（ν_e）を放出する反応となります❷。この反応を「電子捕獲」と呼びます。陽子はどこから電子をつかまえてくるのかというと、原子核の周りを回っている電子を、です。これであれば、ひとつの原子の中で完結していますので、原子全体の電荷総量は保たれたまま、つまり原

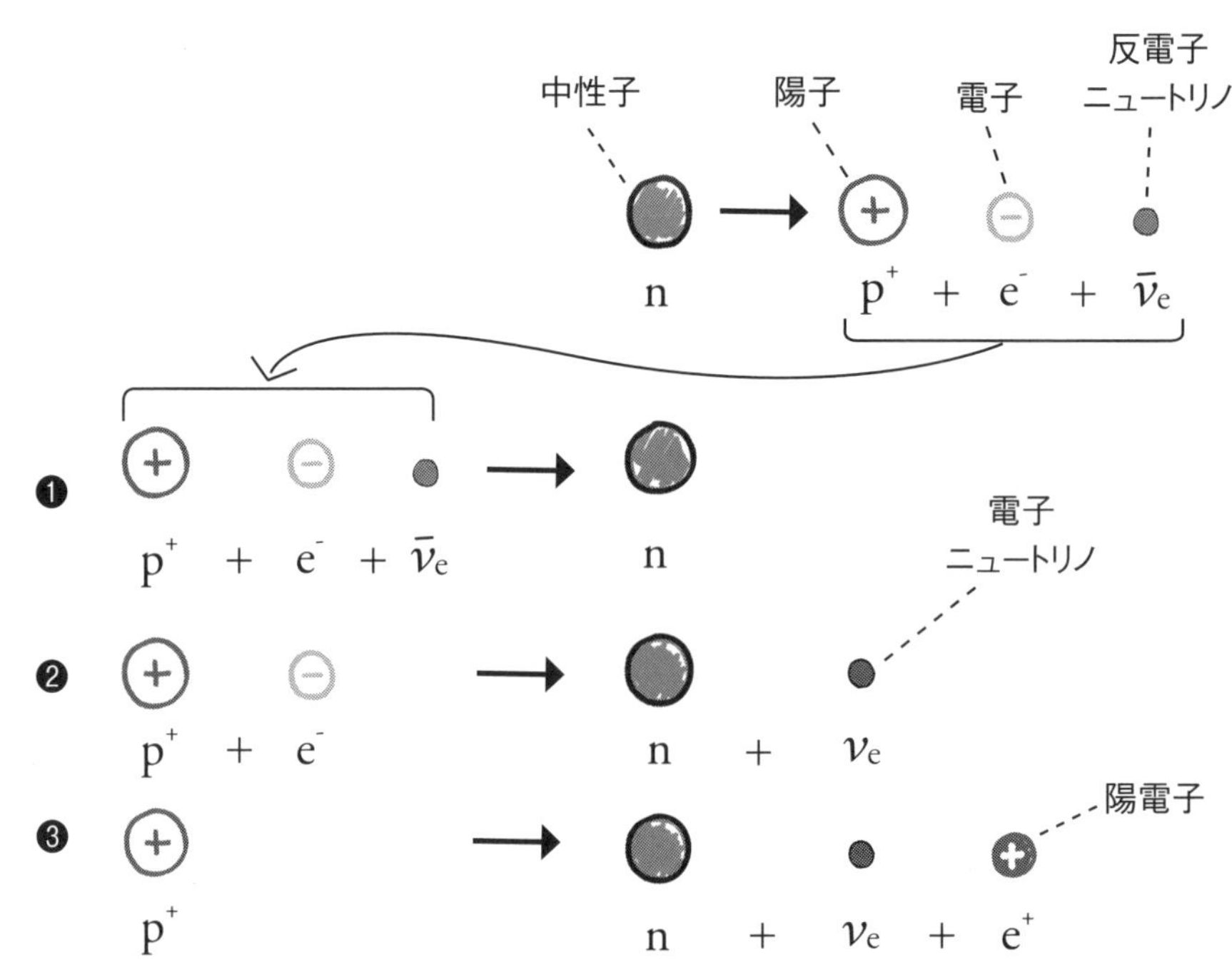

子は中性のままです。

この反応では、ニュートリノを放出してはいますが、ニュートリノは他の物質とほとんど反応しませんので、実際の観測では無視されます。また、β線（電子）が出ない反応となりますが、β崩壊のひとつとして分類されます。


例としては、アルゴン37が塩素37へと変わる反応があります。

この反応でも質量数は保存されますが、原子番号は陽子が中性子に変わって陽子が1つ減っていますので、ひとつ下がっています（アルゴンの18から塩素の17へ）。


次に、左辺の電子も右辺に移しましょう❸。すると電子（e^-）は符号が反転して陽電子（e^+）となります。

これは、陽子が中性子になる際に、陽電子とニュートリノを放出することを意味しています。陽電子は電子と電荷が逆になっていますが、これもβ崩壊に分類され、「β^+（ベータプラス）崩壊」と呼ばれます。これと対比するために、電子を放出するβ崩壊は、「β^-（ベータマイナス）崩壊」と呼ばれることもあります。また、陽電子と電子を区別する場合には、陽電子「β^+線」、電子を「β^-線」と呼びます。

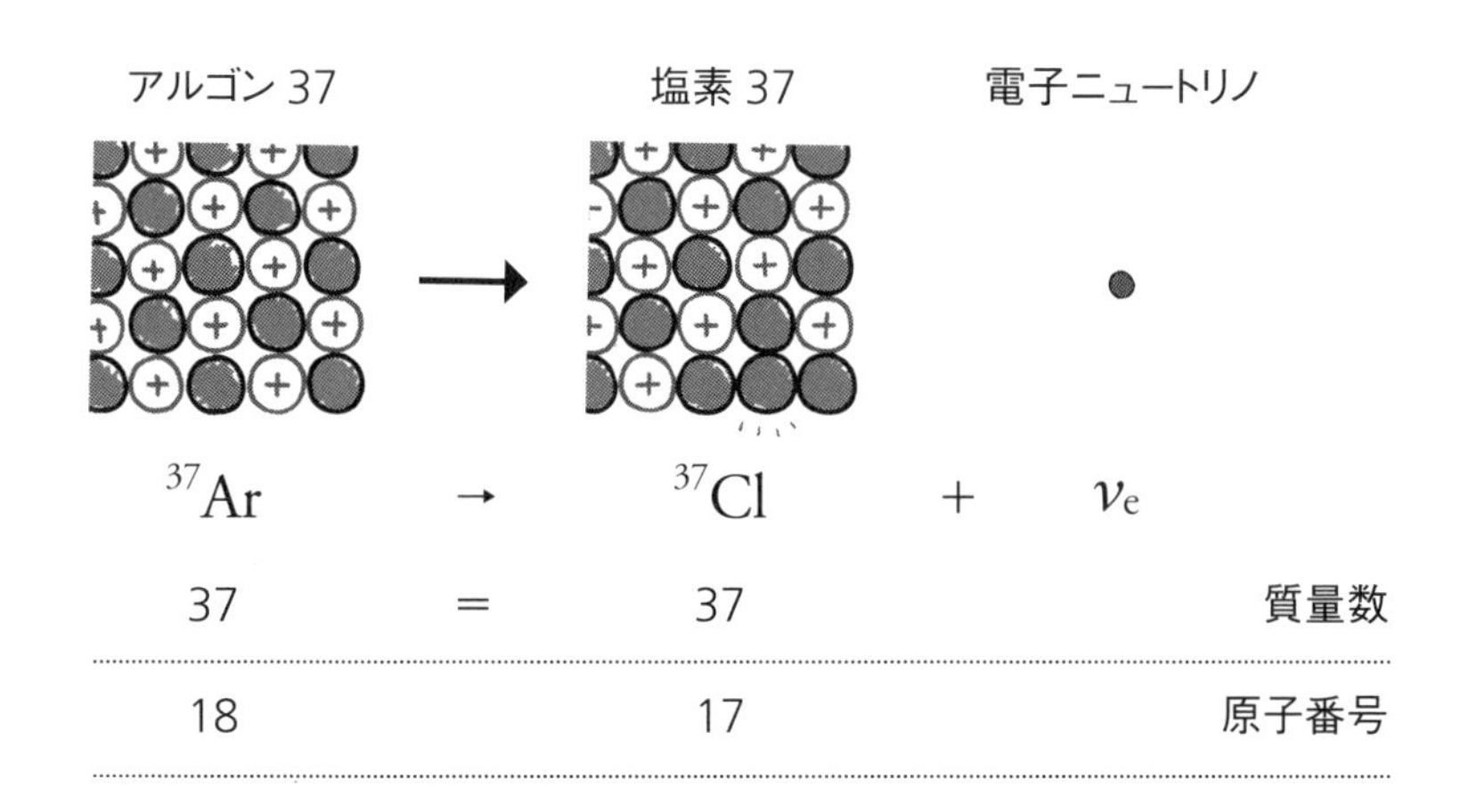

β^+崩壊の例としては、炭素11がホウ素11へと変化する反応があります。この反応でもやはり質量数は保存されますが、原子番号は電子捕獲と同様、ひとつ下がっています（炭素の6からホウ素の5へ）。

安定になる方法3　粒子ではなく、エネルギーを放出する（γ崩壊）

原子核が不安定になるのは、陽子数と中性子数のバランスが崩れているときだけではありません。原子核には、結合させるための強い力が働いていることは第1章でお話ししましたが、力が働いているということはエネルギーが生じているわけで、そのエネルギーが過剰にあるときにも、原子核は不安定となります。

第1章では強い力をバネにたとえましたが、バネが必要以上に縮められると、そこに過剰なストレスがたまってしまいます。それを安定させるには、バネの余分な縮みを伸ばし、ストレスを緩和してやればよいのです。そのとき、バネにたくわえられたエネルギーが解放されることになります。原子核では、その余分なエネルギーは、光（電磁波）として放出されます。この光を「γ線（ガンマ）」と呼びます。そして、この現象を「γ崩壊」と呼びます。

γ崩壊のときには、粒子は放出されていませんので、反応式上はなにも変わっていません。[3]

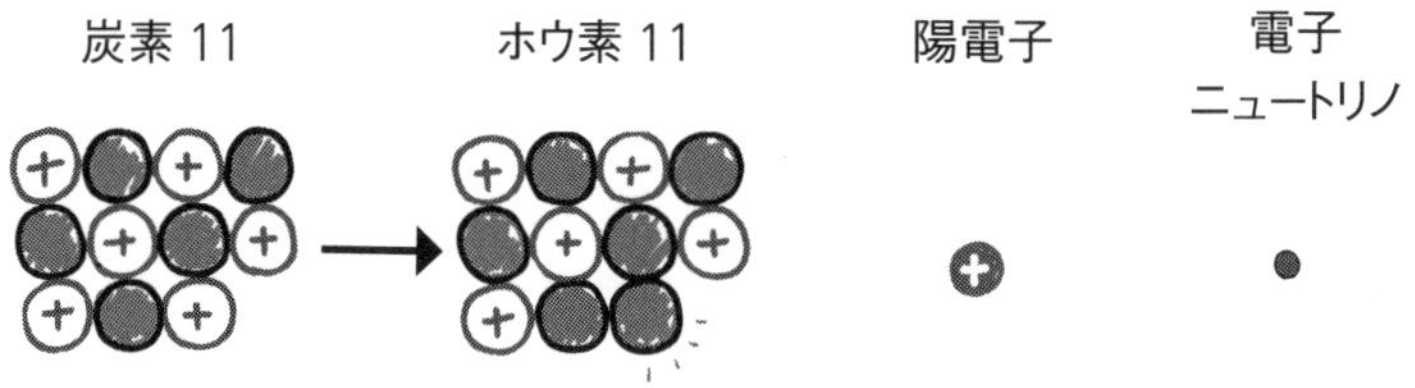

炭素 11　　ホウ素 11　　陽電子　　電子ニュートリノ

$$^{11}C \rightarrow {}^{11}B + e^{+} + \nu_e$$

11	=	11	質量数
6		5	原子番号

放射線はなぜ危険か

ここまでに登場したα線、β線、γ線が、放射線と呼ばれるものです。どれも原子核が安定するために「放射」するものです。その正体は、それぞれ、ヘリウム4の原子核、電子（または陽電子）、光、です。どれもとても身近なもので、電子や原子核などは、我々の身体の「もと」となる、いわば我々の身体そのものです。にもかかわらず、一般に放射線が危険であるとされるのはなぜなのでしょうか。

私事で恐縮ですが、僕が10年以上前に行ったライブでの経験です。それは数十組ものグループが出演するライブで、僕はそのとき、客席最前列で、それよりずっとあとに登場する、僕のお目当てのアーティストを待っていました。ステージでは、当時とても人気のあったグループが歌っていました。すると、突然、そのメンバーのひとりに向かって、僕の後方の客席から、携帯（当時はガラケー）が投げつけられました。そのメンバーは、頭だけ傾けてその携帯をかわしたあと、ふん、と鼻で嗤いました。僕はそのグループにもそのメンバーにも興味はありませんでしたが、その瞬間だけは惚れてしまいそうになりました。

携帯、今ではスマートフォンは、我々の日常生活に欠かせない、とても大切な機器で、これひとつであらゆることができる、まさに文明の利器ですが、このように勢いをつけて投げつければ、とても危険な凶器ともなりうるのです。特に iPhone のボディはアルミニウム合金の削り出しですしね。

3　光を粒子ととらえなければ。

電子も原子核も同じです。我々の身の回りのものの「もと」となるありふれた粒子も、大きな速度、言いかえれば大きなエネルギーを持てば、とても危険なものになるのです。それが、放射線が危険な理由です。

具体的にどのように危険なのかは、第3章から第6章にかけてお話しします。

X線を放出する

ところで話は変わりますが、みなさんは、ノーベル物理学賞の記念すべき第1回受賞者の名前はご存知でしょうか。子供のころから日本で暮らしている方であれば、きっと聞いたことがあるはずです。ドイツの物理学者、ヴィルヘルム・コンラート・レントゲンです。彼の受賞理由は、X線の発見です。日本では、X線撮影のことを、レントゲン撮影、なんて呼ぶ人もいますね。

このX線も、放射線の一種です。X線はγ線と同じく、エネルギーの高い光（電磁波）なのですが、その違いはどこにあるのでしょうか。

エネルギー（または波長や周波数）で分類しているかのように書いているものもあり、たしかに一般的にγ線はX線よりもエネルギーが高いのですが、それは本質的なことではありません。

γ線が原子核から放出される電磁波なのに対して、X線は、電子が、自分が持つエネルギーの一部を開放するときに放射される電磁波なのです。電子のような荷電粒子は、加速したり減速したり進路を変えたり、加速度が生ずる運動をするときには、自分のエネルギーを電磁波の形で放出します。これがX線です。

ほかには、原子の軌道上にいる電子が、よりエネルギーが低い軌道へと移動するときに、その軌道の差に相当するエネルギーのX線を放出することもあります。

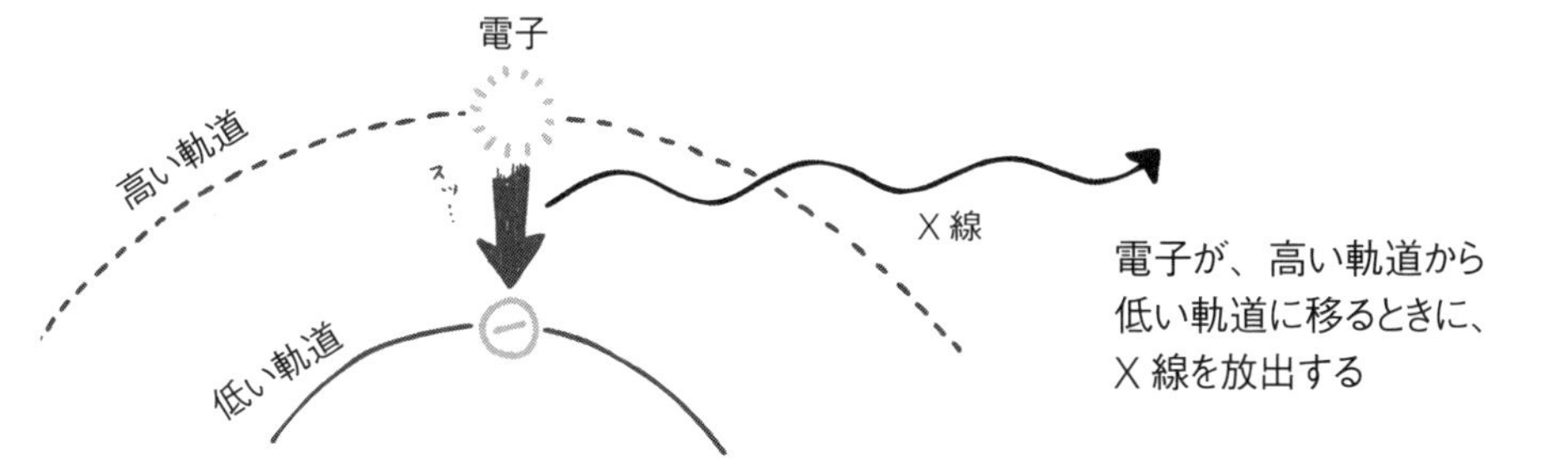

前者の場合は、電子の速度や加速度の与えかた、進路の曲げかたなどによって、欲しいエネルギー（波長）のX線をつくり出せますが、後者の場合は、軌道が決まっているために、出てくるX線のエネルギーも、その原子（物質）によって決まってしまいます。このため、後者を「特性X線」とよびます。

いっぽうγ線は、先ほどのとおり、原子核から放射される電磁波なのです。[4]

中性子を放出する

放射線の一種で、もうひとつ重要なものを挙げておきましょう。中性子です。

中性子は原子核の構成要素ですが、たとえば原子核が分裂したときなどに飛び出してきます。本書では核分裂についてはあつかいませんが、ここでは、ベリリウム9にα線を照射したときに炭素12ができて余った中性子が飛び出す反応を例に挙げましょう。

この反応では、核子の総数で言うと、9＋4＝12＋1とちゃんと保存され、陽子の数でも4＋2＝6＋0、中性子の数でも5＋2＝6＋1と、すべて保存されています。

中性子が他の放射線と大きく異なる点は、電荷を持っていないことで

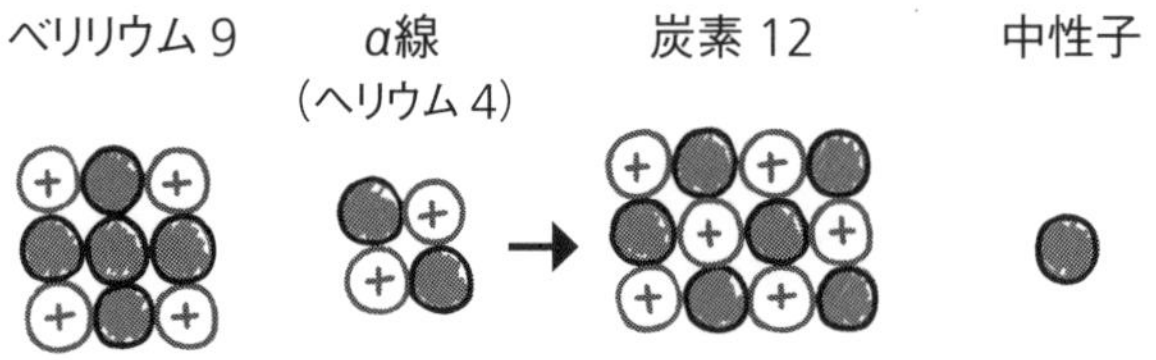

ベリリウム9		α線（ヘリウム4）		炭素12		中性子	
$^{9}\mathrm{Be}$	+	$^{4}\mathrm{He}$	→	$^{12}\mathrm{C}$	+	n	
9	+	4	=	12	+	1	質量数
4		2		6		0	原子番号

す。このため、電子と反応しません（γ線やX線も電荷を持っていませんが、電磁波ですので、電子と反応します）。このことが、放射線が人体に与える影響や、放射線からの防護の面で、とても重要になってきます。それについては、第3章から第6章にかけて、詳しくお話しします。

以上の放射線についてまとめると、不安定な原子核から放出されるα線・β線・γ線・中性子と、電子などの荷電粒子から放出されるX線とがあります。

ところでβ線とは、大きなエネルギーを持って飛び出した電子のことですが、であるならば、不安定な原子核を持ってこなくとも、たとえば電子を加速してエネルギーを与えてやれば、同じような放射線（β線）をつくり出すことは可能なのではないでしょうか。

こたえはДa！です。加速器という装置を使って、電子だけでなくいろんな粒子を加速して、人工的な放射線をつくり出すことは可能ですし、実際に世の中で広く活用されています。不安定な原子核から出てくる放射線は、種類もエネルギーも決まっていますが、加速器を使えば、望みの種類の粒子で望みのエネルギーの放射線をつくり出せます。これについては、第9章でお話しします。

第２章まとめ

◎放射線とは、不安定な原子核が安定になるために放出するもの
◎α線はヘリウム4の原子核で、β線は電子
◎原子核から出る光がγ線、電子から出る光がX線
◎放射線がヤヴァいのは、エネルギーが高いから

4　γ線には、それ以外に、素粒子の消滅の際に生ずるものもあります。

第3章

放射能と半減期について考えよう

主な放射線が出そろったところで、放射線について詳しくお話ししていきたいと思います。まずは、用語の説明をしましょう。この章では、大切な用語や概念も登場しますし、いよいよ定量的な話も出てきますので、よくよく頭に入れていってください。

放射性同位体と放射性物質

同位体のうち、不安定で放射線を出すもののことを、「放射性同位体（Radioisotope）」と呼びます。たとえば、水素の同位体には、天然に存在するものでは、水素1（^{1}H）、水素2（^{2}H）、水素3（^{3}H）のみっつがありますが、このうち、水素1と水素2は安定で、水素3だけが不安定な放射性同位体となります。

ちなみに、この水素だけは特別あつかいされていて、同位体ごとに専用の名前と元素記号が与えられています。水素2が「重水素（デューテリウム）」で記号がD、水素3が「三重水素（トリチウム）」で記号がTです。

放射性同位体を含む物質を「放射性物質」と呼びます。

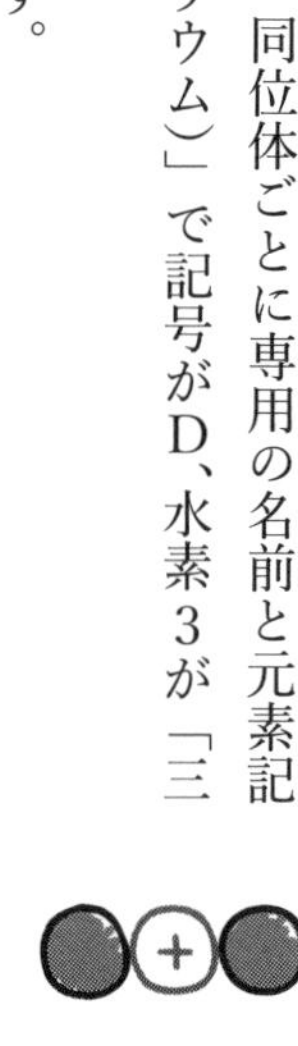

放射能とは

放射性同位体や放射性物質が放射線を出す能力のことを「放射能」と呼びます。具体的には、1秒間あたりに出す放射線の数で表わされ、単位はBq（ベクレル）です。[1] たとえば、100秒間に4,600個の放射線を出すものがあったとすると、その放射能は46Bqとなります。

1　正確には、1秒間当たりに起きる崩壊の数なのですが、実際われわれが崩壊の数を数えるには、そこから出てくる放射線の数を測ることになりますので、ここではこうしておきます。

この単位の名は、ウランから出る放射線（α線）を発見したフランスの物理学者であるアントワーヌ・アンリ・ベクレルからとっています。ベクレルは、この功績で、ノーベル物理学賞を受賞しています。

ところで、日本のメディア（特に民放テレビ局）とそれに感化された人たちは、なぜか、放射性同位体や放射性物質のことを放射能と呼びたがりますが、それはまったくの誤りです。自動車のことを「速度」と呼ぶくらいまったくの見当はずれで、なぜそう呼びたがるのか、僕は不思議でしかたありません。

学者の中にすら、「一般人にはそのほうがなじみがあるから」などという意味不明な理由でそういう使い方をする人もいますが、そんなことを続けているから、いつまでたっても放射線について理解が広まらないのです。

たかが言葉の問題ではないか、と言う人もいるかもしれませんが、人間が言葉でコミュニケーションをとっている以上、言葉はとても大切です。メディアでも個人でも、そのように呼んでいる人がいれば、それは自分が話している内容すらまったく理解せずに口に出しているということを証明しているようなものです

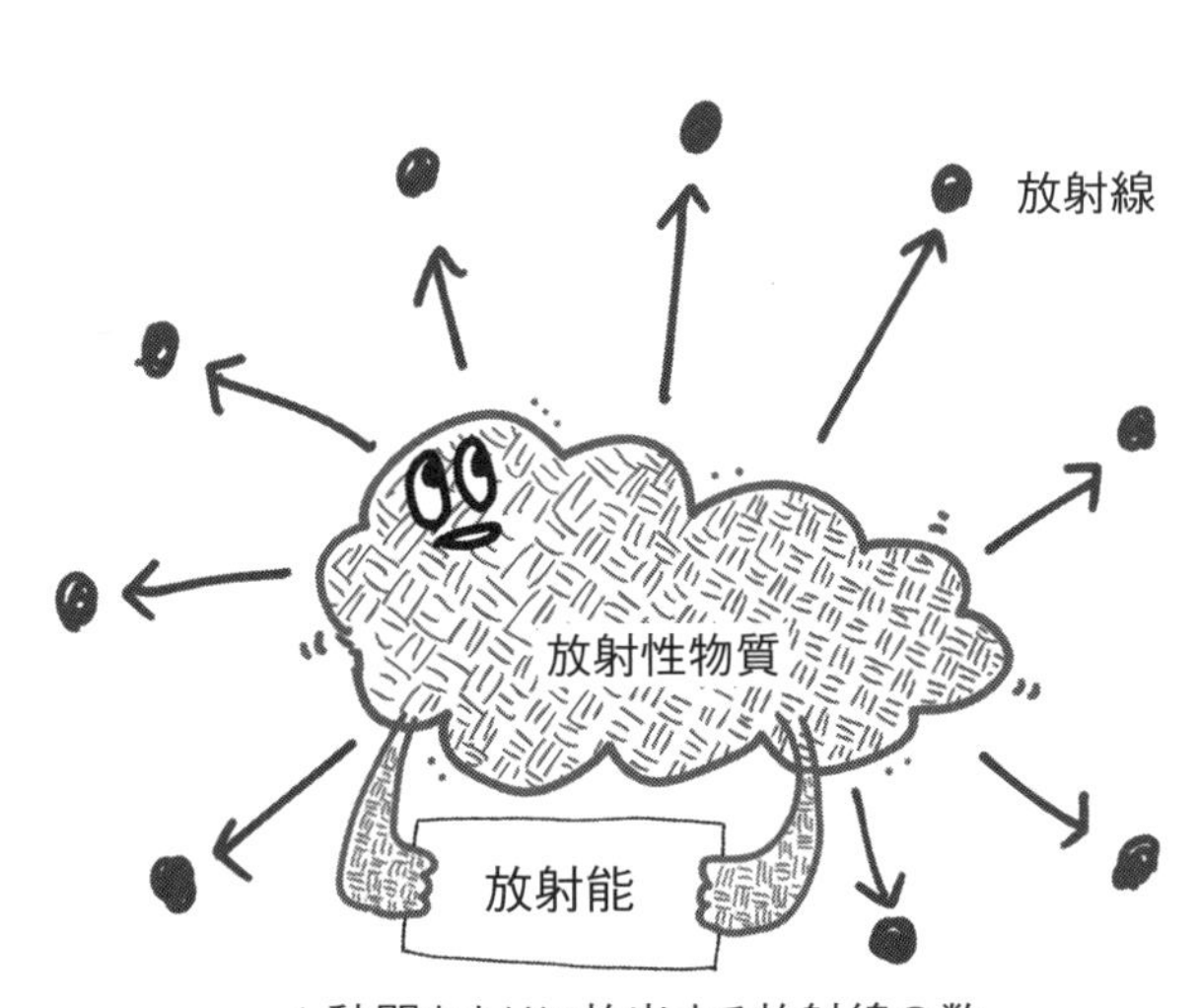

1 秒間あたりに放出する放射線の数
（正確には、1 秒間あたりに起こる崩壊の回数）

ので、そういう人の言うことはまったく信用に値しないと言えましょう。「放射能がくる」などと表紙に書いてしまうような雑誌は、１文字すら読む価値がないどころか、そのバーコードにすら価値がありません。

また、単位質量あたりの放射性物質の放射能を「比放射能」と呼びます。たとえば単位は、１gあたりであればBq／g、１kgあたりであればBq／kgになります。放射性物質が気体の場合には、Bq／ccなど、単位体積あたりで放射能を表わすことが多いです。比放射能の例は、

ポロニウム２１０　１７０,０００,０００,０００,０００　Bq／g（１７０ＴBq／g）
セシウム１３７　３,２００,０００,０００,０００　Bq／g（３・２ＴBq／g）
トリチウム　３６０,０００,０００,０００,０００　Bq／g（３６０ＴBq／g）

です。セシウム１３７を１g持ってくれば、その放射能は3.2兆Bqとなる、ということです。福島第一原子力発電所事故で一躍有名になったセシウム１３７よりも、ポロニウム２１０は２けたも高いです。また、トリチウムが意外なくらい高いのは、トリチウムがポロニウム２１０よりも70倍も軽いからです。そのため「gあたり」とすると高くなるのです。

この量については、第10章に各放射性同位体ごとに書いておきます。

半減期とは

原子核が放射線を出すタイミングはいつなのでしょうか。それぞれの原子核に対しては、いつ崩壊するかはそれこそ原子核しだいで、確率としてしか表わすことはできません。たとえば宝くじがいつ当たるかなんて、誰にもわかりません。それがわかれば、当たるときだけ買えばいいので、確実にもうけることができます。

宝くじと言えば、自分を含め知り合いに誰ひとりとして一等賞が当たった人を聞いたことがない、そんなことはありませんか。でも、発表された結果を見ると、１００人もの人に7億円が当たっている。その人たちはいったいどこに……もしかしてこれは陰謀で、本当は存在していないのに当選者がいるかのように発表しているだけでは……

なんて疑ってしまうほど、いつ当たるかなんてわかりませんよね。しかしそれは自分の身の回りしか見ていないという少なすぎるサンプル数のためにそう思えるだけで、サンプル数を多くすればかならず当選者はいるものです。ある特定の人に宝くじが当たるかどうかなどさっぱりわからなくとも、購買者を大量に集めれば、一定量の当選者が存在し、そこから平均的な当選率が計算できるでしょう。

放射線に関しても同じで、ある確率で崩壊しているのであれば、同じ種類の原子核を大量に集めて測定すれば、平均化された「崩壊時間」がわかるのです。

充分大量に同じ種類の放射性同位体があったとして、それが時間と共に崩壊していく現象を観察するとしましょう。

崩壊すると別のものに変わってしまいますので、最初の状態のものは減っていきます。観察を開始してから、最初の状態のままのものがe分の1まで減ってしまった時間を、その放射性同位体の「寿命」と呼びます（eはネイピア数と言って、自然対数の底です）[2]。eは2.7程度ですので、37％程度にまで減ってしまう時間を表わしています。

また、e分の1ではなく、2分の1、つまり半分にまで減ってしまう時間を、「半減期」と呼びます。寿命は我々物理学者の間ではなじみ深いものですが、一般的には、半減期のほうがなじみ深いことでしょう。ですので、以下、本書では、半減期のほうを使うこととしましょう。

半減期は、放射性同位体によって決まっています。また、その放射性同位体をあつかううえでとても重要な値ですので、あらゆる放射性同位体について測定されています。例をあげますと、ポロニウム２１０が１３８日、トリチウムが12年、炭素11が20分です。

この量についても、第10章に各放射性同位体ごとに書いておきます。

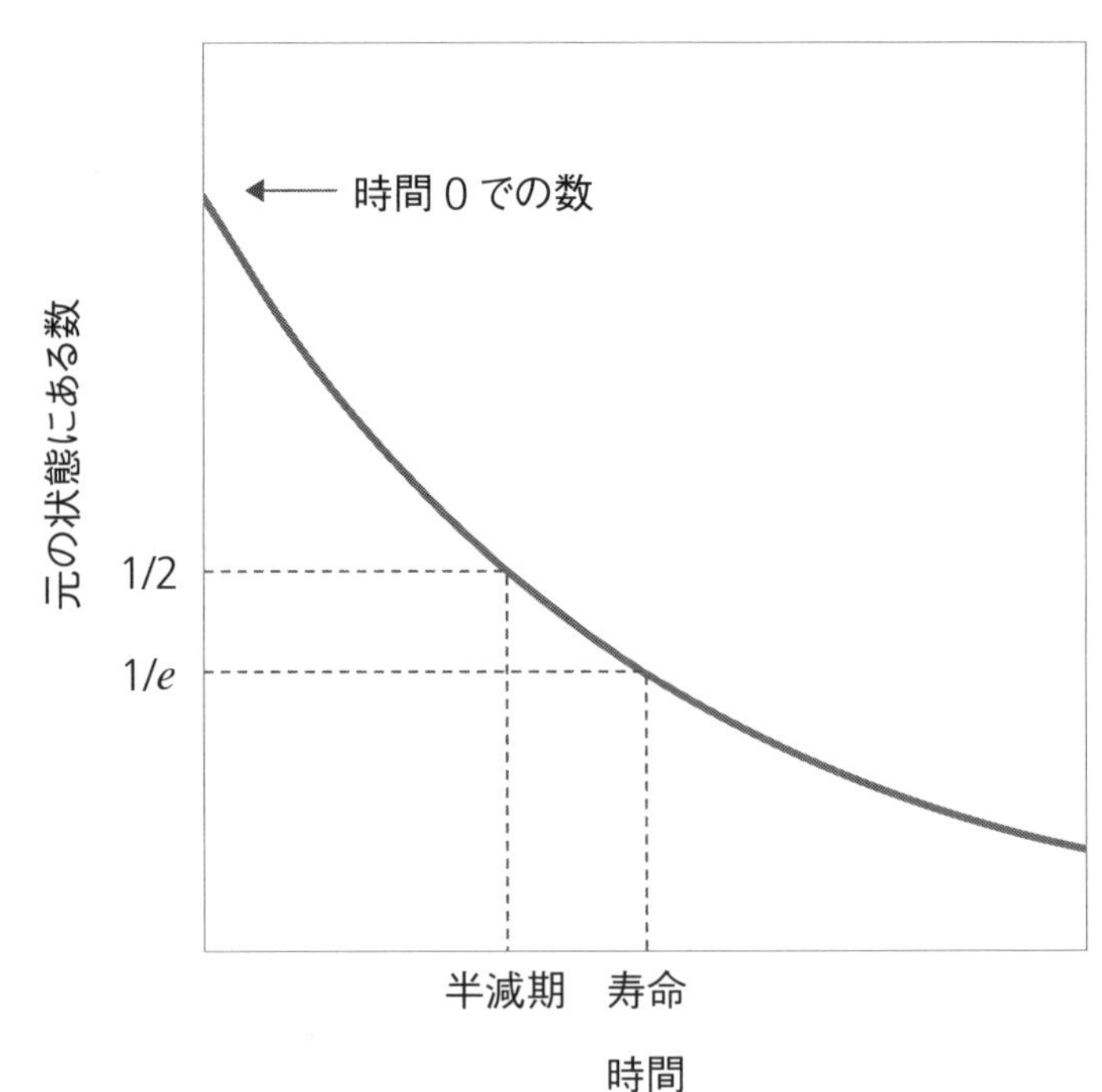

半減期と放射能の関係

半減期が表わす意味について考えてみましょう。

半減期が長いということは、なかなか崩壊しないということですので、不安定核の中では比較的安定しているほうだと言うこともできます。いっぽうで、いつまでも残りつづける厄介な放射性同位体だと考えることもできます。

反対に半減期が短い同位体、たとえば炭素11などは、20分で半分になりますから、40分で1／4、1時間で1／8になります。1日たてば、1／5,000,000,000,000,000,000,000くらいになってしまいますから、ほとんど消滅したも同然です。

ところが、逆に考えれば、短時間でほとんどが崩壊してしまうということは、その時間内に大量の放射線を出しきってしまうということであり、放射能は高いことになります（ちなみに炭素11の比放射能は32,000,000TBq／gです）。

ある放射性物質の放射能は、そこに含まれる放射性同位体の数に比例し、半減期に反比例します。[3]

もう少し具体的に放射能と半減期の関係を考えてみましょう。放射性同位体は、放射線を放出することで減っていき、半減期で半分の量になるわけですから、半減期の時点で、放射能は半分になっているはずです。

わかりやすくするために、くじのたとえで考えてみましょう。放射性同位体は崩壊する（放射線を出す）ことで状態が変わってしまうので、この場合のくじは、当選した人はもうくじを

2　e の定義は、

$$e=\lim_{x\to\infty}\left(1+\frac{1}{n}\right)^n$$

です。この e は、x についての指数関数 e^x を考えた場合に、

$$\frac{d}{dx}e^x=e^x$$

が成り立ちます。

引けない、勝ち抜けのくじです。落選した人だけがくじ引きに挑戦しつづけます。

1日に1回行われるくじで、当選確率は1／2とします。


最初、1,000人の人がこのくじ引きに参加したとしましょう。1日後にくじが引かれると、500人が勝ち抜けし、次のくじ引きの参加者（放射性同位体）は500人になります。これで半分になりましたから、半減期は1日です。そして、このときの当選者数（放射能にあたります）は、500人です。

もう1日、つまり、さらに半減期分たつと、くじがさらに引かれ、当選者（放射能）は250人、残った次のくじ引きの参加者（放射性同位体）は250人となります。

ここからまたさらに半減期分たつと、当選者（放射能）は125人、くじ引きの参加者（放射性同位体）は125人となります。

このように、半減期がくるごとに、放射性同位体の数が半分になっていくだけでなく、放射能も半分

崩壊くじ 1日目

くじ引き参加者
1000 人
*当選確率 1/2

当選者 500 人
放射能に相当する

落選した 500 人（明日またくじを引く）
放射性同位体に相当する

くじ引き参加者
500 人
＊当選確率 1/2

当選者 250 人
放射能も半分になる

落選した 250 人（明日またくじを引く）
放射性同位体も半分になる

くじ引き参加者
250 人
＊当選確率 1/2

当選者 125 人
放射能も半分になる

落選した 125 人（明日またくじを引く）
放射性同位体も半分になる

になっていくことがおわかりでしょう。当選確率が一定である以上、参加者（放射性同位体）が半分になれば、当選者（放射能）が半分になるのも当然です。

大切なのでくりかえしますと、半減期とは、放射性同位体の数が半分になる時間を表わすだけでなく、放射能が半分になる時間をも表わしています。

半減期は外部からの作用によって変わらない

ちなみにこの半減期は、温度や圧力といった環境ではいっさい変化しません。福島第一原子力発電所事故後に急増した詐欺師たちが謳うような「なんとか菌」や化学反応的なものでも、まったく変えることはできません。それは考えれば当然のことで、半減期は原子核のレヴェルで決まっていることで、化学反応はそのはるか外側の電子で起こっていることだからです。「なんとか菌」にいたっては、それよりもはるかに巨大な生物学的スケールの働きですので、原子核に影響を及ぼしようがないのはあたりまえのことなのです。

ここで、単にスケールのことを考えただけでも、「なんとか菌」のおかしさに気づきます。細菌の大きさは1μm（つまり0.000001m）程度です。それに対して、原子核のサイズは0.000000000000001m程度です。9けたもサイズが異なります。みなさんの指先は1cm（0.01m）程度の大きさですが、それより9けた小さいというと、0.00000000001m程度となり、第1章でお話ししたとおり、原子の大きさの1／10程度です。たとえばみなさんは、自分の指で、原子ひとつひとつをつまんで、取りあつかうことができますか。

3　この関係をより定量的に考えると比放射能と半減期の関係式が得られます。その放射性同位体の質量数をA、半減期をTとすると、比放射能Sは、

$$S \sim \frac{4.17\times10^{23}}{AT} \text{ [Bq/g]}$$

半減期の単位を「秒」とした場合

$$S \sim \frac{1.16\times10^{20}}{AT} \text{ [Bq/g]}$$

半減期の単位を「時間」とした場合

$$S \sim \frac{4.83\times10^{18}}{AT} \text{ [Bq/g]}$$

半減期の単位を「日」とした場合

仮に「なんとか菌」が化学反応を利用しているにしても、化学反応のスケールはせいぜい原子の大きさで、こちらも第1章でお話ししたとおり、原子核はその10万分の1のスケールですから、5けた違います。指のサイズから考えると100nm（0.0000001m）、ウィルスのサイズですね。指でウィルスを個別につまんで処理できる人は、「なんとか菌」を信じてもよいのではないでしょうか。

　スケールが異なるというのは、そういうことなのです。ところがそのようなスケール感覚がまったくないと、こういった詐欺にだまされやすくなります。スケール感覚を身につけるのは大切です。

eVとはなにか

　ここで、放射線の分野でよく使われるエネルギーの単位についてご説明しましょう。

　みなさんがふだんの生活でもよく使う電圧の単位で、V（ヴォルト）というものがありますね。iPhoneの充電器は5Vくらい、ノートPCのACアダプターは10～12Vくらい、家電製品は100Vくらいで動くでしょうか。なにげなく使っているこのVは、じつは「単位電荷あたりのエネルギー」を表わす単位です。中高生の頃の授業を思い出せば、確かにそう教わったはずです。エネルギーをJ（ジュール）で、電荷量をC（クーロン）で表わすと、電圧の単位Vは、

$$V = J / C$$

$$S \sim \frac{1.32\times10^{16}}{AT} \text{ [Bq/g]}$$

半減期の単位を「年」とした場合

となります。試しにポロニウム210（半減期138日）で計算してみると、

$$S \sim \frac{4.83\times10^{18}}{210\times138} \sim 1.67\times10^{14} \text{ [Bq/g]}$$

となり、先ほどの比放射能170TBq／gと合っています（170TBq／gは2けたにまるめた数字で、3けたの精度でいうと167TBq／gです）。

となります（電荷については第1章を復習してください）。逆に言うと、電圧に電荷量を掛ければ、エネルギーとなります。

$$CV = J$$

このように、電荷量にC（クーロン）を使えばエネルギーの単位はみなさんがよく見なれたJ（ジュール）となるのですが、その代わりに、電子の電荷量e（~1.6 × 10^{-19} C）を使えば、eV（エレクトロン・ヴォルト）というエネルギーの単位になります。ですから、eVは、

$$1\ eV \sim 1.6 \times 10^{-19}\ J$$

となります。

Jと比べると19けたも小さい値ですが、電子や核子をひとつずつあつかうにはちょうどよい単位です。電子のような荷電粒子は電場によって加速できますが、先ほどの例でいうと、iPhoneの充電器を加速に用いれば5 eVのエネルギーを与えることができ、ノートPCだと10 eV、家電製品だと100 eVの、それぞれエネルギーを与えることができます。

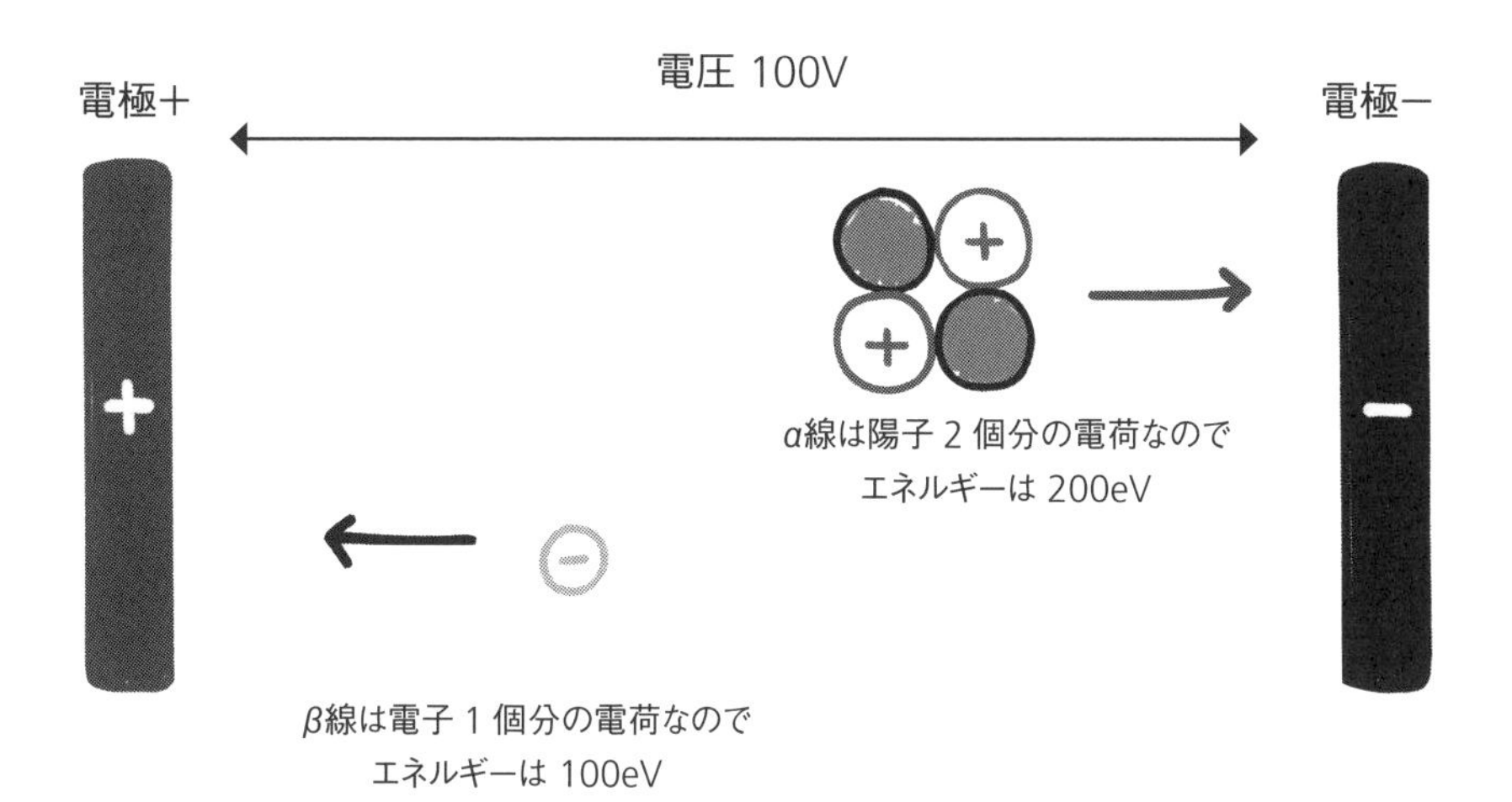
電極＋
電圧 100V
電極ー
α線は陽子 2 個分の電荷なので
エネルギーは 200eV
β線は電子 1 個分の電荷なので
エネルギーは 100eV

接頭記号

また、ここで、数値になれていない方のために、接頭記号についてまとめておきましょう。
接頭記号とは、たとえばｍ（メーター）の１０００倍を表わすときに、１０００の代わりにｋ（キロ）をつけて、km（キロメーター）などと表わす場合の、ｋのことです。

接頭記号

f	femto	$\times 10^{-15}$（× 0.000000000000001）
p	pico	$\times 10^{-12}$（× 0.000000000001）
n	nano	$\times 10^{-9}$（× 0.000000001）
μ	micro	$\times 10^{-6}$（× 0.000001）
m	milli	$\times 10^{-3}$（× 0.001）
c	centi	$\times 10^{-2}$（× 0.01）
h	hecto	$\times 10^{2}$（× 100）
k	kilo	$\times 10^{3}$（× 1,000）
M	mega	$\times 10^{6}$（× 1,000,000）
G	giga	$\times 10^{9}$（× 1,000,000,000）
T	tera	$\times 10^{12}$（× 1,000,000,000,000）
P	peta	$\times 10^{15}$（× 1,000,000,000,000,000）

大きいほうは、メガだのギガだのテラだの、21世紀の我々は日常的に使いますが、小さいほうはあまり使わない人も多いかもしれません。小さいほうでも、ミリやセンチはよく使いますね。大きいほうでも、昭和の昔からキロはよく使っていましたし、ヘクトも、気圧を表わすときに、パスカル（Pa）の頭につけて使ったり（ヘクトパスカル）、面積を表わすときに、アール（a）の頭につけて使ったり（ヘクタール）していると思います。

α線が持つエネルギー

第2章で放射線が危険なのはエネルギーが高いからだと言いましたが、では、それはいったいどれくらいの大きさなのでしょうか。

まずはα線からです。

α線のエネルギーは、直接測定する以外に、計算によっても求めることができます。みなさんは、中高生のころに学んだエネルギー保存則をおぼえていますでしょうか。反応の前後でエネルギーの総和は変わらない、というものです。

たとえばポロニウム210のα崩壊だと、反応前のポロニウム210の全エネルギー（質量と運動エネルギーの和）と、反応後の鉛206の全エネルギーとα線の全エネルギーの和は、同じでなければなりません☞。

言いかえれば、α崩壊で新たに発生する運動エネルギーは、ポロニウム210の質量と、鉛206とα線の質量の差となります。

この質量の差の分の運動エネルギーが、鉛とα線とにいくらずつ配分されるかは、これまた

☞ $^{210}\mathrm{Po} \rightarrow {}^{206}\mathrm{Pb} + {}^{4}\mathrm{He}$

中高生のときに学んだ、運動量保存則から計算できます。[4] おぼえていない方のために結論だけ言いますと、最初ポロニウム210が止まっているとすると、鉛とα線の運動量は大きさが同じで正反対の向きとなりますので、エネルギーの配分は、質量の逆比になります。質量数は鉛とα線がそれぞれ206と4ですから、運動エネルギーの比は4：206になります。α線に比べて鉛は圧倒的に重いので、運動エネルギーの大部分はα線に配分されることになります。

具体的な数字としては、この反応で放出されるエネルギーは5.4MeVで、それが、鉛に0.1MeV、α線に5.3MeV、それぞれ配分されます。[4]

このように、α線のエネルギーは、反応式がわかれば、一意に決まります。

β線が持つエネルギー

次に、β線です。

α崩壊の場合は、放出されるものがα線だけでしたから、反応式が決まればエネルギー保存則と運動量保存則から放出されるα線の運動エネルギーも決まりましたが、β崩壊の場合は、放出するのが電子（陽電子）とニュートリノという2つの粒子であるために、運

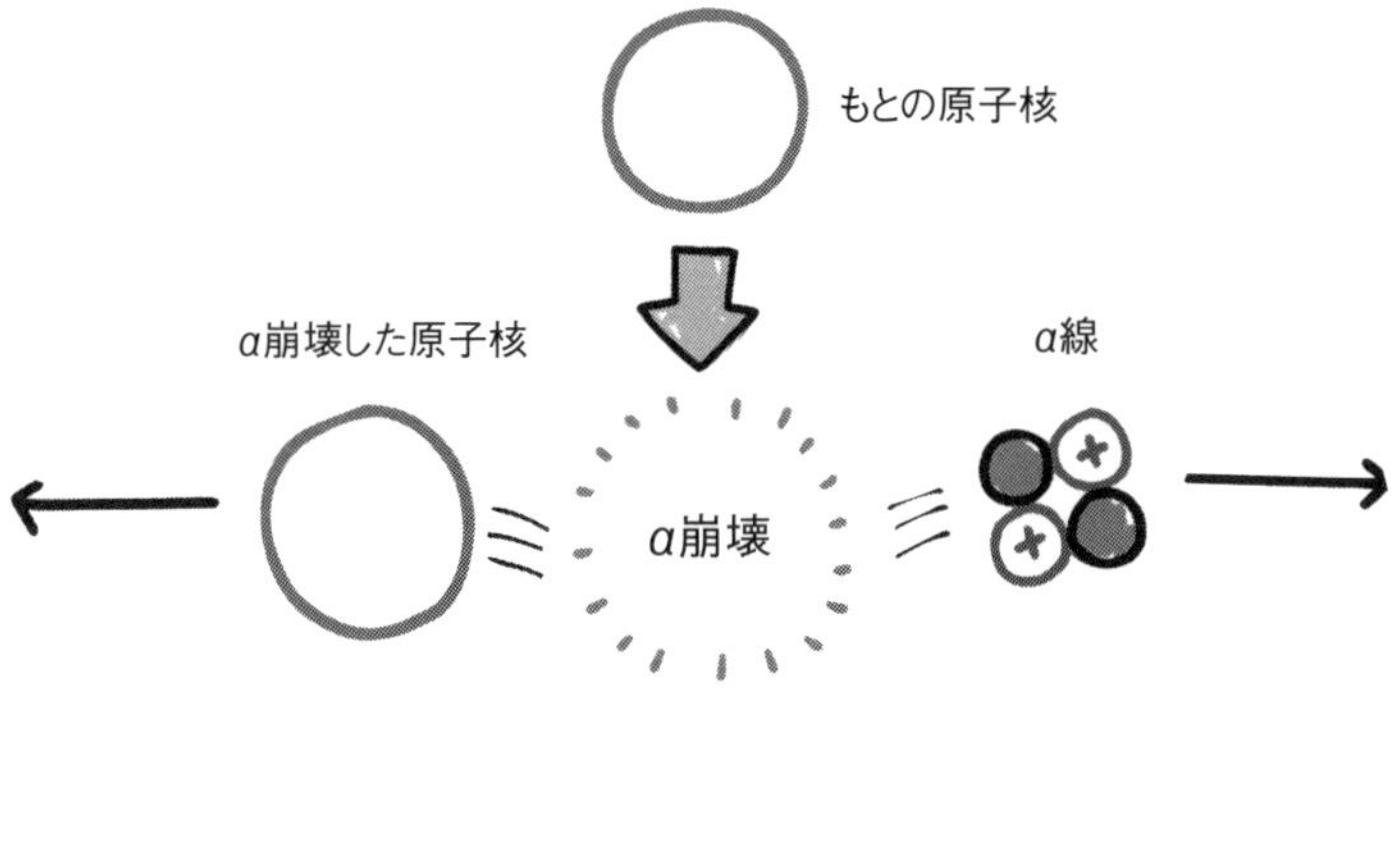

2者でエネルギーを分配する
運動量は合計で0になるため、大きさが同じで正反対の向きになる
α線のエネルギーは一意に決まる

動エネルギーもこの2つの粒子と変化した原子核の3者で分け合うことになります。ですから、β線の運動エネルギーは、ある反応について、一意には決まらず、最大値だけが決まります。[5]
トリチウムだと最大19ｋｅＶです。セシウム１３７だと最大５１０ｋｅＶです。

γ線が持つエネルギー

最後に、γ線です。

原子核に余分にたまったエネルギーが放出されるのがγ線でしたから、ふつうに考えればどんな量のエネルギーがたまってもよく、したがってどんなエネルギーのγ線が放出されてもよさそうなものです。が、そこは量子の世界の不思議さで、原子核のエネルギーのレヴェル（準位と呼びます）は決まった値を取り、したがって放射性同位体ごとに決まった余剰エネルギーがたまります。ですからγ線のエネルギーは放射性同位体ごとに決まっています。そのため、逆に、放出されるγ線のエネルギーを測定すれば、それを出した同位体の種類がわかります。

たとえばセシウム１３７がβ崩壊を起こしてできたバリウム１３７から出るγ線のエネルギーは、６６０ｋｅＶです。

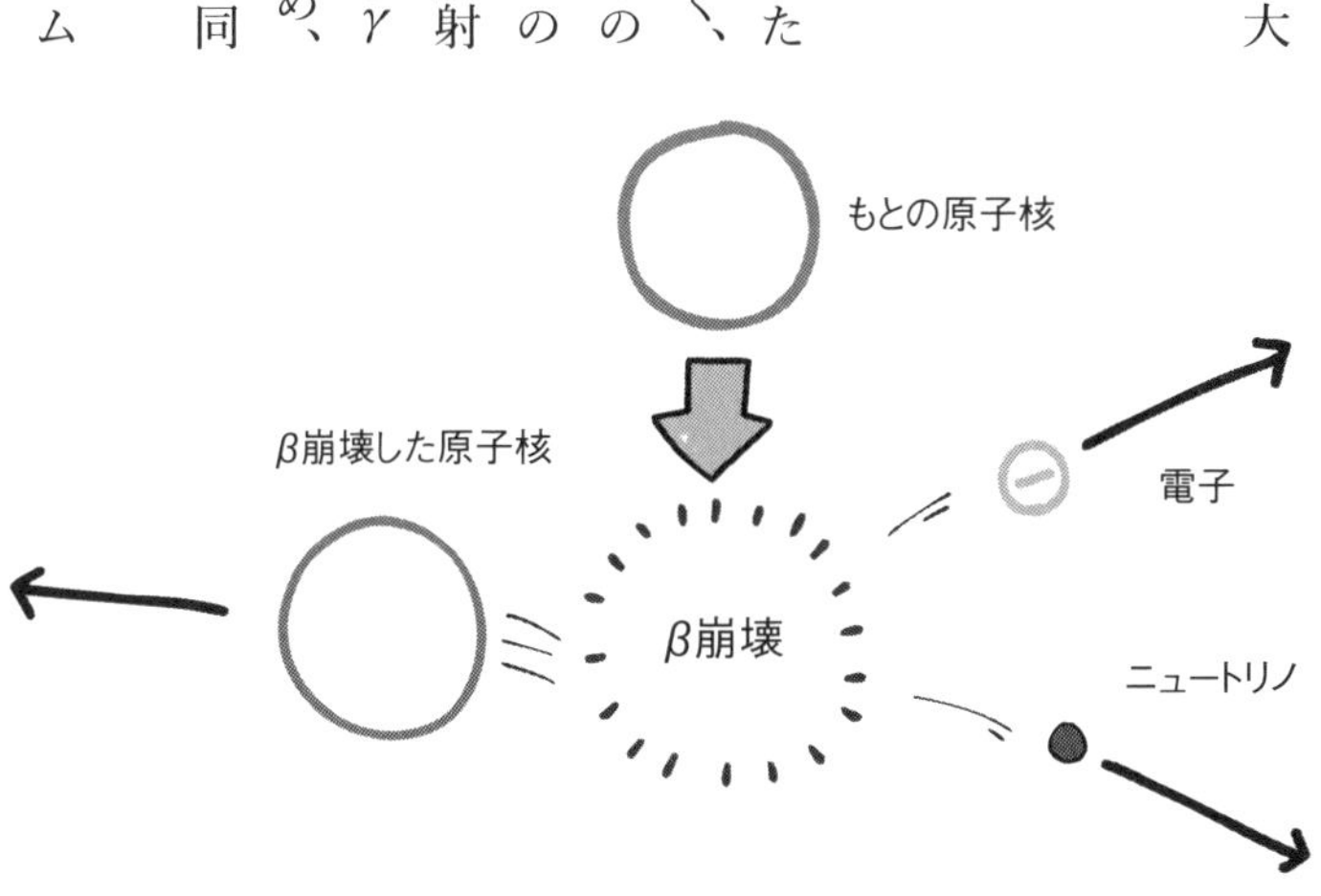

3者でエネルギーを分配する
運動量は3者の合計で0になればよいので、いろんなパターンがある
電子のエネルギーは最大値だけ決まる

塵も積もれば山となる

これらのエネルギーがどれくらい高いのか、簡単に比較してみましょう。γ線は光の一種なので、これを例にとります。

我々がふだん目にしている太陽などからの光、可視光では、そのエネルギーは2～3eV程度です。660keVと言えば、その200,000～300,000倍にもなります。同じ光と言っても、けた違いに高いエネルギーを持っていることがわかるでしょう。この高いエネルギーが、我々にとって危険となるのです。

具体的にどのような働きで我々に危険を及ぼすのかは、第4章と第5章でお話しします。

比放射能とひとつひとつの放射線のエネルギーがわかれば、それをかけあわせることで、その放射性同位体が放つエネルギーが計算できます。

たとえば、ポロニウム210の場合、比放射能は170TBq／gで、1回の崩壊でのエネルギーは5.4MeVですから、これをかけあわせ、Jの単位に直すと、驚くなかれ、150W／gという値が得られます。[6] たった1gのポロニウム210を集めるだけで、150Wという、蛍光灯4本分もの出力が得られるのです！　これをじかに手で持てば、とても熱く感じられるでしょう。

たった1gでこれだけのエネルギーを出しているのはなんだかすごいことのようにも思えます。しかし、この1gという量は、普段の生活の場面では微量に感じられるかもしれませんが、放射線の世界では、膨大な量なのです。それについては、第7章の冒頭でも少しふれてお

4　学生の方は、自分で計算してみましょう。α線であれば、非相対論的に（古典的に）求めても大丈夫です（第4章を読めば理由がわかります）。

ポロニウム210の質量から、鉛206とα線の質量を引くと、その差は、5.4MeVです。このエネルギーをKとし、このエネルギーが鉛206とα線に配分されます。鉛206とα線の質量と速度を、それぞれ、M、m、V、vとすると、運動量保存則から、

$$MV = mv$$

となり、エネルギー保存則から、

$$\frac{1}{2}MV^2 + \frac{1}{2}mv^2 = K$$

となります。これを解くと、

きます。

放射性物質が放出するエネルギーがどれくらい大きいかは、我々日本人は身をもって体験しました。福島第一原子力発電所事故です。日本人の中には誤解している人も多いようですが、同事故は、チェルノブイリ原子力発電所事故と違って、原子炉の核分裂反応そのものはきちんと停止させることに成功していて、核分裂反応の暴走は起こっていません。しかし、停止後も、原子炉内には核分裂によって生じた放射性物質が残っていて、それが放射線を出します。その熱量は、発電に使うにはほど遠いのですが、それでも、放っておくと「塵も積もれば」で膨大な熱量になります。そこで、その分のエネルギーを取り除く、つまり冷却しなければなりません。その冷却に失敗したために、その熱によって原子炉内が加熱され、燃料はじめ炉心部分が溶けてしまう、メルトダウンが起こったのです。

これも誤解している人が結構いるようですが、メルトダウンは、放射線特有の作用によって炉心が溶けるわけではなくて、単に、その融点を超える温度に達するほど加熱されたから溶けるだけです。べつに放射線でなくとも、外部から熱を加えたとしても、融点を超えれば、同じことが起きます。ただ、あれだけの物量を外部から加熱するのは大変なことで、そういう意味で、放射線がもつエネルギーの大きさを実感する出来事だったと言えるでしょう。

放射線のエネルギーが、塵も積もれば山となる、もうひとつの例をあげておきましょう。それは、地熱です。日本列島は火山帯そのものですし、日本人にはなぜか温泉が好きな人も多く、また、火山の噴火による被害も多いので、我々にとっては身近な存在かも知れません。その地熱は35TW程度の熱量をもつと言われ、熱の逃げ場がない地球中心附近では、金属ですら液体状に溶けてしまっています。その地熱の発生源にはいくつかありますが、その半分程度は、な

$$\frac{1}{2}mv^2 = \frac{M}{M+m}K$$

が得られます。ここでの質量は正確にわからなくとも、比だけですから、質量数で充分です。M：m＝206：4で、K～5.4MeVとすると、

$$\frac{206}{206+4} \times 5.4 \sim 5.3$$

が得られます。これがα線のエネルギーです。

5　エネルギーを求める計算で解くのは、4のように、運動量保存則とエネルギー保存則の2つの式です。α線の場合は、未知数が、α線のエネルギーと原子核のエネルギー（4の例だと、鉛206のエネル

んと、放射性同位体の崩壊熱なのです。[7]

放射線のエネルギーについて考えたところで、次章では、そのエネルギーが物質にどのような影響を与えるのかについて考えましょう。

第3章まとめ

◎放射線を出す同位体を放射性同位体、放射性同位体を含む物質を放射性物質と言う

◎放射性同位体が単位時間あたりに出す放射線の数を放射能と言う

◎単位質量あたり、または単位体積あたりの放射能を比放射能と言う

◎半減期ごとに、放射性同位体は半分になり、放射能も半分になる

◎ある決まった反応に対して、α線とγ線のエネルギーは一意に決まるが、β線のエネルギーは最大値だけが決まる

◎なんとか菌（）にだまされないためにも、スケール感覚を身につけよう

◎放射線が出す熱ヤヴァい

ギー）の2つなので、一意に求められます。が、β線の場合は、未知数が、電子のエネルギー、ニュートリノのエネルギー、原子核のエネルギーと3つなので、2つの式からは一意に求められません。

6　学生の方は、これも自分で計算してみてください。

$$170 \times 10^{12}\ \mathrm{Bq/g} \times 5.4 \times 10^{6}\ \mathrm{eV} \times 1.6 \times 10^{-19}\ \mathrm{J/eV} \sim 150\ \mathrm{W/g}$$

7　『Partial radiogenic heat model for Earth revealed by geoneutrino measurements』 *Nature Geoscience*, 4, 647–651 (2011)

第4章

物質との反応について考えよう

ここからいよいよ放射線と物質との反応をあつかいますので、多少むずかしくなってきます。しかし、この第4~6章こそが、本書でもっとも大切な「山場」ですから、ゆっくりとでよいですので、確実に読み進めていってください。

放射線による電離

放射線はエネルギーが高いから危険だと言いましたが、では、具体的には、どのような危険を我々に及ぼすのでしょうか。

第2章で出てきた携帯電話を投げつける話ですと、電話の大きさは10cm程度ですので、我々の身体にぶつかると、それくらいの大きさの痣ができるでしょう。いっぽう、放射線は原子核や電子の大きさですので、被害を与える相手も、その大きさのものになります。

α線やβ線は電荷を持っていますから、多くのものが、原子核に到達するまえに、その周辺を覆う電子と反応します。γ線は電荷を持っていませんが、電磁波ですので、やはり電子と反応します。電子と反応する、しかもエネルギーが巨大なので、電子を原子から叩き出してしまいます。

第1章で原子の構造について触れたときに、原子は太陽系のような形をしていて（あくまでモデルですが）、太陽（原子核）とその周りを周回している惑星（電子）のようであるとお話ししましたが、もしかすると、地球と人工衛星のほうがイメージしやすいかもしれません。

惑星や衛星は、自分に働く重力と、運動エネルギーとのバランスが取れて、軌道上を周回しているわけですが、ここで他の物体と衝突したり、エンジンを吹かしたりして運動エネルギーを増加させると、そのバランスは崩れます。少しだけエネルギーが増えたときには外側の軌道に移動しますが、もっとエネルギーが大きくなると、もはや軌道を周回せずに、軌道の外の宇宙へと飛び出していきます。電子もそのようにして、原子核から受ける引力（電磁力）とのバランスを崩すほどのエネルギーを与えられると、原子の外に飛び出していってしまうのです。

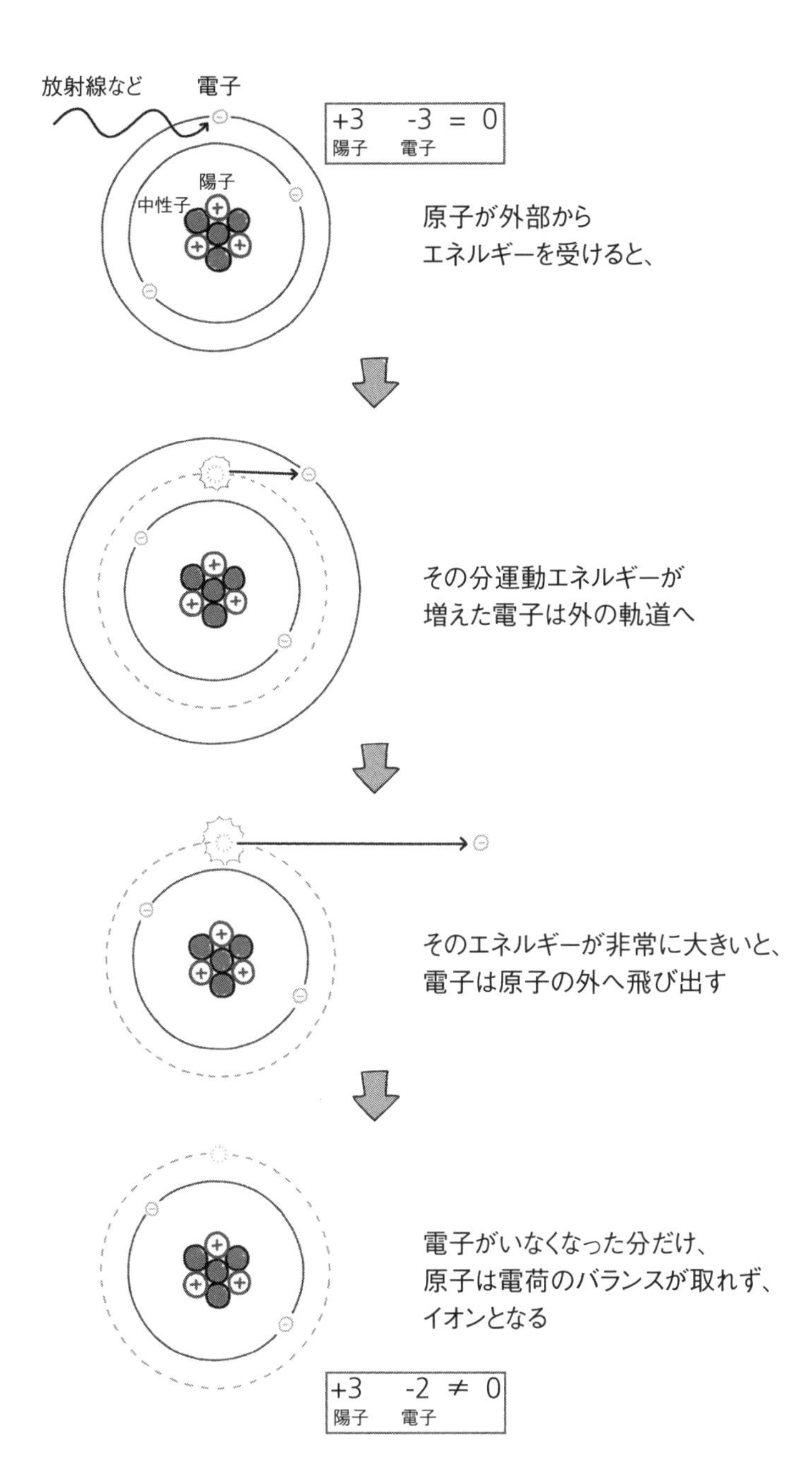

原子から電子がたたき出されてしまうことを、電離と呼びます。電子が離れるわけですから、まさに文字どおりですね。原子は、電子と陽子の数が同じで、そのために全体で電荷が零になっていたのですから、このように電子が出ていってしまうと、電荷の正負のバランスは取れなくなり、原子全体でも電気を帯びることとなります。これをイオンと呼びます。第1章で静電気除去ブラシの話をしましたが、そこで出てきた、α線が空気分子を電離する作用、これこそがまさに放射線の作用なのです。[1]

ひとつの原子からひとつの電子を電離させる最小限のエネルギーは、原子ごとに違っていて、最も高いものでヘリウムの25eVで、最も低いものでフランシウムの4eVです。第3章で取りあげた放射線の例だと、数百keVから数MeVでしたから、5～6けたも上ですね。文字どおりけた違いです。放射線にとっては、電離など簡単どころか、単純に数字のうえだと、数十万～数百万もの原子を電離させる能力を持っていることになります（実際には、計算はそれほど単純ではありませんが）。

放射線が原子同士の結合を壊す

静電気除去ブラシはわざと放射線を当てているものであって、少なくともアナログ盤コレクターの役に立ってくれていますが、そうではなく、もともと当てるつもりがないものに放射線が当たってしまったらどうなるでしょうか。

我々の身の回りのものは、原子同士が結合した分子からできていますが、原子同士の結合は、当然ながらその表面を覆う電子が担っているわけですから、その電子が叩き出されると、結合

1　静電気とは、2種類の物質の間で、電子が片方に寄ってしまったために、電子が過剰にある物質（マイナスに帯電します）と、電子が足りない物質（プラスに帯電します）になってしまった状態です。ここに、放射線によって電離された電子とイオンが近づくと、電子はプラスに帯電した物質へ、イオンはマイナスに帯電した物質へ、それぞれ移動し、それぞれの物質の電荷を打ち消し合って、静電気を除去するのです。

が切れて、分子がその形を維持できなくなってしまいます。分子が破壊されてしまうのです。

金属やセラミックなどの無機化合物では、その原子間の結合がかなり強いので、放射線の攻撃に対して強いのですが、有機化合物はその結合がとても弱いので、放射線によって簡単に破壊されてしまいます。

たとえば、ポリテトラフルオロエチレン（ＰＴＦＥ）という物質は、テフロンという商標名で知られ、現在実用化されているあらゆる物質の中でもっとも摩擦係数が小さいというだけでなく、絶縁性能でもすべてのプラスティック中で最高レヴェル、ガラスすら腐食させるフッ化水素酸に耐えうる高い耐薬品性と、ほとんど万能ともいえる性能を持つ優れた材料です。僕が勤務する実験施設でも、ふつうの場所では、さまざまなところで使用されています。

しかし、唯一の欠点ともいえるのが、放射線に対しては特に弱いことで、このため、我々の実験施設でも、ある程度放射線を浴びる場所では、いっさい使っていません。我々の実験施設でも中核となる場所では強い放射線が発生しますので、その場所の実験装置は、基本的には金属でつくっています。しかし電気的に絶縁しなくてはならないところは金属を使えないので、放射線強度がそれほどでもないところは比較的放射線に強いプラスティックで、本当に放射線強度が高いところはセラミックで、というように材質の組み合わせを工夫してつくっています。

吸収線量

ここでまた、新しい量を頭に入れてもらいましょう。

放射線が物質に与えるエネルギーを、与えた部分の質量で割ったもの、つまり、単位質量あたりに与えられたエネルギーを、吸収線量と呼びます。エネルギーの単位をJ、質量の単位を

kgとすると、吸収線量の単位はJ／kgとなりますが、これをGy（グレイ）と呼びます。

$$Gy = J / kg$$

この単位の呼称は、UKの物理学者であるルイス・ハロルド・グレイの名前からとっています。

エネルギーが同じであっても、放射線の種類が違えば、物質に与える影響は違います。ここからは、その違いについて見ていきましょう。

α線・β線と物質との反応

まずは、α線とβ線からです。この2種類の放射線の特徴は、質量を持っていることと、電荷を持っていることです。

質量がある粒子は、エネルギーによって速度が異なります。放射性物質から出てくる放射線の場合、その運動エネルギーは高くてもせいぜい数MeV程度です。この値は、α線だとその質量（3.73GeV）より3けたも小さいので、速度にすれば光速よりもずいぶん遅くなります（ポロニウム210のα線で光速の1／20くらい）。ですから、その運動エネルギーは、中高生のころに学んだとおりに、速度の自乗に比例します。

β線は質量が小さい（511keV）ので、運動エネルギーが数MeVにもなると相対論的速度の領域（運動エネルギーが速度の自乗に比例しない領域）になってしまいますが、たとえばトリチウムから出るβ線程度の運動エネルギー（19ｋｅＶ）だと、やはり運動エネルギーは速度の自乗に比例します。α線とβ線について、運動エネルギーと速度（光速に対する比）との関係を、グラフにしてみます。

下の図で、直線になっているところが、運動エネルギーが速度の自乗に比例するところです。β線のほうは１００ｋｅＶを超えたあたりから曲がっていますが、ここが相対論的速度の領域で、計算がやや面倒です。

そして、この速度が、放射線と物質との反応のしかたに大きく影響します。

みなさんは球技は得意でしょうか。キャッチボールをするとき、素人相手にあまり速い球を投げられると、捕球がむずかしくなります。遅い球だと、捕球側の運動神経が充分な反応時間を与えられますので、捕りやすくなります。

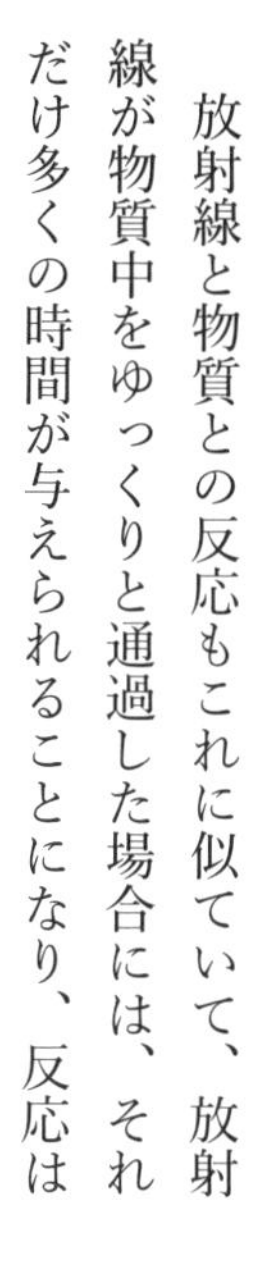

放射線と物質との反応もこれに似ていて、放射線が物質中をゆっくりと通過した場合には、それだけ多くの時間が与えられることになり、反応は

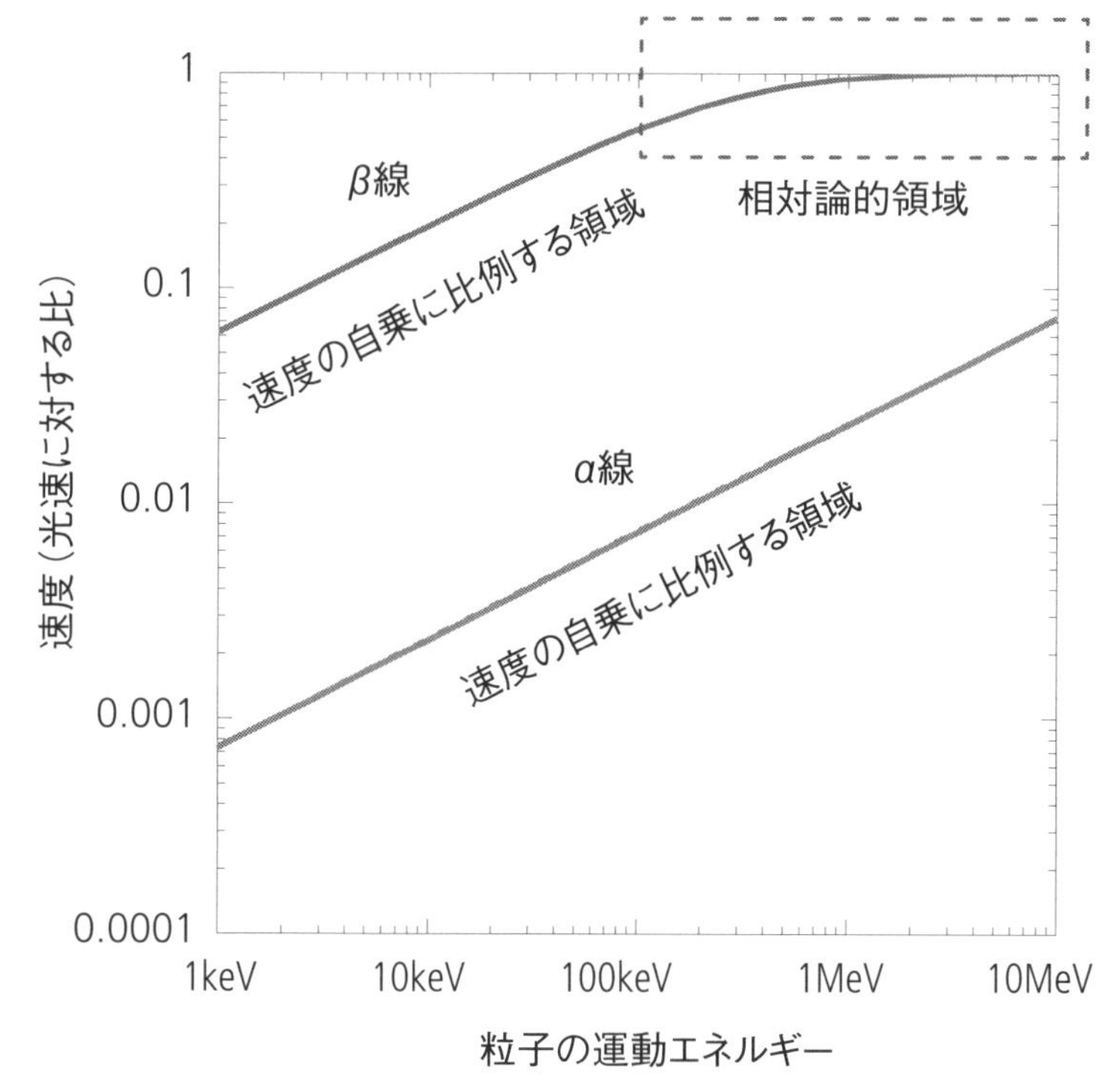

起きやすくなります。逆に高速で通過すると反応は起きにくくなります。一般に、α線やβ線のような荷電粒子と物質との反応では、放射線が物質に与えるエネルギーは、速度の自乗に反比例します。ですから、先ほどの図で直線になっていたところでは、まさに運動エネルギーに反比例することになります。

物質中でのエネルギーの失い方

「放射線が物質にエネルギーを与える」ということは、言いかたを変えれば「放射線がエネルギーを奪われる」ということです。放射線が物質中を通過して、ジョジョにエネルギーを失っていくと、質量を持つα線やβ線の場合には、速度を落としていきます。

そして先ほどの「放射線が物質に与えるエネルギーは、速度の自乗に反比例する」に従うと、速度を落とすことで、いっそうエネルギーを失いやすくなり、その結果、いっそう速度が遅く

球が遅いと、　キャッチする人の近くを通る時間が長いため、反応する余裕が大きい

球が速いと、　キャッチする人の近くを通る時間が短いため、反応する余裕が少ない

なり、そうなるとさらにエネルギーを失いやすくなり、というポジティヴフィードバックがかかります。

つまり、α線やβ線は、もっとも速度が遅くなったとき、すなわち、停まる直前に、もっとも大きくエネルギーを物質に与えるのです。

下の図は、横軸が荷電粒子が物質中を通過した距離（位置）を、縦軸がそれぞれの位置で物質に与える（荷電粒子が失う）エネルギーを表わしたものです。これを、UKの物理学者であるウィリアム・ヘンリー・ブラッグの名をとって、ブラッグ曲線と呼びます。

グラフの右のほう、与えるエネルギーが零になっているところで荷電粒子は停まってしまいます。そこまでの距離を飛程と呼びます。停まる直前にピークが立っている（与えるエネルギーが最大になっている）ことがわかります。このピークは、荷電粒子の質量が大きくなるほど、また、相手の物質の密度（比重）が大きくなるほど、鋭くなります。

飛程について考えるために、放射線が物質に与えるエネルギーについて考えてみましょう。与えるエ

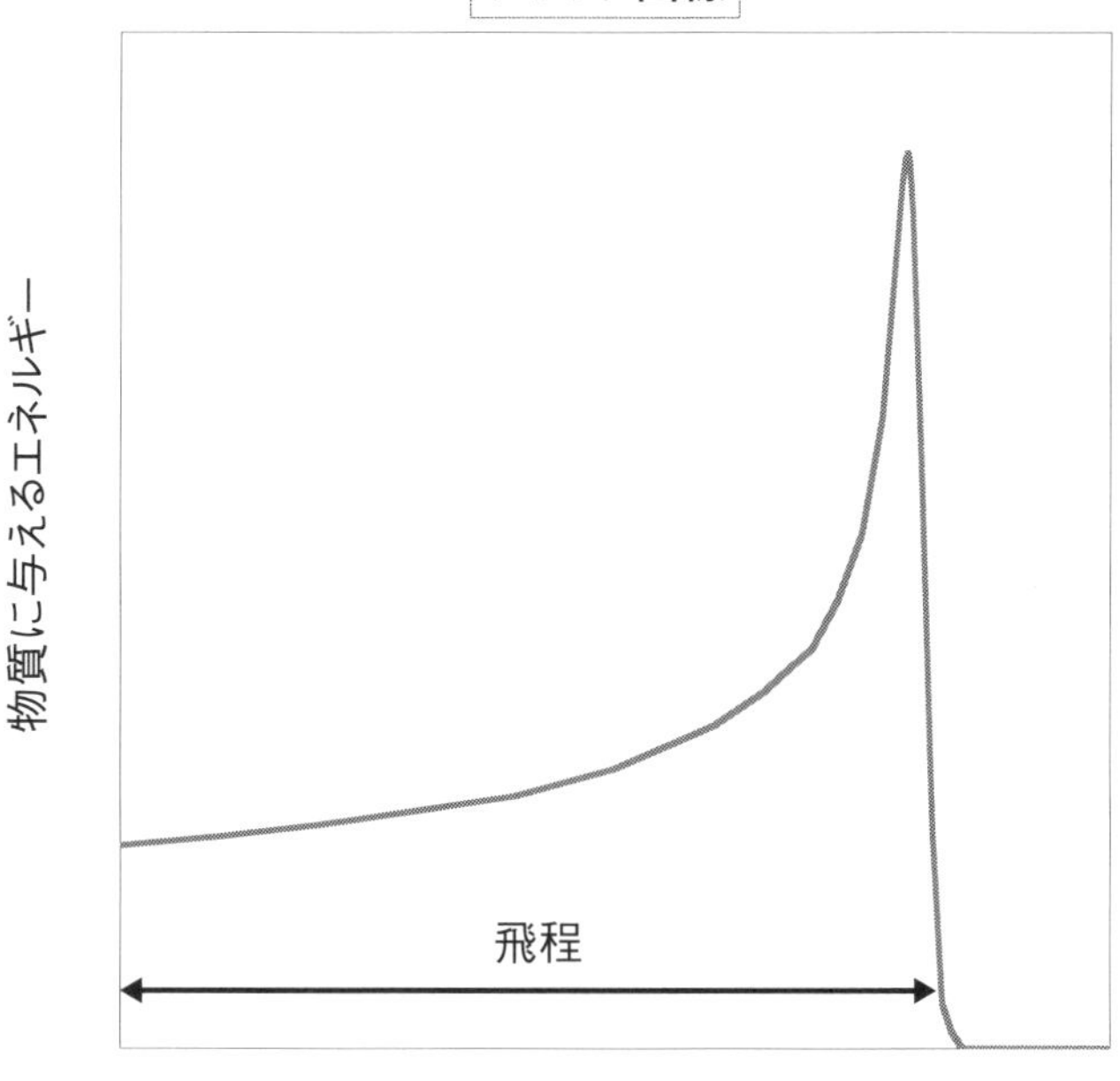

ネルギーは、まず、相手の物質の比重に比例します。物質の比重に比例するということは、重い物質ほどエネルギーをよく吸収し、短い飛程で荷電粒子を停めることができる、ということを意味します。

また、物質に与えるエネルギーは、物質の「原子番号／質量数」に比例します。「原子番号／質量数」は、安定核の存在領域の図を見ればわかるように、ふつうの物質ではほぼ一定です（図が直線に近いことがそれを表わしています）。

また、これは相手の物質の種類だけでなく、放射線の種類によっても違いがあります。放射線（荷電粒子）が与えるエネルギーは、自身の電荷の自乗に比例します。α線の電荷はβ線の2倍ですから、この効果だけでも、4倍ものエネルギーを与えることになります。

α線とβ線の飛程

では、それらを頭に入れたうえで、実際の飛程の例を挙げてみましょう。

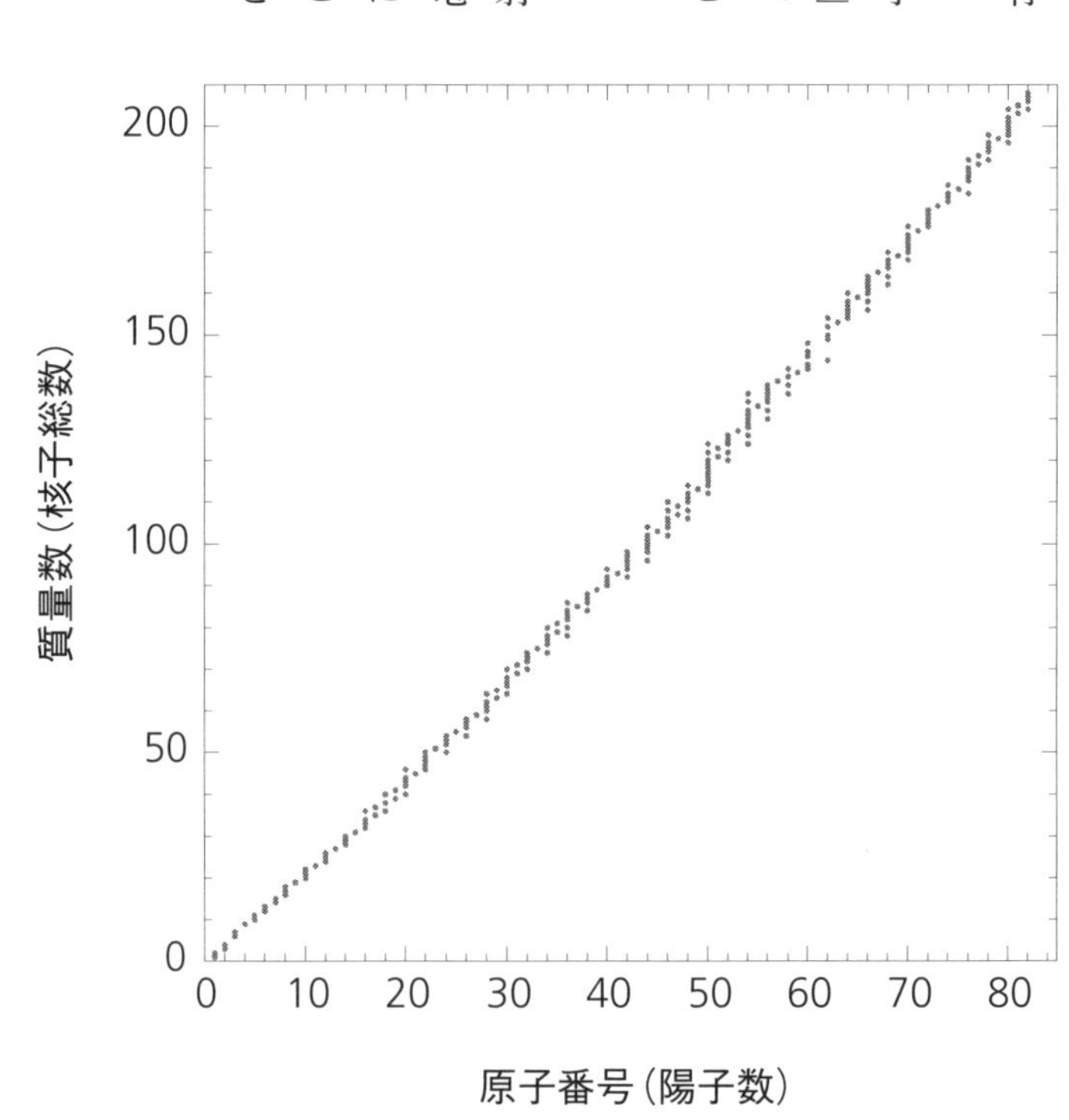

たとえばポロニウム210が出すα線の場合、エネルギーは5.3MeVですので、空気中の飛程は4cmほどになります。つまり、4cm離れるだけで、それ以外なにもしなくとも、α線はあなたのところには届かないのです。

これが水だとその1／1000、40μm程度になります。[2] 人間も水と同じ程度です。人間が外部からα線を浴びた場合には、皮膚で止まってしまいますし、ゴム手袋でも着用していれば、皮膚にすら届きません。

また、金属中の飛程は、アルミニウムで25μm、金で9μmです。Amazonで売っているアルミフォイルを見てみると、厚さ11μmのものと60μmのものとがあります。60μmのもの1枚でα線を停めることができます。今みなさんが読んでいるこの本の紙1枚も60μm程度ですから、紙が水とほとんど同じだと考えると、この1枚だけで充分にポロニウムのα線から身を守ることができます。いっぽう、金の場合、第1章で触れた静電気除去ブラシでは、ポロニウムが金メッキで覆われていますので、α線がそれを突き破って大気中に出るには、メッキの厚さは9μm以下でなければなりません。

β線の例としては、セシウム137から出てくるものにしましょう。エネルギーは510keVです。先ほど見たように、β線はα線よりはるかに速く、電荷の効果も小さいので、物質との反応はα線よりもずっと小さいことになります。ですから、飛程はα線よりもずっと長くなります。空気中で130cm、水中で1.6mm、アルミニウムで0.60mm程度です。本の紙1枚では防ぐことはできませんが、30枚もあれば防ぐことができます。

2『The range of alpha-particles in water』*Physical Review*, 88, 273-278 (1952)

飛程だけでなく、その飛び方（物質中の進み方）そのものも、α線とβ線ではかなり違います。

α線とβ線の進み方

α線とβ線では、電荷も違いますが、なんといっても質量がぜんぜん違います。β線はα線の1／7,000しかありません。もっと言えば、β線は、反応相手である原子軌道上の電子と、まったく同じものです。荷電粒子が物質中の電子を弾き飛ばしながら突き進む場合に、電子の7,000倍も巨大なα線であれば、自分自身はびくともせず、進路もほとんど変わらずにまっすぐ突進しますが、β線の場合は、相手も自分も同じものですので、自分自身も弾かれてしまい、物質中をジグザクに進むことになります。進路が変わるときには、加速度がかかっていますから、そのときに第2章でお話ししたようにX線を出します。そのX線の放出によっても、エネルギーを失うことになります。

α線の場合、まっすぐ進むために、軌道上の電子を弾き飛ばしたあとに、もしその進路上に原子核があれば、原子核とも衝突します。この衝突で、相手の原子核が大きければ自分が弾き飛ばされることになります。ただし、第1章でもお話ししたとおり、原子核はとても小さく、みなさんの部屋の中に置かれた髪の毛（の直径）程度ですから、そもそも当たることがまれです。だったら原子の軌道上の電子はもっと小さいのではないかと思う人もいるかもしれませんが、電子が惑星のように公転している姿はあくまでモデルであって、実際には雲のように原子を覆っていますので、衝突（反応）する確率は高いのです。

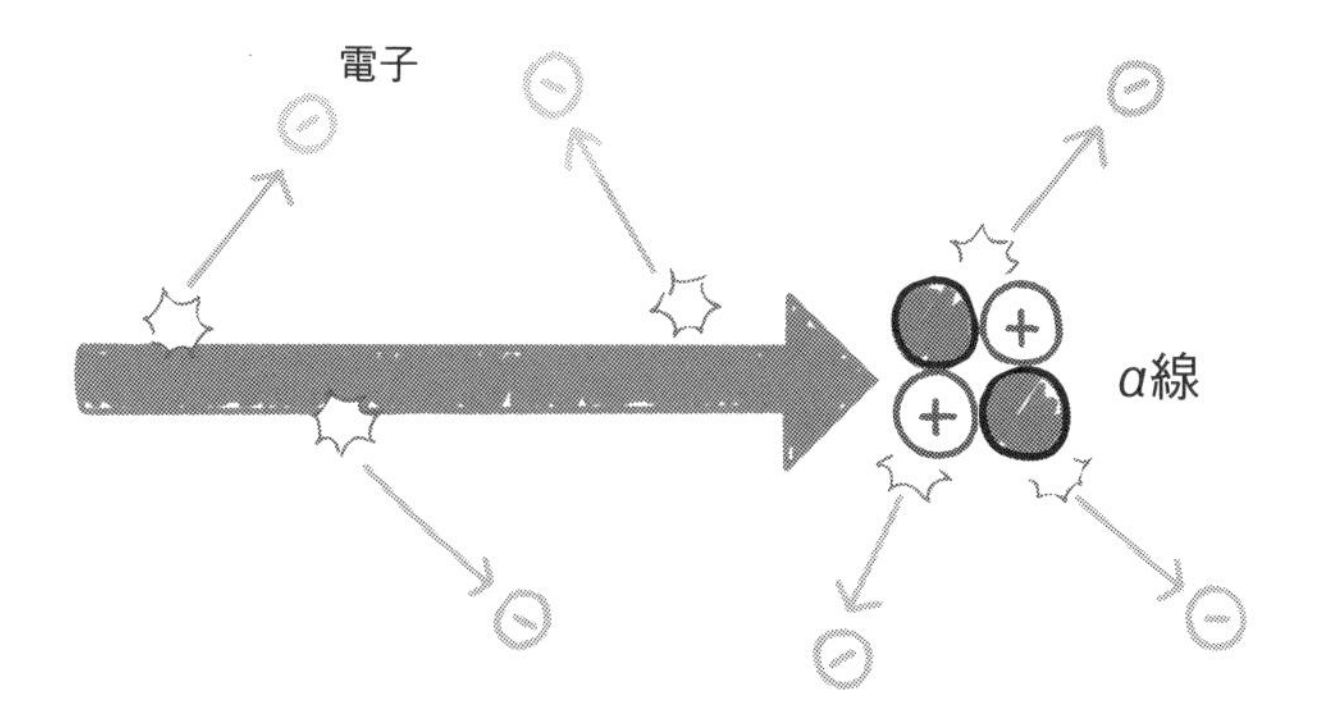

α線は電子よりもはるかに重いので、電子を蹴散らしながら、
自分自身の軌道はほとんど変わらずに真っ直ぐ進む

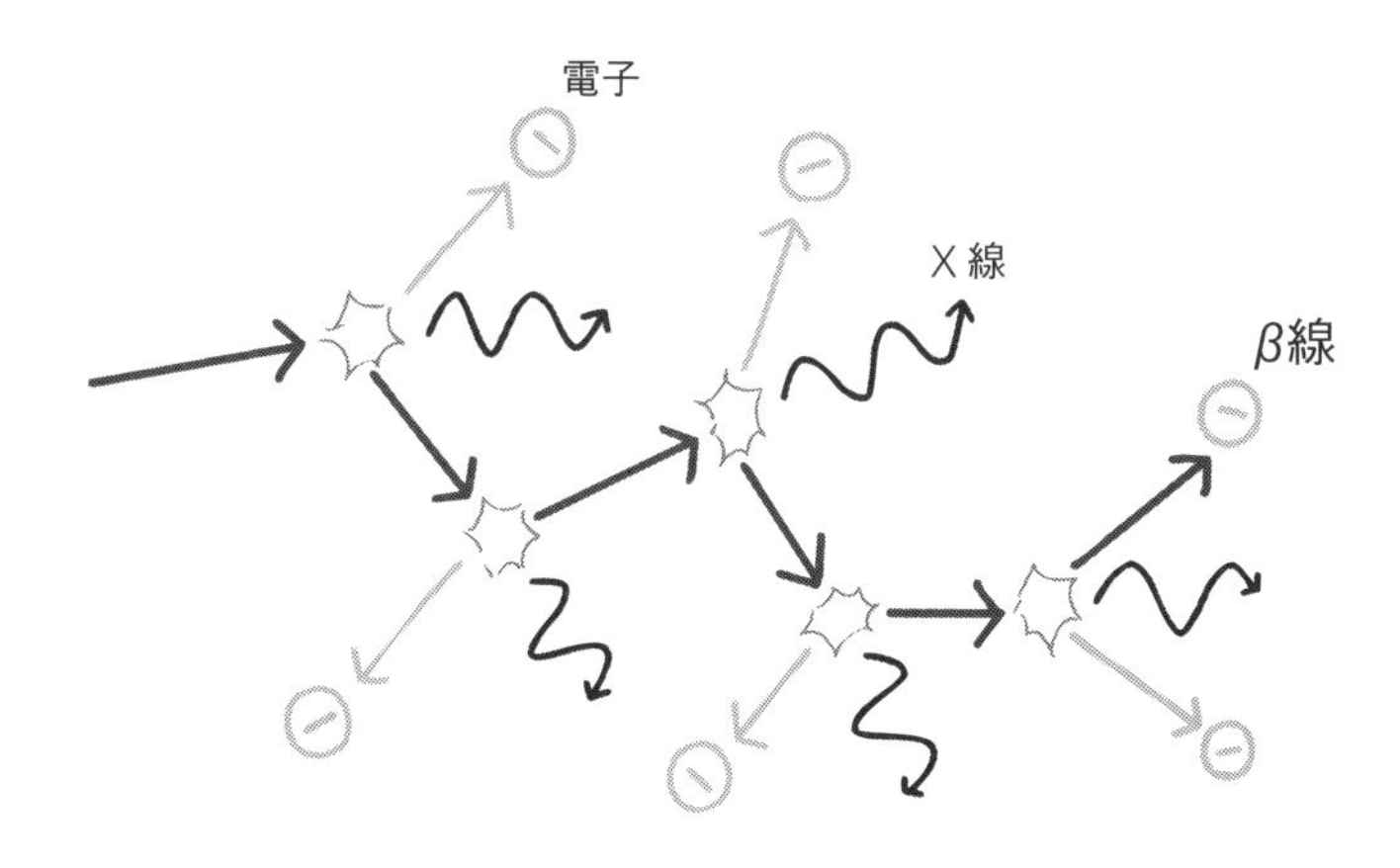

β線は自分自身が電子なので、衝突によって自分も跳ね返されながら、
ジグザクに進み、方向を変えるたびにX線を放出する

あるいは、太陽系モデルにこだわるなら、電子は軌道を高速で周回しているから衝突の確率が高いと考えていただいてもかまいません。

たとえば長縄跳びをイメージしてみてください。縄が止まっているときは、それを避けて通ることなど簡単ですが、縄が高速で回っているところを通り抜けようとすると、それなりのテクニックが必要です。原子核が止まっている縄、電子が高速で回っている縄だとイメージしてください。

γ線・X線と物質との反応

γ線やX線が、α線やβ線と決定的に違うところは、質量がないことです。質量がありませんので、エネルギーが小さくなっていっても、速度は光速のままで落ちることはありません。停まることもありません（消滅することはあります）。代わりに、波長が長くなっていくだけです。電磁波は、エネルギーが波長に反比例す

原子核サンチーム

電子サンチーム

るからです。そのため、飛程というものがありません。α線やβ線のように「○○mmの厚さの××で停めることができる」ということではなく、その物体によって「何分の一かに減らすことができる」というだけです。

例として、セシウム137（正確にはバリウム137）が放出するγ線（660keV）が、水、コンクリート、鉄の3種類の物質によって、どれくらい減らされるか、を表わした図を示します。

縦軸が対数になっていることに注意してください。大きな目盛りがひとつ変わるごとに、ひとけた変わります。

これらの物質は、放射線を防ぐという意味で、遮蔽体と呼ばれます。横軸が遮蔽体の厚さ、縦軸がその遮蔽体を通過後にγ線の放射線量がどれくらいにまで減ったか（どれくらいの放射線量のγ線が抜けてくるか）を表わしています。

このγ線の放射線量を1／10にするために、鉄で72mm程度、コンクリートで290mm程度、水

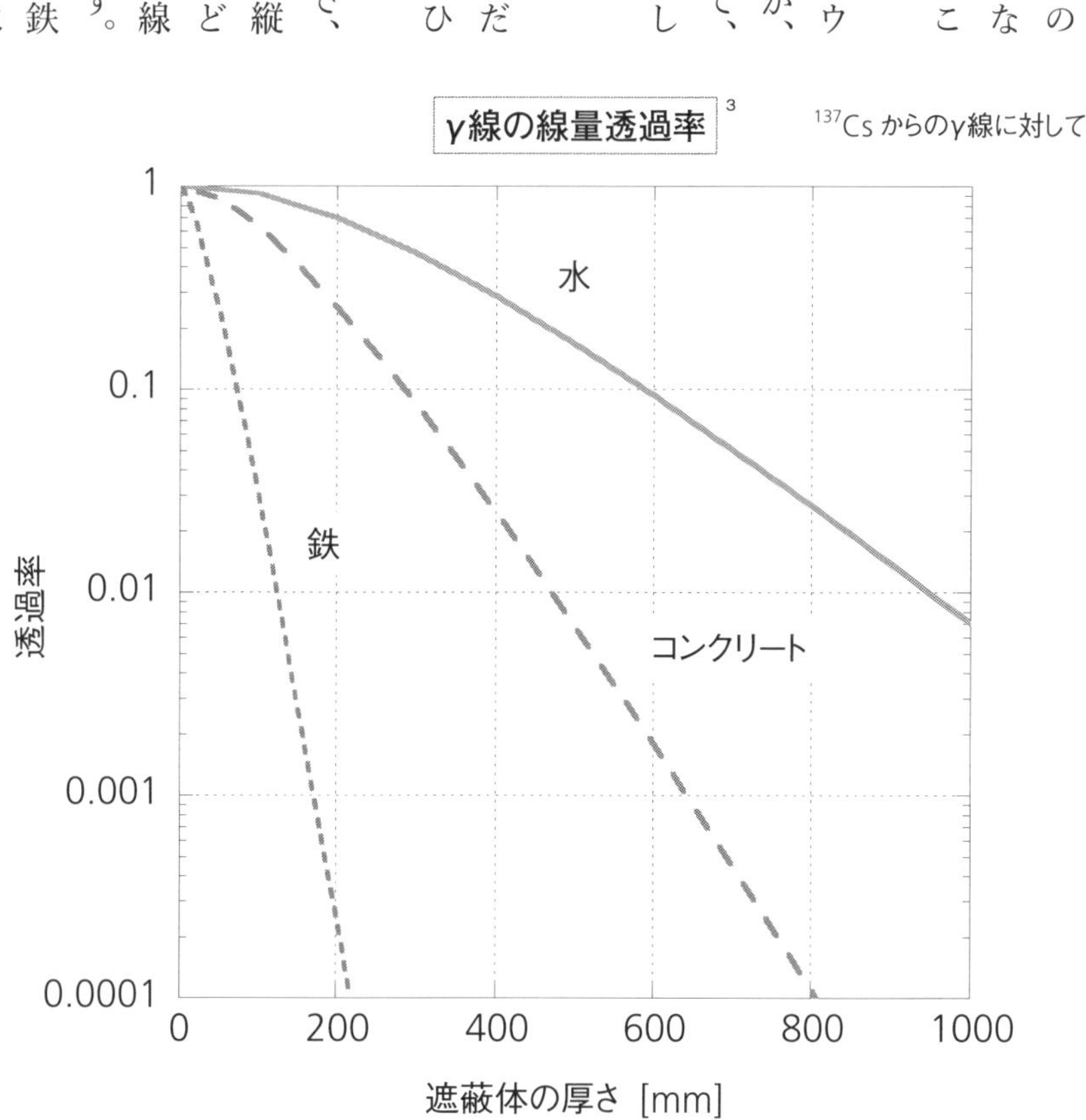

で590mm程度の厚さが必要であることがわかります。たとえば水を1として、その遮蔽能力（薄くてもよいほうが能力が高いとします）をこの厚みの逆数で表わすとすると、鉄：コンクリート：水は、8.2：2.0：1.0くらいの比になります。いっぽう、比重でいうと、鉄：コンクリート：水は、7.8：2.3：1.0くらいです。比重と遮蔽能力がほぼ同じであることがわかるでしょう。

そのことから考えると、じつは、鉄であろうがコンクリートであろうが水であろうが、同じ重量だけ集めれば、γ線に対しては同じ遮蔽効果があることになります。比重が大きいと薄くできますので、同じ体積で比べると鉄のほうが能力は高いですが、そのぶん重いため、同じ重量で比べると同じ能力になるのです。たとえば100kgの鉄と、100kgの鉛と、100kgの水があった場合、γ線に対する遮蔽能力は、どれもほとんど同じです。よく鉛だけが放射線の遮蔽材料としてきわだって優秀であるかのように勘違いしている人がいますが、それは比重が大きいので薄くできるだけであって、結局、同じ遮蔽効果を生むための重量は、水も鉛も同じなのです。

光電効果

では、γ線やX線は、どのような反応で減っていくのでしょうか。γ線やX線は、電荷がありませんが電磁波なので、電子と反応します。電磁波の反応には、主に、光電効果とコンプトン散乱と電子対生成とがあります。エネルギーに応じて、それぞれ、低いエネルギー（数100keV以下）の場合、中ぐらいのエネルギー（1MeV附近）の場合、高いエネルギー（数MeV以上）の場合に、主な反応となります。

3『実効線量評価のための光子・中性子・ベータ線制動輻射線に対する遮蔽計算定数』日本原子力研究所（2001）のデータより、著者がグラフ作成

光電効果とは、原子の軌道上の電子が電磁波のエネルギーを吸収して高いエネルギー状態となり、軌道を飛び出してしまう現象です。

光センサー等に応用されていますが、この現象を説明したことで、アルベルト・アインシュタインはノーベル物理学賞を受賞しました。アインシュタインは一般人の間ではおそらくもっとも有名な物理学者で、彼の業績でもっとも有名なものは相対性理論なのですが、彼は相対性理論ではノーベル賞をとっていないのです。光電効果では、γ線やX線のひとつひとつは吸収されてしまい、消滅します。γ線やX線が持っていたエネルギーは、電子が原子核の引力を振りきって軌道の外に出るエネルギーと、外に出た電子の運動エネルギーになります。

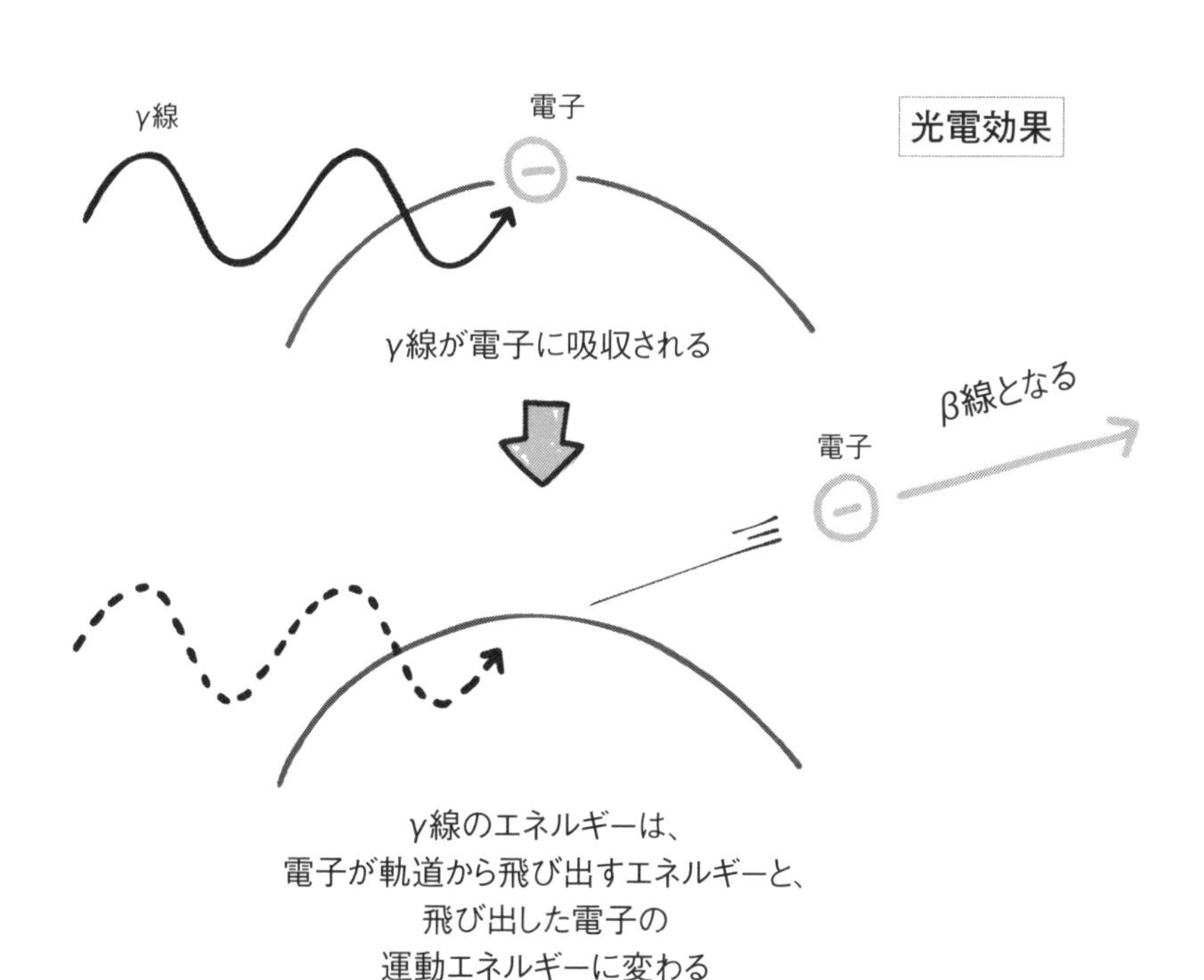

コンプトン散乱

コンプトン散乱とは、電磁波が粒子のように弾き飛ばされる現象です。発見者であるアメリカの物理学者のアーサー・コンプトンの名前からとられています。

ビリヤードで手球（γ線やX線）が的球（原子軌道上の電子）に衝突し、的球を弾き飛ばしながら、手球自身も弾き飛ばされる様子を想像してください。この現象では、γ線やX線は弾き飛ばされるだけで消滅はしませんが、エネルギーは失い、波長が伸びます。その失ったエネルギー分を、的球である電子に与えます。

電子対生成

電子対生成は、γ線やX線が消滅し、その代わりに電子と陽電子のペアを生成

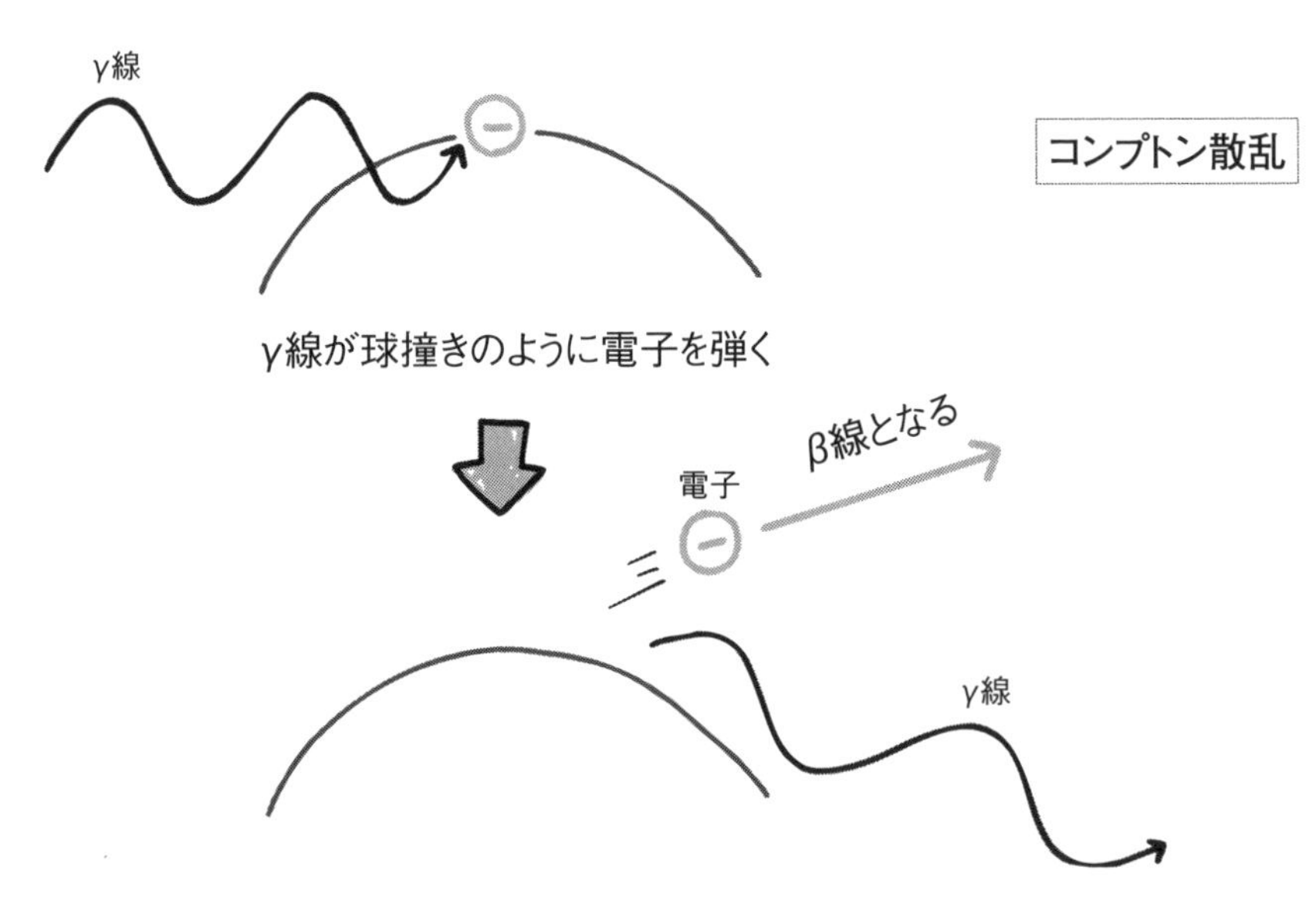

する反応です。[4]
この現象もγ線やX線は消滅しますが、そのエネルギーは、電子と陽電子の質量と運動エネルギーに受けつがれます。

これら3つの反応の図を見ていて、ある共通点に気づかれましたでしょうか。そう、すべて、電子が飛び出して、「β線となる」と書いてあります。ここはもろにコピペですので、まちがいありません。つまり、どの反応も、結局、電子を弾き出す反応ですので、弾き出された電子は、β線としてふるまいます。つまり、γ線を浴びた場合でも、その物質の内部では、実質的にβ線を浴びたのと同じことになる、というわけです。

中性子と物質との反応

中性子は、これまでにお話しした放射

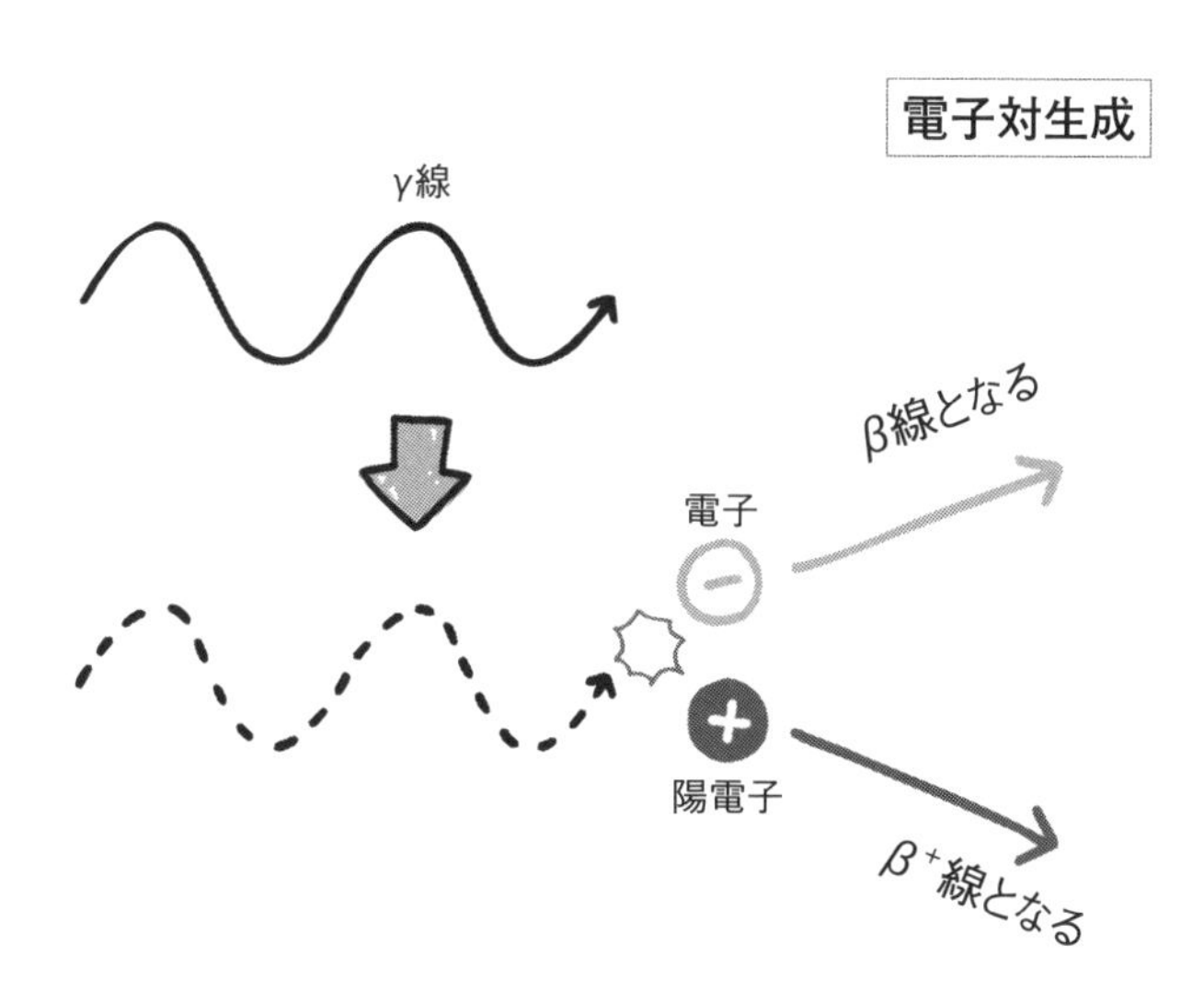

線とはずいぶん違った作用をします。電荷を持っていないうえに電磁波とも違いますから、電磁力に反応しません。第1章でお話ししたとおり、原子が原子としての形を保っているのはあくまでもその外周にある電子によるものですから、電磁力が働かない中性子から見れば、原子ではなく、むき出しの原子核が見えているようなものです。そしてその原子核はとても小さいので、みなさんの部屋の中に髪の毛1本だけ置かれているような、ほとんど何もないがらんどうが、中性子の目の前に広がっている状態です。

これまで見てきたように中性子以外の放射線は主に電子との反応によって物質に影響を与えましたが、その電子と反応しない中性子は、他の放射線と違って、物質を通り抜ける割合、透過率がとても大きく、そして、(確率が低いながらも) 反応する場合には、直接原子核と反応を起こします。

中性子の散乱

中性子と原子核の反応は、具体的にはどのようなものでしょうか。

まず考えられるのは、中性子が原子核にぶつかり、跳ねかえされる場合です。これを散乱と呼びます。この場合、中性子がぶつかった相手の原子核が巨大な場合は、中性子がほとんど同じ速さで跳ね返されるだけですが、相手の原子核が小さければ、その原子核もある速度を持って弾き飛ばされてしまいます。そうなれば、当然ながら、原子は元の状態を保つことができず、やはり分子構造は破壊されてしまいます。

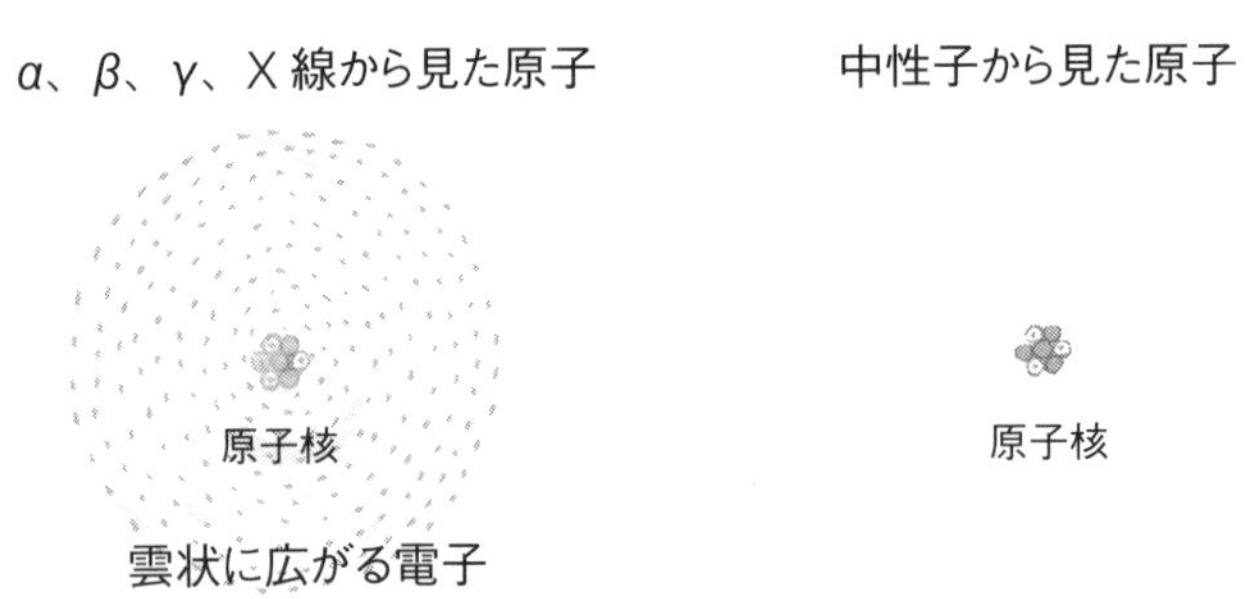

みなさんはよくビリヤードをなさいますか。僕は学部生のころにはよくしていました。ここで突然ですが、ビリヤードで自分が打った手球を停める、ストップショットを考えましょう。静止している的球に対して、手球を回転させずに真正面から打つと、手球は停まり、的球が動き始めます。理想的なショットであれば、手球は完全に停止します。これは、手球と的球の質量が同じだから起こる現象です。中高生のころの物理学をおぼえている方は、運動量とエネルギーの保存則を使えば、簡単に理解することができます。手球が停止してしまうということ

は、すべての運動エネルギーを相手に与えたことになります。

次に、クッション（壁）に手球を当てた場合を考えましょう。クッションは柔らかい材質でできていますので、衝突したときにある程度はエネルギーを吸収されてしまいますが、そのようなエネルギーの損失がない理想的な条件（硬いクッション）を考えれば、手球は速さが変わらずに跳ねかえってきます。ストップショットとの違いは、衝突した相手の大きさです。クッションはプールテーブルの一部であるうえに、プールテーブルは床にしっかりと固定されていますので、自分（手球）に対して、比較にならないほど巨大なものに衝突した場合になります。こ

の場合は、手球は減速されない、つまり、手球はもとのエネルギーを持ったままです。

手球が中性子、的球やクッションがそれと反応する物質の原子核だと考えれば、原子核が小さいほどエネルギーを与えられやすく（中性子がエネルギーを失いやすく）、大きいほどエネルギーを与えられにくいことになります。α線・β線・γ線が、密度が大きいもの（つまり原子核が大きいもの）にほど大きなエネルギーを与えるのと、まったく対照的です。

第1章でお話ししたとおり、最も小さな原子核は水素の原子核で、陽子1個だけからできています。陽子と中性子の質量がほぼ同じだということもお話ししたとおりですから、水素がストップボールの例、つまり一番中性子の影響を受けやすいことになります。そして、我々の身体を構成する有機化合物や水は、水素原子を大量に含んでいますから、中性子にとっては、格好の標的だと言えるでしょう。

中性子の捕獲

次に考えられるのは、中性子が原子核にくっつく場合です。これを捕獲と呼びます。第1章で紹介した、ビスマスに中性子を照射してポロニウムをつくり出す反応、まさにあれがこれに当たります。凶悪な放射性物質であるポロニウム210をわざわざつくり出していることが象徴するように、この反応では、安定した同位体が中性子を過剰に得ることによって、放射性同位体へと変化してしまうのです。フィクションの映像の世界でも、放射線を浴びた物体自身が放射性物質に変わってしまう、というものがありますが（映像作品ならではの演出で、放射性物質に変わると光を出していたりしますが）、それはまさにこの中性子が起こす反応なのです。

4　詳しくは、拙著『ニュートリノ』（イースト・プレス）をご覧ください。

また、エネルギー保存則の観点から考えると、中性子が捕獲前に持っていた運動エネルギーも原子核が受け取りますから、原子核は過剰にエネルギーを得た状態となり、その分のエネルギーをγ線として放出します。このことから「放射化した物質が光を出す」という演出を思いついたのかもしれませんが、残念ながらγ線は目には見えません。

浴びた物質自身を放射性物質に変えてしまうという反応は、放射線の中でも中性子だけが持つ、やっかいな性質のひとつです。

中性子がいったん原子核に取りこまれたあとで、その原子核が分裂を起こす反応もあり、これは捕獲とは別に分類されています。この反応については、本書では取りあつかわないこととします。

また、高速の中性子（MeV以上）が原子核に衝突すると、もともと原子核にあった中性子もたたき出されてしまう反応も起こります。この反応と、分裂、捕獲を合わせて、吸収反応と呼びます。

同位体ごとの中性子の反応のしやすさ

中性子をある物質に照射したとき、散乱と捕獲のふたつの反応のどちらが起こるかは、まさに確率的なものですが、物質の種類と中性子の速度によってその確率は変わります。一般に、中性子の速度が遅いほど、捕獲される確率が上がります。その理由は、荷電粒子の反応でキャッチボールのたとえを使ってお話ししたのと同じく、中性子が原子核の近くを通る時間が長いためにつかまえやすいからです。物質の種類と中性子の速度によって中性子の捕獲のしやすさが

5 JAEA Nuclear Data CenterのJENDL-4.0のデータより、著者がグラフ作成

6 ホウ素10のみ、捕獲ではなく、中性子を吸収したあと、α線を放出する反応

変化する様子を、下の図に示します。[5]

横軸は中性子の運動エネルギーです。縦軸は「捕獲断面積」とありますが、ここでは、「中性子のつかまえやすさ」の値だと思っておいてください。[6]

この図で注目してもらいたいことはふたつあります。

ひとつめは、同位体によって、中性子のつかまえやすさに大きな違いがあることです。身近な鉄やアルミニウムに比べ、生き物の身体をつくっている炭素12は2～3けたも小さく、逆にホウ素10は3～4けたも大きくなっています。

福島原子力発電所事故の当時の報道をおぼえている方は、「炉心にホウ酸を入れろ」なる文言が飛びかっていたことをおぼえているかもしれません。原子炉は核燃料が分裂したときに放出する中性子を次の核分裂に利用することで動いているので、かたっぱしから中性子を吸収してしまえば核分裂の連鎖反応が起きません。そこで、中性子をきわめて吸収しやすいホウ素を含

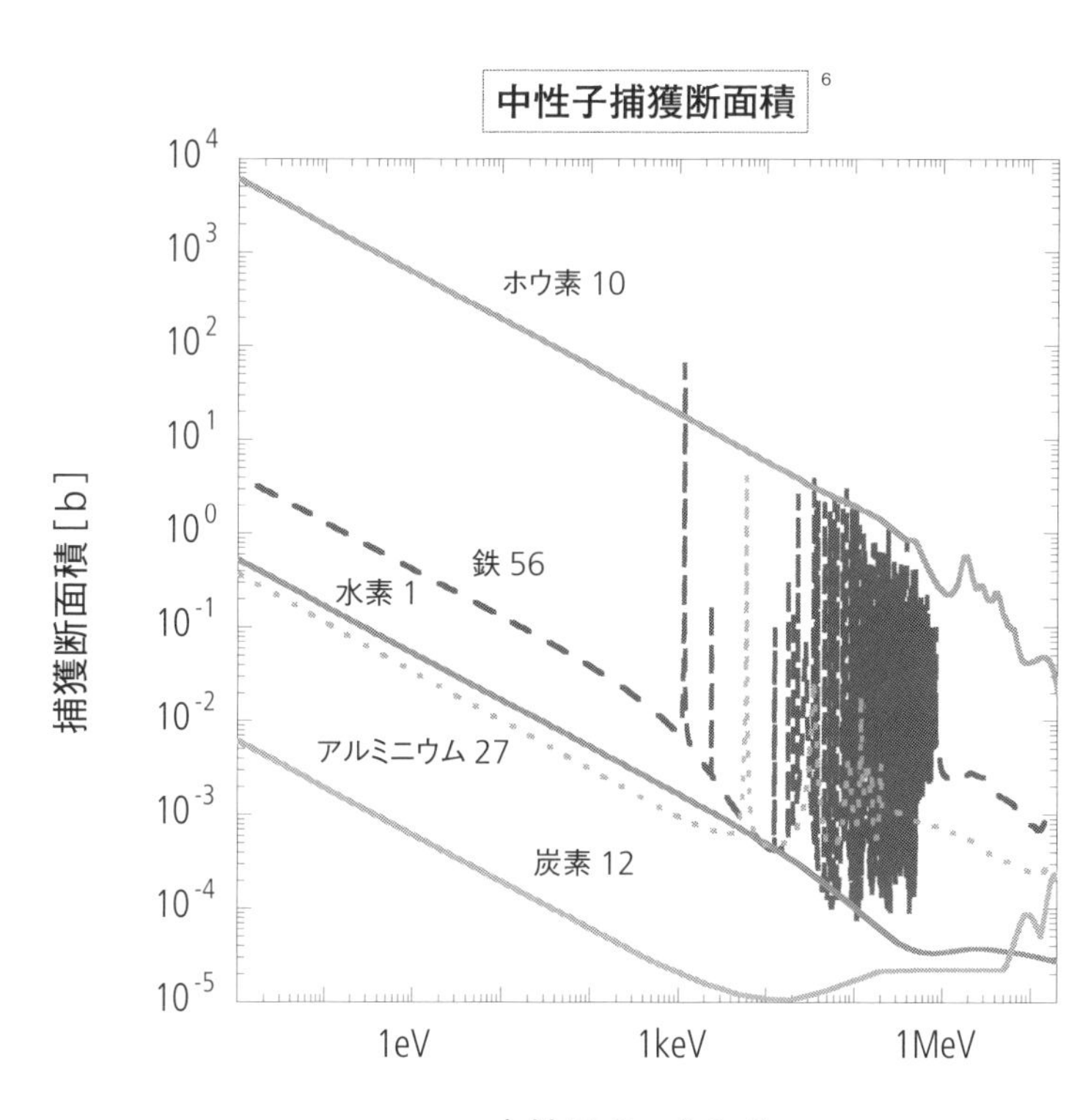

むホウ酸を投入して、万が一の場合に備えよ、という意味だったのです。
ふたつめは、どの同位体も、右肩下がりになっていることです。右にいくほど中性子のエネルギーが高い、つまり速度が大きいので、速いものほどつかまえにくい、遅いものほどつかまえやすい、という先ほどのキャッチボールのたとえが、定量的にあらわれている、ということです。

また、γ線との比較で、中性子が「どれだけの厚さの物質を通過したときにどれくらいに減少するのか」の例をひとつ、下の図に示しておきます。

この図の対象の中性子は、デューテリウムとトリチウムの核融合反応（DT反応）で生じる中性子で、そのエネルギーは14MeVと、かなり高速の中性子になります。[8] ですから、先ほどの「もともと原子核にあった中性子を叩き出す」という反応を起こします。遮蔽体を透過するの

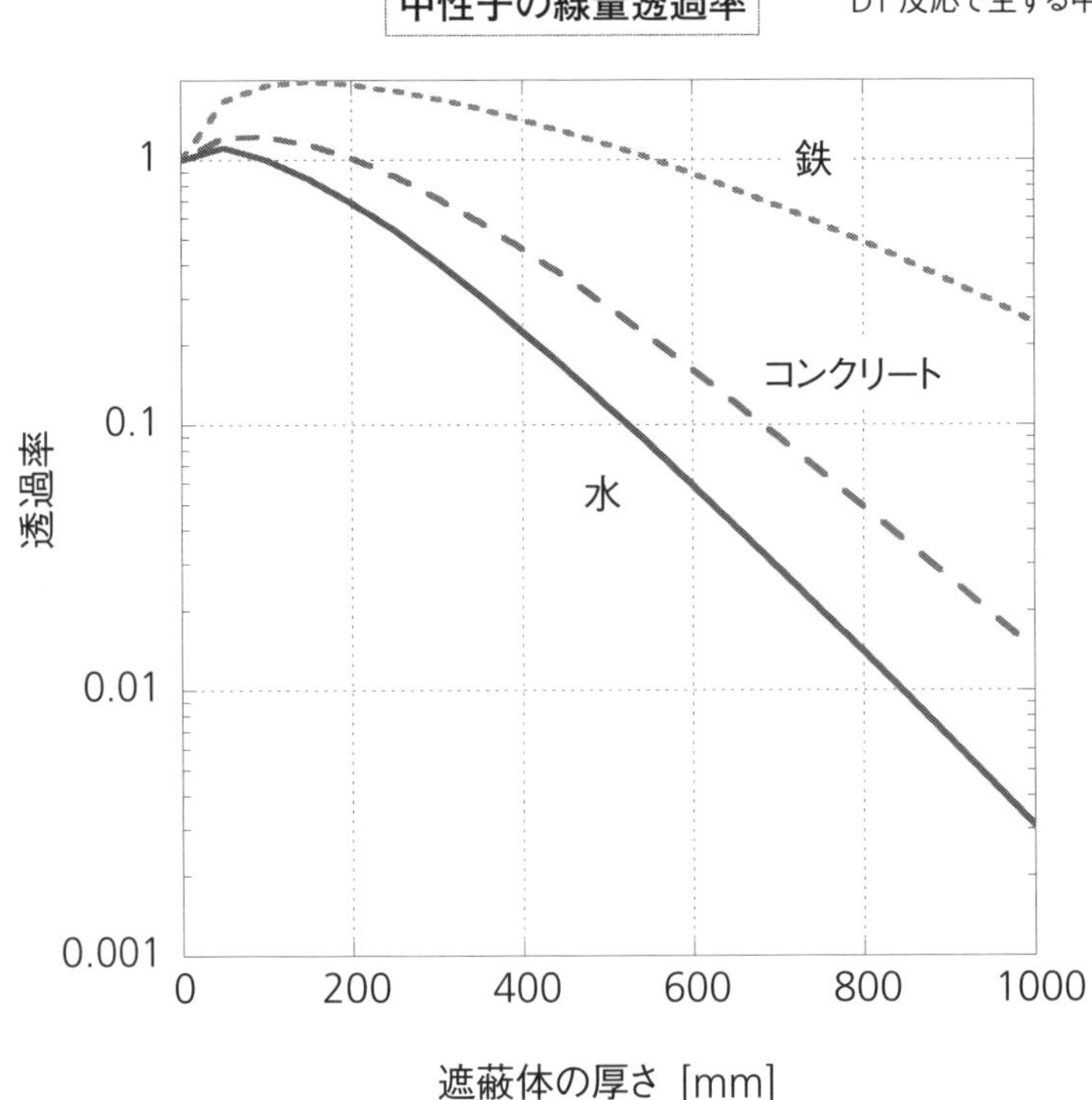

になのになぜか1を超えているところがあるのは、まさにこの反応が起こるからです。高速の中性子に対しては、中途半端な厚みの遮蔽体だと、より中性子が増えてしまうことがわかります。

そしてより重要なことは、γ線とは逆に、比重が小さい物質のほうが遮蔽効果は高いことです。中性子には水がいちばん効くのです。[9]

中性子がとてもやっかいな放射線であることはおわかりいただけたかと思います。幸いなことに、自然界に存在する放射性物質から出てくる放射線は主にα線・β線・γ線で、中性子を単独で放出する放射性物質はめったにないです。

半導体への影響

本章では最後に、放射線と物質との反応の例として、半導体素子への影響について触れておきましょう。

半導体素子は、基本的にはスウィッチの役割を果たすもので、このスウィッチのON／OFFによって電子回路内の電流を制御し、電子回路を動かしています。まさに電子回路の中枢を成す重要な部品です。近年、半導体素子は小型化の一途をたどり、そのために片手で持てるiPhoneのような機器でも、ひと昔まえの大型のコンピューターをはるかにしのぐ性能を持ち、みなさんは毎日その恩恵をぞんぶんに受けています。現代においては、半導体素子を使っていないものが身のまわりにないくらいです。

しかし、いっぽうで、その小型化のために、放射線に対してはどんどん弱くなっていってい

7『実効線量評価のための光子・中性子・ベータ線制動輻射線に対する遮蔽計算定数』日本原子力研究所（2001）のデータより、著者がグラフ作成

8　この反応をDT反応と言いますが、核兵器（核融合兵器、いわゆる水素爆弾）の主な反応ですので、それが実戦使用された場合に近くにいると、この中性子を浴びます。

9　この性質を利用して、水素爆弾をより中性子を出しやすく改良したものが、中性子爆弾と呼ばれるものです。たとえば戦車のように厚い鉄でできた強固な装甲に囲まれていても、中性子ならそれをやすやすと貫通します。そして、水が遮蔽効果が高いということは、水とはよく反応することを意味し、人間は水でできているようなものですから、中の乗員に大きな被害を与えます。

ます。とても小さな部分や薄い部分で機能を維持しているためです。ふつうに生活しているぶんには、半導体素子が影響を受けるほどの放射線を浴びることはないのですが、僕が勤務しているような実験施設や、大気圏外での使用が前提の機器や施設では、強い放射線を浴びて半導体素子がやられてしまうことは頻繁に起こります。

1976年9月6日、ソヴィエト連邦の国土防空軍の戦闘機の操縦士であるヴィクトル・イヴァノヴィッチ・ベレンコ中尉が、飛行訓練中に、操縦していたMиГ-25迎撃機ごと、函館空港に着陸して亡命した、という事件が起きました。ベレンコ中尉は本人の希望どおりアメリカに亡命したのですが、この事件で彼が乗ってきたMиГ-25は、当時は実戦配備されて数年の最新鋭の戦闘機だったため、留め置いて調査が行われました。

この事件前までは、その中身については秘密のヴェイルにつつまれ、そのぶん、西側諸国はこれを過大評価して恐れていました。ところが、ソヴィエト連邦に返還されるまでにアメリカ軍による徹底的な調査が行われた結果、想像していたのとはずいぶん違い、当時から見ても古臭い技術が使われていることがわかり（開発が60年代なので当然ですが）、事件前に過大評価していたぶん、逆方向に大きく振れて過小評価する論調が西側諸国にあふれました。

そこで話題になったひとつが、電子回路に真空管が多用されていたことです。60年代の半導体素子では大出力の電子回路を構成することはむずかしく（たとえばレーダーなどには大出力の電子回路が必要です）、真空管を使っていたことは、信頼性が求められる実戦兵器ではそれほど不思議でもありません。が、本書で注目したいのは、放射線に対する半導体素子の弱さです。核戦争が起きて、核兵器が使用されると、中性子やγ線が大量に放出され、また、そのγ線と大気との反応で発生じた電磁波が周囲にふりそそぎます。これらを浴びた場合は、半導体素子であれば大きな影響を受けます。その点、真空管はこれらに対して強いのです。一般に、電子回路については、「賢い部品ほど放射線の影響を受けやすい」というふうに我々は言っています。単純で古臭い電子部品ほど、放射線には強いのです。

放射線による影響には主にふたつの症状があります。半導体素子が完全に壊れてしまう場合と、誤作動やフリーズを起こしてしまう場合です。前者は素子を交換する以外にないのですが、後者は再起動することで回復します。しかし、簡単に再起動できるようにしてあればよいのですが、機器によっては、それが簡単にはできないものや、一度の誤動作が致命的になるものもあります。我々の実験施設では、その建設時期に、さまざまな電子機器について、放射線照射試験をおこない、どの程度の放射線量で壊れるのか、壊れる場合にはどのような様子で壊れていくのか、などを調べました。それをもとに、どの場所でどのような対策をして使うのか、または使うの避けるのか、ということを判断しました。

さて、本章では、放射線と物質との反応についてお話ししました。放射線の種類によって、反応は実にさまざまですね。次章では、いよいよみなさんがもっとも興味を持たれているであろう、人体への影響についてお話しします。

第４章まとめ

◎放射線は電離させて分子を破壊するからヤヴァい
◎放射線を浴びた物質に単位質量あたりに与えられたエネルギーを、吸収線量と呼ぶ
◎吸収線量の単位はGy（＝J／kg）
◎α線の飛程は水中（人体）で数十μm程度
◎β線の飛程は水中（人体）でmm程度
◎γ線やX線に対しては、物質の種類によらず、総重量が同じであれば同じ遮蔽能力
◎中性子を遮蔽するには、水が最高
◎「賢い機器」ほど放射線に弱い
◎中性子ヤヴァい

第5章

人体への影響について考えよう

本章では、いよいよ、人体への影響についてお話しします。人体が放射線を浴びることを被曝と言います。放射線に「曝される」からです。この被曝とその影響の話こそが、みなさんがもっとも気になるところなのではないでしょうか。

ＩＣＲＰとＵＮＳＣＥＡＲ

最初に、ＩＣＲＰ（International Commission on Radiological Protection）について紹介しておきましょう。これは読んで字のごとく「放射線防護に関する国際委員会」のことで、世界中の放射線の専門家が集まり、その研究の成果から、放射線防護に関して勧告を行う学術組織です。その前身は１９２８年にもさかのぼる組織で、研究成果をまとめた出版物（ICRP publication）を出しています。日本の放射線防護に関わる法の基準も、その勧告をもとにしています。[1] ですので、以下でも、放射線の人体への影響を定量的に語る場合、このＩＣＲＰ勧告の値を引用します。

ICRP publicationは、日本アイソトープ協会のＨＰからダウンロードできます。

驚くべきことに、日本語訳されたものが無料でダウンロード可能ですので、放射線に興味のある方は、是非ご覧ください。特に、ICRP publication 103（２００７年勧告）は、現在の放射線防護の考え方の基本となるものですので、目を通されることをお薦めします。

放射線による人体への影響は、まだまだはっきりしていないことが多いです。それは、人体を使って実験をする、などということができないからです。そのため、不幸にも起こってしまった事故の被害者の方々を長期間にわたって調査するなど、地道な研究が必要です。ですから、

１　ＩＣＲＰに対して、その基準値がおかしいという批判をする人も、世の中にはいます。その人たちは、いわゆるとんでも系の人から、基準値の作成の経緯を丹念にたどって調べた学者まで、さまざまです。が、しかし、その人たちのいずれも、ＩＣＲＰの基準に代わる新たな基準値を確立した人はいません。ここまできちんとした体系的な放射線防護基準を提示しているのは、ＩＣＲＰだけです。

より新しい時代になればなるほど、その結果は新しく更新されていくことになります。いったん放射線の勉強をしたあとでも、年がたつと基準が変わることも多々あります。そのためにも、最新のICRP勧告に目を通しておくことは重要です。

いっぽう、国際連合の中にも、UNSCEAR（United Nations Scientific Commitee on the Effects of Atomic Radiation、原子放射線の影響に関する国際連合科学委員会）という、放射線の影響を評価する組織があります。

「ICRPが経済優先の観点から基準を決めているために信用できない」と主張する人たちは、UNSCEARのほうがより科学的視点に立っていると言いますが、国連というものがもろに政治的な組織であるうえに、そもそもUNSCEARは、国連の安全保障理事会の常任理事国が地上で核実験をばんばん実施していたときに、それに対する批判をかわすためにつくられた組織であることを考慮する必要があります。「Atomic Radiation」とは、原子爆弾（Atomic Bomb）由来の放射線という意味です。国連は、第二次世界大戦の戦勝国四か国にフランスを加えた常任理事国五か国（ロシア連邦と中華人民共和国は、それぞれソヴィエト連邦と中華民国の継承国あつかい）だけに核兵器所有の特権を与えているうえに、歴史上唯一核兵器の実戦使用をした組織であることを、我々被爆国たる日本の国民は頭に入れておく必要があります。

もちろん、そういうことを頭に入れたうえで、利用できるものはばんばん利用すべきですから、UNSCEARの報告も読んでおきましょう。[2] バックについている組織があれであろうとも、報告書のもととなっている論文はまともな科学者たちによって書かれたものですし、そもそもその科学者たちはICRPのメンバーと相当数かぶっています。国連が、自分たちがやらかした核兵器の実戦使用や地上核実験の罪滅ぼしのためにこういう活動をしているわけではな

2　UNSCEARの報告書のリンクは、
総括報告：http://www.unscear.org/unscear/en/general_assembly_all.html

出版物：http://www.unscear.org/unscear/en/publications.html

福島第一原子力発電所事故に関する特設ページ：http://www.unscear.org/unscear/en/fukushima.html

く、純粋に、自分たちのやったことの影響を知りたいというだけで活動を始めましたので、むしろそういう動機だと信用できます。

現在では、UNSCEARがまとめた科学的知見をもとにして、ICRPが勧告を出す、という関係になっています。

放射線はどのようにして人体を攻撃するのか

放射線が分子の結合を切断して破壊するということを第4章でお話ししましたが、我々の身体は特に放射線に対して弱い有機化合物でできています。我々の身体を構成する分子が破壊されるとどうなるのでしょうか。たとえば「脂肪が分解される」とか言われたとしたら、むしろ積極的に放射線を浴びたいくらいですが、我々の身体を構成しているものは、そのように壊れてもよいものばかりではありません。

破壊されて困るものの最たるものは、細胞の中でも核、その中のDNAです。DNAが破壊されてしまうと、細胞は分裂による複製ができません。

我々の身体の臓器や組織は、一見ずっと同じものであるように思えても、細胞レヴェルで見ると、おのおのの細胞には寿命があり（しかも意外に短い）、それらが死ぬとともに、新たな細胞が分裂によってつくられ、入れ替わることで、臓器や組織の全体の形と機能を維持しています。

ですから、放射線によってDNAが破壊され、そのままの状態だと、分裂によって代わりの細胞がつくられませんので、その細胞の寿命がきた段階で、その臓器や組織は機能不全を起こしてしまうのです。

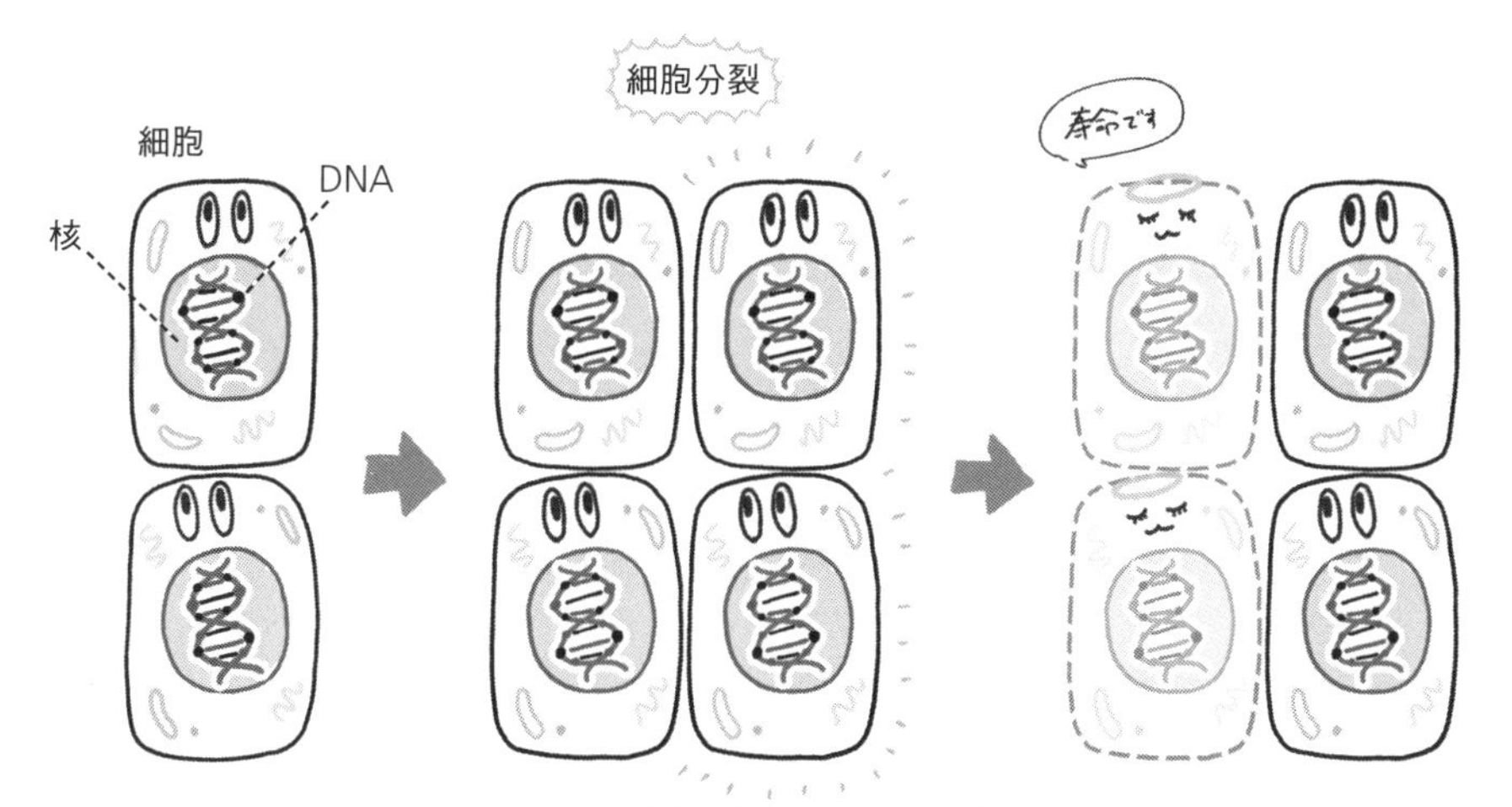

それぞれの細胞には寿命があるが、
細胞分裂によって代わりの細胞をつくるので、
組織全体としての機能は維持されていく

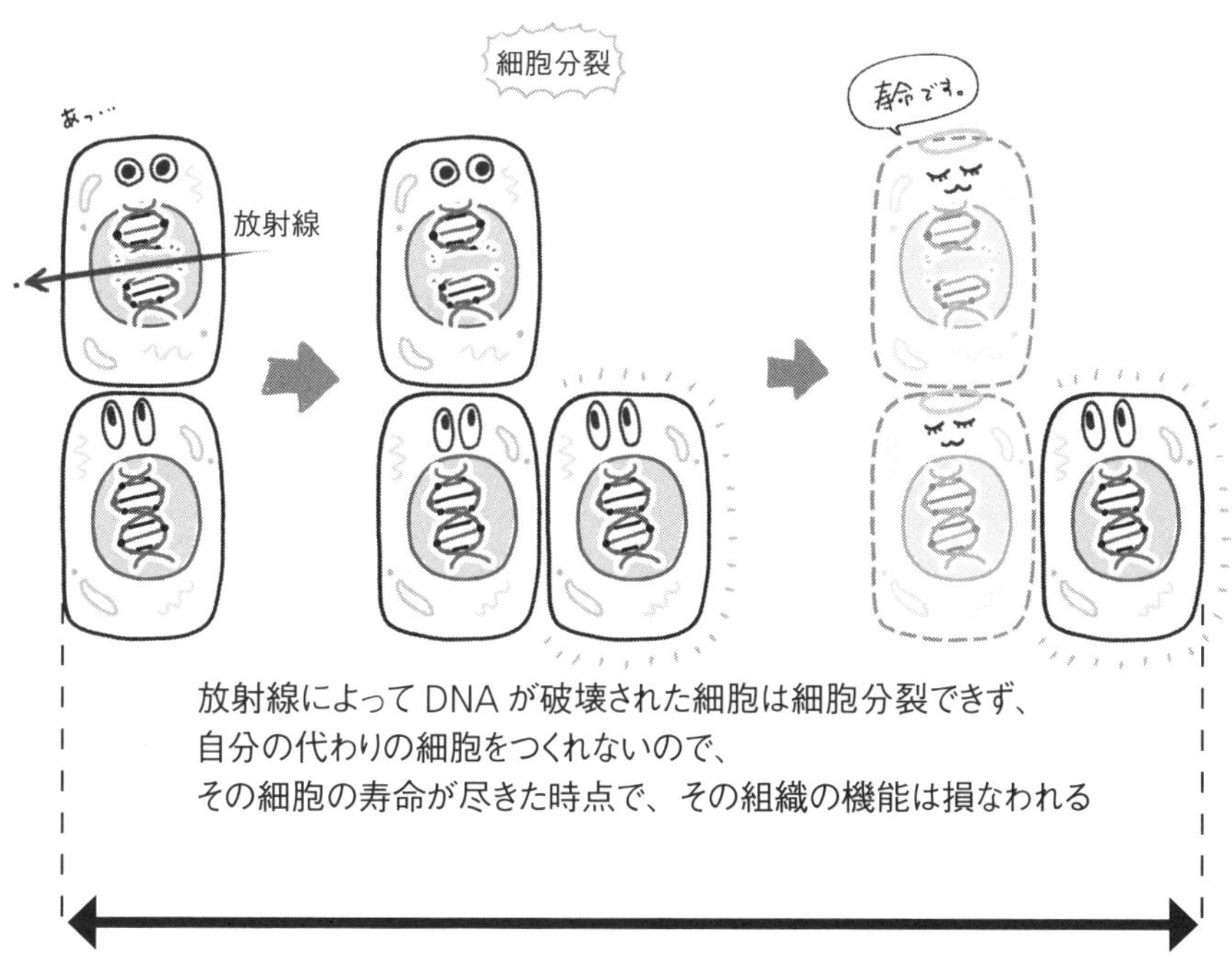

放射線を浴びてから障害が出るまでの潜伏期間

このように、放射線による障害は、放射線を浴びてから症状があらわれるまでに多少の時間差（細胞が入れ替わるサイクル分だけの）があります。これを潜伏期と呼びます。戦後の日本での最悪の被曝事故であるＪＣＯ臨界事故でも、被害者の方に深刻な症状が出たのは被曝後数日たってからです。ＪＣＯ臨界事故については、第8章で詳しくお話しします。

また、生物の場合は、ＤＮＡの周囲に大量の水が存在します。ですから、放射線が直接ＤＮＡを破壊しなくとも、放射線が周囲の水分子（H_2O）を分解し、ラディカルという反応性の高い状態の水素（H^*、水素ラディカル）と水酸基（$^*OH$、ヒドロキシルラディカル）をつくり出した場合、このラディカルがＤＮＡを攻撃して破壊する、という間接的な反応もあります。実際には、この間接的攻撃による損傷のほうが、直接的なものよりもずっと多いです。

人間が全身に放射線を浴びたときの致死量は、７Gy程度です。これをJで表わすと7Ｊ／kgですから、体重70kgの人だと、全身合計で５００Ｊ程度の放射線を浴びると死んでしまうことになります。ふだん人間が体内で消費しているエネルギーの消費率は、平均して１００Ｗ程度ですから、５００Ｊだと、たった5秒間の活動エネルギー分でしかありません。たったそれだけで、人間は死に至るのです。

別の面で、５００Ｊのエネルギーで70kgの人の体温がどれくらい上昇するかを考えると、人間の比熱が水と同じ4.2Ｊ／ｇＫだとして、５００Ｊ／７００００ｇ／4.2Ｊ／ｇＫ～０．００２Ｋ、わずか１０００分の２℃の温度変化にしかなりません。風呂に入ったって、それよりも体温が上がるでしょう。それくらいのわずかなエネルギーでも、放射線だと致死量となるのです。

人間がいかに放射線に対して弱いかがおわかりになるかと思います。

放射線が直接 DNA を破壊する

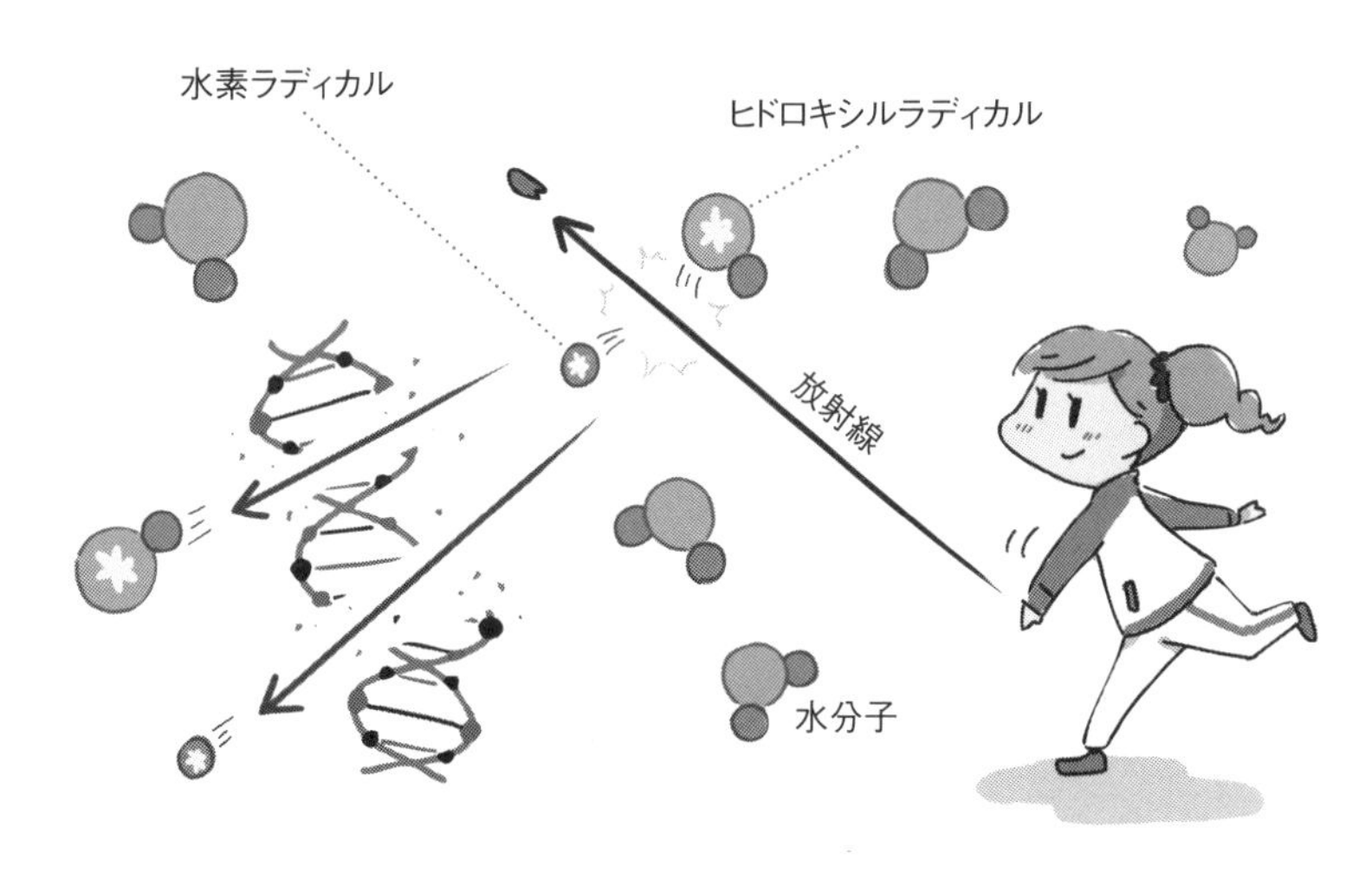

放射線が水分子を分解し、
分解された水が水素ラディカルとヒドロキシルラディカルとなり、
そのラディカルが DNA を破壊する

放射線に対する感受性

第2章で、携帯を投げつけた話をしましたが、あのときはうまくよけられたものの、当たっていたらとんでもないことなります。手脚や胴体に当たっていたら、痣ができた、くらいで済むかもしれません。ところが、目に当たっていたら、最悪、失明の可能性すらあります。このように、生物の身体には、強いところ弱いところがあります。

放射線に対しても同様で、臓器や組織ごとに、強い弱いはあります。これを感受性と呼びます。先ほどの「DNAが破壊された場合には細胞分裂のときに問題があらわになる」という話から考えるとわかりますように、細胞分裂が盛んにおこなわれているところほど、細胞の入れ替わりのサイクルは早いわけですから、放射線に対する感受性が高いことになります。

人間の身体の中で、感受性の高いところは、リンパ組織、骨髄、生殖腺などです。感受性の低いところは、脳、骨、神経組織、筋肉、血管などです。皮膚や、胃・腸などの消化器官、肝臓などは、その間くらいの感受性となります。

これも福島第一原子力発電所事故後に出たデマのひとつで、被災地で心筋梗塞となる人が増え、それは放射線のせいだ、などというものがありました。血管や筋肉の塊である心臓は感受性が低く、放射線に対して比較的強いところですので、デマを流した連中が、弱いところではなく強いところをわざわざ選んでいたところが、笑えると言えば笑えるところです（もちろん、デマによる悪影響を考えると、笑っている場合ではなく、デマを流した連中を罰するべきだとは思います）[3]。

3　ああいう連中がなぜこのようなデマを考え出したのかというと、おそらく、「セシウムが筋肉にたまりやすい」ということからの思いつきなのでしょう。筋肉は全身にあって、「筋肉にたまりやすい」というのは、要するに、特定の場所にたまるわけではない、という意味でもあります。一般的には、全身均一に分布するものとして取りあつかいます。

被曝後すぐに起こる障害（急性障害）

人間をはじめとする生物が、生物でない物体と違う点は、なんらかの障害を負ったとしても、それを自分で回復させる能力を持っている、ということです。放射線に関しても、いったん放射線によって臓器や組織の一部が破壊されても、そのあとに継続して放射線を浴びなければ、その一部は復活する可能性がある、ということです。

「可能性がある」などという微妙な言い方をしたのは、復活するかどうかは、破壊される組織の量、ひいては浴びた放射線の量によります。DNAは、一箇所切れた程度なら、細胞内の修復機能によって修復されます。また、一部の組織がそのDNAを修復不能なまでに破壊され、複製をつくれなくなったとしても、破壊されなかった組織が代わりに複製をつくることも可能です。しかし浴びた放射線の量がとても多く、組織が全般的に破壊されてしまうと、その組織は回復不可能となり、結局それがその生物自体の死につながります。

人間が全身に一度に大量の放射線を浴びた場合に起こる障害の具合を見てみましょう。[4]

0．25Gy以下の場合は、臨床的症状はありません。

0．25Gyを超えるとリンパ球の一時的な減少が起こります。

0.5Gy程度浴びた場合は、骨髄の造血機能の低下が起こり、血球の供給が止まります。

1Gy程度浴びた場合は、10%程度の人が放射線宿酔（めまいや嘔吐など）を起こします。

1.5Gy以上浴びると、死亡する人がでてきます。死亡の原因は造血機能の低下で、白血球が減少するために抵抗力が低下したり、血小板が減少するために出血が多くなったりするからです。

4　以下、本章で出典の明記がない数値に関しては、『放射線概論（第8版）』通商産業研究社（２０１２）から引用しました。

この障害は、先ほどお話しした潜伏期を持つので、放射線を浴びてから1週間ほどたったころに出血などの症状が現われ、それが数週間続き、浴びた放射線量が少ないとその後回復しますが、多いと死に至ります。3〜5 Gyで50%の人が、5〜7 Gyで90%の人が、7〜10 Gyでほぼ全員が死に至ります。

これも福島第一原子力発電所事故のあとに、「福島に行ったら放射線の影響で鼻血が出た！」と騒いでいる人たちがいましたが、放射線が原因で出血したということは、致死量に近い放射線を浴びたということですので、その出血の様子をブログや漫画に掲載している場合などではなく、すぐにでも病院に行き、造血組織の移植（骨髄移植など）を受けるべきだと思います。そうやって騒いでいる連中に限って、移植手術はしませんよね、不思議なことに。

5〜15 Gyも浴びると、比較的感受性が高くない消化器官も障害を起こします。消化器官でもっとも感受性が高いのは十二指腸、ついで小腸で、小腸内で盛んに細胞分裂をおこなって新たな細胞を供給している部分（クリプト細胞、クソリプではありません）がやられてしまうため、小腸内の粘膜剥離が起こり、10〜20日で死亡してしまいます。

15 Gy以上の放射線を浴びると、感受性の低い中枢神経まで破壊され、全身痙攣などを起こし、5日以内に死亡します。

感受性が高くない組織への影響

先ほどの鼻血でもそうですが、放射線を浴びた人の症状として、昔からステレオタイプに表現されてきたものとして、「脱毛」があります。フィクションの映像的には、毛が抜けていく姿はいかにもインパクトがあってよいのかも知れませんが、実際にはそう簡単には脱毛しないものです。というのは、先ほどお話ししたとおり、皮膚の感受性はそれほど高くないからです。

ここでは、皮膚に対する影響をまとめておきましょう。

3Gy以上浴びると、脱毛が起きます。

3～6Gyで紅斑や色素沈着が見られます。

7～8Gyで水疱があらわれます。

10Gy以上で潰瘍ができます。

というように、皮膚に影響が見られるのは、致死量に近い放射線を浴びた場合になります。

生殖・妊娠に関する影響

逆に感受性の高い組織の場合についてもお話ししておきます。感受性という観点で重要な組織はいくつかありますが、ここでは生殖器について触れておきましょう。

精巣への被曝の場合、精子のもととなる精原細胞がもっとも感受性が高く、これがやられてしまうことで不妊が起こります。0.15Gy以上被曝すると一時的な不妊を起こしますが、しばらくたつと回復します。3.5～6Gy程度の被曝で永久不妊となります。

卵巣の場合は、精原細胞に相当する卵原細胞はすでに胎児期に卵母細胞へと変化していますので、被曝で影響を受けるのは卵母細胞になります。卵母細胞は卵原細胞よりも感受性は低いです。0.65～1.5Gyの被曝で一時的不妊、2.5～6Gyで永久不妊となります。

また、胎児も放射線に対する感受性が高いのですが、どのような影響を受けるのかは、妊娠のどの段階で被曝したのか、によります。

受精卵が子宮壁に着床するまでの期間（受精後８日間まで）に0.1Gy以上の被曝を受けると、受精卵は着床できずに死亡してしまう可能性があります。着床できた場合に、その後に大きな被曝を受けなければ、この時期の被曝の影響もなく、正常な成長を続けます。

着床後から受精後８週間くらいまでは、胎児の器官形成期にあたります。その期間に0.1Gy以上の放射線を浴びると、器官の一部が欠損して胎児は奇形となる可能性があります。

受精後８〜１５週間に0.2〜0.4Gy以上の被曝を受けると、精神発達遅滞（知恵遅れ）が起きる可能性があります。

また、受精後８週間から出生までの間に0.5〜１Gy以上の被曝を受けると、発育遅延が起きる可能性があります。

福島第一原子力発電所事故の直後、福島在住の若い女性の間で、「私は果たして子供を産めるのでしょうか」という、将来に対する不安の声が上がりました。僕の親しい方の中でも、そうおっしゃっていた方がおられました。若い女性にそのような心配までさせた無責任なマスコミや、それに乗っかった、騒ぎたいだけの連中には、心の底から怒りを感じますが、ここは冷静になって、もう一度基準値を見直してみましょう。

事故当時、妊娠していなかった方には、なんら問題はありません。永久不妊となるのは2.5〜６Gy以上ですが、これは先ほどお話しした致死量に近い値であって、不妊以前に命の心配をしたほうがよいレヴェルです。また、事故当時に妊娠されていた方も、被曝線量0.1Gy以上が問題となりますが、放射線業務従事者を除く住民の方々の被曝線量の平均値は０．０００８Sv、最大の方でも０．０２５Svですから[5]、それに達しません（SvとGyの関係については、このすぐ後にお話しします）。また、遺伝的な影響については、このあとでお話ししますが、それも問題ありま

5『県民健康調査「基本調査」の実施状況について』第26回福島県「県民健康調査」検討委員会

せん。

産める産めないの問題は、「放射線が生殖器に影響を与える」という知識があり、それを「どのくらいで」という量を考えずに「もうだめだ」という結論を出してしまったことが問題なのでしょう。定量的に考えなければいけない、という典型的な例です。

もちろん、いまだに騒ぎたい連中の中には、「その基準が間違っている」と主張するのもいるでしょうが、それであれば、ＩＣＲＰとは別の、科学的な調査にもとづいた基準値を、ちゃんと明示すべきです。それもせずにただ騒ぐだけだから、許せないのです。騒ぎたいという自分のちっぽけな欲求を満たすために、このように若い女性が思い悩むところまで追いつめた連中は、決して許されるべきではありません。

「私は子供を産めるのでしょうか」に対しては、「何の問題もなく産むことができますし、それは、世界中の他の地域に住む女性とまったく同じです」というのがその回答です。


さて、ここまでは、それぞれの説明のところで「○○Gy以上は～」と書いているように、その値以下では障害が起こらない、言いかえれば障害が起こる被曝量に閾値が存在する影響について見てきました。これを確定的影響と呼びます。

ここからは、低い線量でも、ある確率では起こりうる影響、確率的影響についてお話ししましょう。

等価線量

確定的影響の場合は、致死量に近いような大きな線量の話でしたので、吸収線量を使って評価していましたが、これからお話しする確率的影響は、それよりもずっと小さな放射線量をあつかいますので、より正確に人体への影響を考慮した量を使います。

生物が放射線を浴びた場合、その影響をより細かく考える場合には、単純にそのエネルギーの大小だけでなく、浴びた放射線の種類をも考慮する必要があります。放射線の種類によって、物質との反応の様子がずいぶん違うことは、第4章で見たとおりです。その放射線の種類の違いによる影響分を表わした値を、放射線加重係数[6]と呼びます。この係数は、放射線の種類ごとに左ページのように決められています。

α線が、β線やγ線の20倍となっているのは、それだけ、生物の身体に与える影響が大きいことを意味しています。α線は水（人体もほぼ同じ）の中での飛程が40μm程度だということは第4章でお話ししましたが、これは人の体細胞数個程度のサイズです。放射線を防ぐという観点からは、それだけで停まってくれる、とも考えられるのですが、いっぽうで、直撃された数個の細胞からすれば、その全エネルギーを与えられるだけに、深刻な被害を受けることになります。そのため、α線は特に大きな値となっているのです。

中性子がエネルギーごとに細かく設定されているのは、第4章でもお話しした、速度ごとに大きく変わる中性子の反応の様子によるものです。

吸収線量に加重係数をかけあわせたものを、等価線量と呼びます。単位はSv（シーヴェルト）です。この名称は、スウェーデンの物理学者であるロルフ・マキシミリアン・シーヴェルトから取られており、彼は、ＩＣＲＰの設立当初から委員を務め、１９５８年から１９６２年まで

6 ICRP publication 103、２００７年勧告

放射線加重係数 [6]

α線	20
β線	1
γ線、X 線	1
中性子	下のグラフ

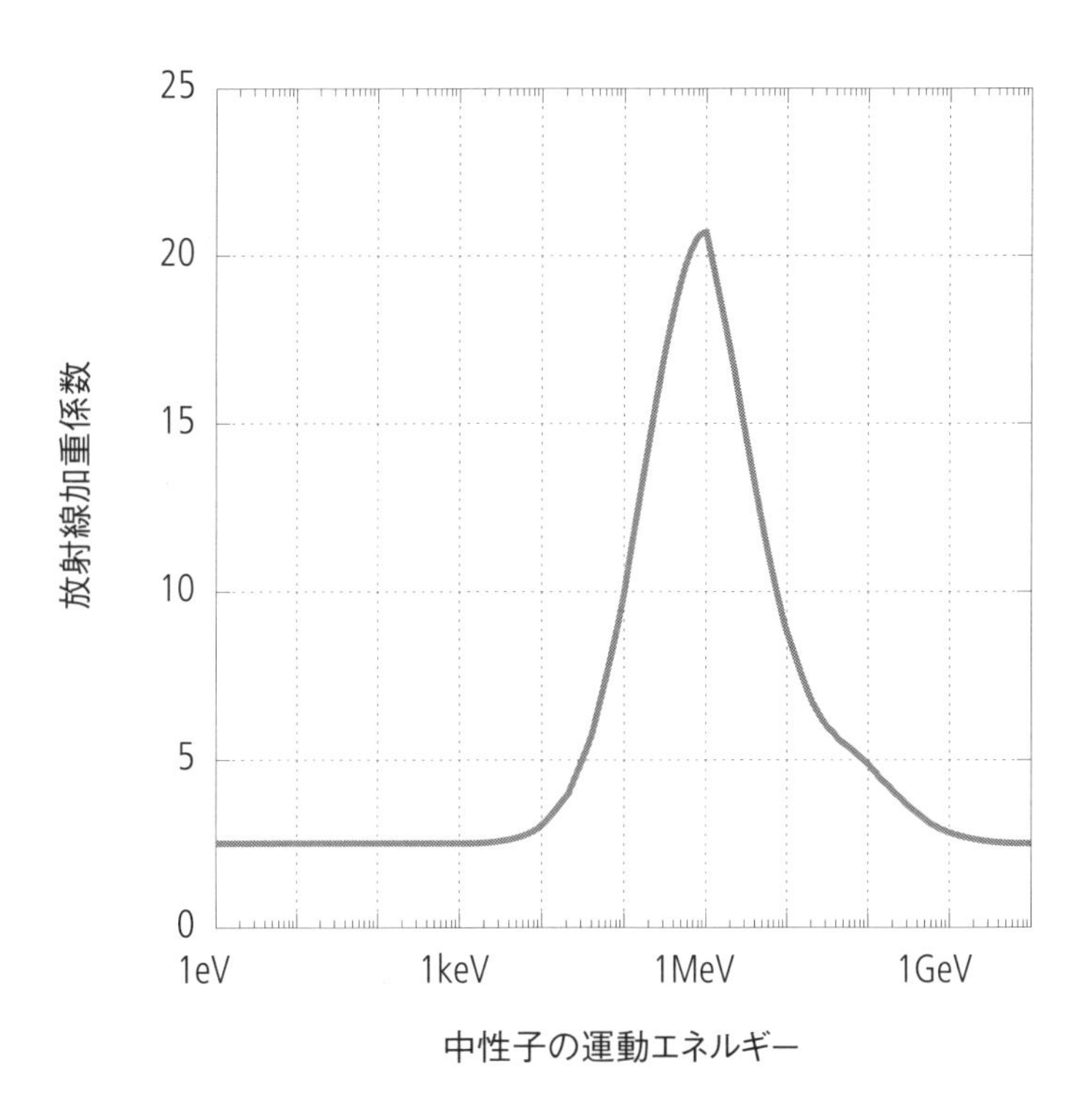

は委員長を務めました。

たとえばγ線であれば、加重係数は1ですので、1Gyの吸収線量の場合は、等価線量は1Svとなります。

また、一般に放射線の強さを表わすのには、単位時間あたりの等価線量である等価線量率を用いることが多いです。1時間あたりの等価線量率だと、単位はSv／hとなります。たとえばある場所で等価線量率が3mSv／hであったとして、そこに2時間滞在すると、合計で6mSvの放射線を浴びることになります。

実効線量

単に放射線から与えられたエネルギーだけを考えた吸収線量からはじまって、放射線の種類を加味した等価線量を考えました。そして次は、放射線を浴びる組織や臓器の感受性を加味した量を考えましょう。それが実効線量です。

実効線量は、組織や臓器が受けた等価線量に、その組織や臓器の組織加重係数をかけ合わせ、それらを全身分すべて足し合わせたものです。組織加重係数というものが、感受性を表わしたものになります。組織加重係数は、[7]下のようになります。

実効線量の単位も、Svです。

組織・臓器	組織加重係数[7]
生殖腺	0.08
骨髄（赤色）	0.12
結腸	0.12
肺	0.12
胃	0.12
膀胱	0.04
乳房	0.12
肝臓	0.04
食道	0.04
甲状腺	0.04
皮膚	0.01
骨表面	0.01
脳	0.01
唾液腺	0.01
残りの組織・臓器	0.12

7 ICRP publication 103、2007年勧告

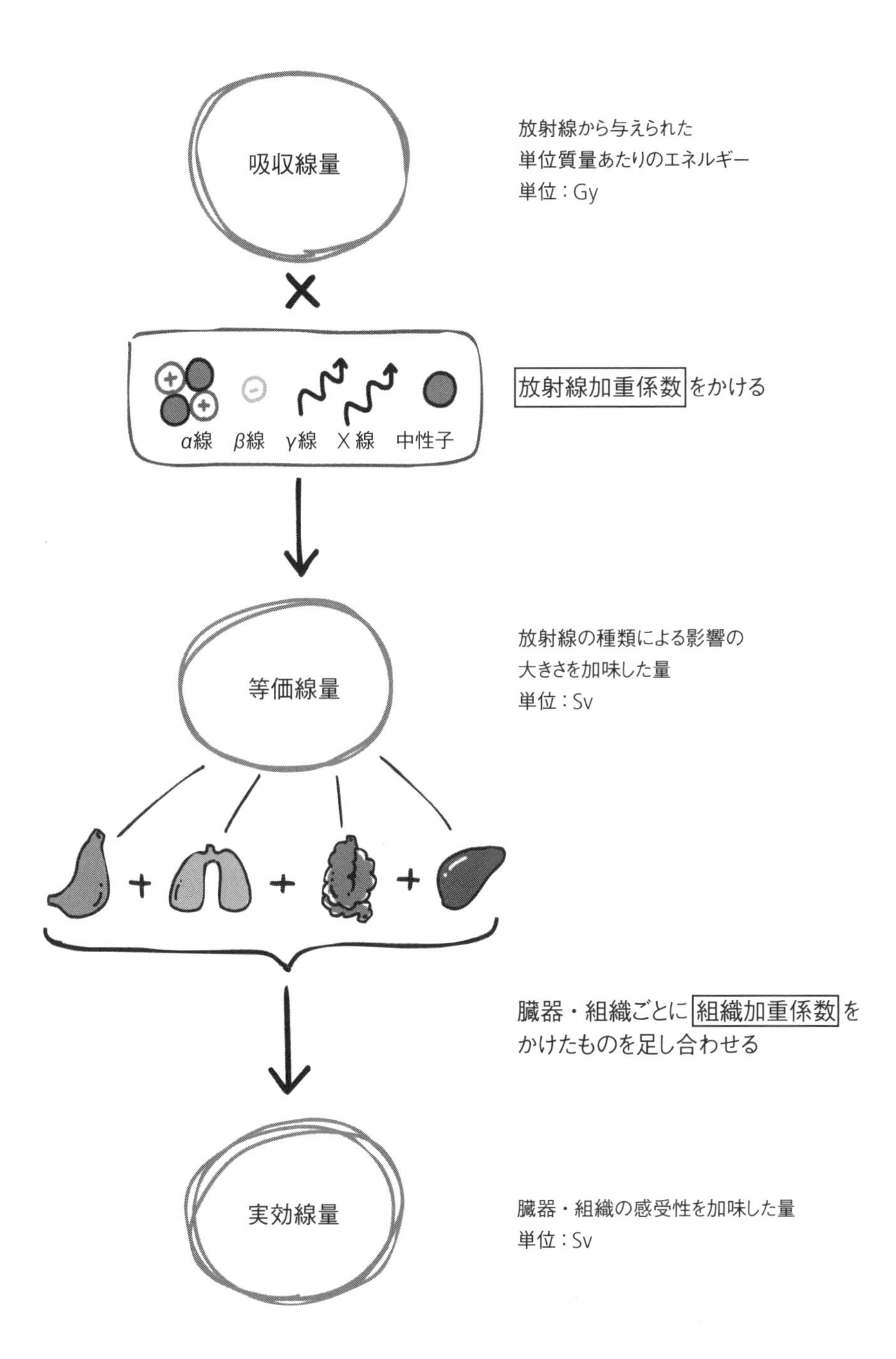
吸収線量
放射線から与えられた
単位質量あたりのエネルギー
単位：Gy
×
α線
β線
γ線
X線
中性子
放射線加重係数をかける
等価線量
放射線の種類による影響の
大きさを加味した量
単位：Sv
臓器・組織ごとに組織加重係数を
かけたものを足し合わせる
実効線量
臓器・組織の感受性を加味した量
単位：Sv

このように、放射線が人体に与える影響を細かく考えるには、とても面倒な計算が必要となってきます。専門家でもない人がこういう量をいちいち計算していくのはとても現実的ではありません。そこで、本章の終わりのほうで、それらをひとまとめにした簡単な計算方法についてお話しします。

その前に、確率的影響にはどのようなものがあるのかを見てみましょう。

被曝後長期の潜伏期間を経て起こる障害（晩成障害）と確率的影響[8]

先ほどお話ししたように、全身に一度に浴びた放射線の量が０．２５Gy以下の場合には、妊娠期間中を除き、そのときに生ずる急性障害の症例はありません。しかし、その後、長期間（数年から数十年）を経てから障害が表われることがあります。これを晩成障害と呼びます。晩成障害でもっとも有名なものは、悪性腫瘍です。広島と長崎に投下された原子爆弾による被爆者の追跡調査から推定すると、白血病の平均潜伏期間は12年、癌のそれは20年以上と考えられています。

悪性腫瘍は、通常の細胞がなんらかの影響で変異をきたし、それが増殖してしまったものです。変異自体は、健康な人の身体の中でも、毎日、数多くの細胞で起こっているのですが、人体のメカニズムによって通常はその増殖が抑制されているものです。

では、変異はどうして起きるのかというと、たとえば、ＤＮＡが損傷した場合の修復間違いです。先ほどお話ししたように、生物にはＤＮＡが切れた場合に自動的に修復する機能が備わっ

8　晩成障害のうち、確率的影響である癌と遺伝的影響については本文に書きましたが、晩成障害だが確定的影響というものもあり、それは、白内障、再生不良性貧血、骨壊死、肺繊維症があります。マリア・キュリーの死因は再生不良性貧血で、白内障にもかかっていたそうです。

ています。実際に放射線以外の原因で、DNAの損傷は毎日我々の身体の中で数えきれないほど起こっています。それを修復しながら細胞は活動しています。ところが、当然ながらというべきか、ある確率では修復間違いが起きます。その修復間違いを起こした細胞が、悪性腫瘍になったりするのです。

DNAが1箇所切れただけなら、それをつなぐだけで間違いも起きにくいのですが、2箇所以上同時に切れてしまった場合、切れた場所に挟まれた部分を飛ばしてつないでしまったり、その部分を逆にしてつないでしまったり、別の部分を挿入してつないでしまったりと、間違える確率は格段に上がります。

この修復間違いは、修復の回数が多くなればなるほど間違える可能性は上がるので、たとえば放射線による損傷の場合、まさに放射線の量に比例して修復間違いが起こる確率は上がるわけです。が、いっぽうで、ようは確率の問題ですので、1回の修復でも間違える確率は零ではなく、したがって、低線量でも障害が起きる確率は零ではないのです。このため、このような要因によるものを、確率的影響と呼んでいます。

名目リスク係数

DNAの損傷は、放射線以外の要因によるもののほうがはるかに多く起こっており、そのため、悪性腫瘍を患ったとしても、放射線による影響なのか別の要因なのかという区別は非常に困難です。マウスなどに放射線を照射する実験を行えばマウスに対する影響はある程度は調べられますが、人間に対してそのような実験はできず、結局は、核兵器による被爆者や、事故や

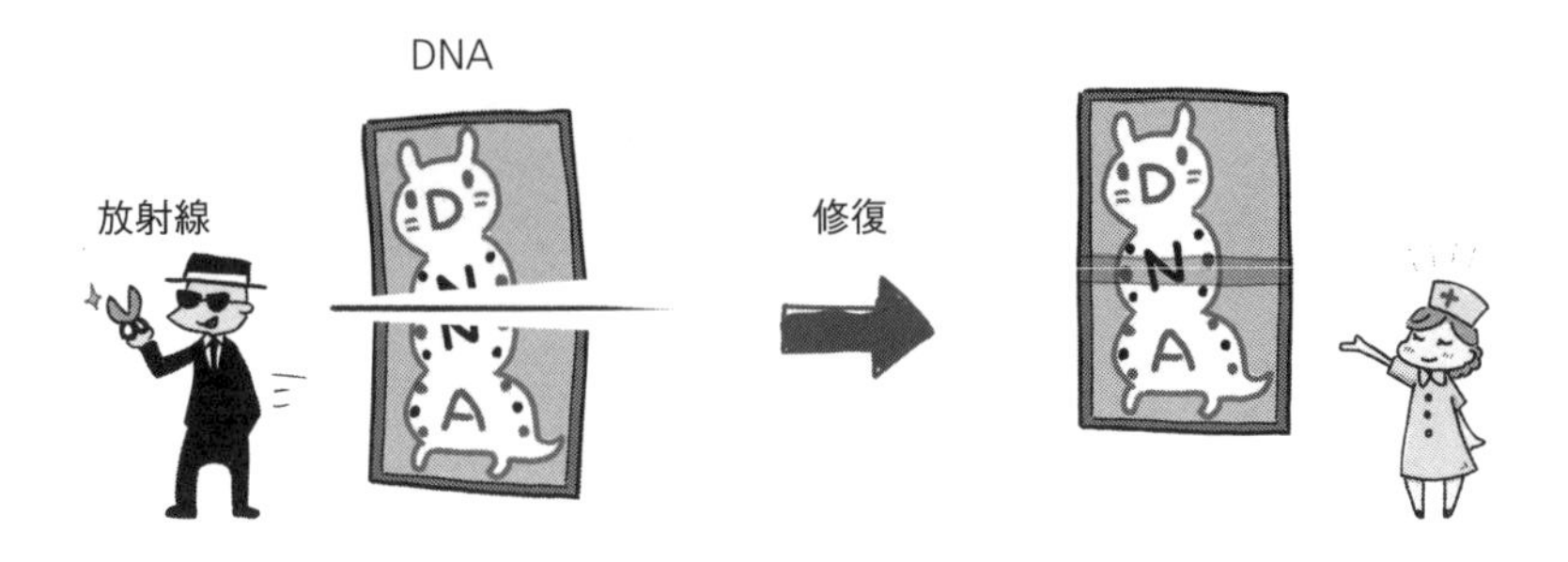

1 箇所切れただけだと、　　そこをつなぐだけなので間違いにくい

間を飛ばしてつないだり、

別の部分を挿入してつないだり、

逆にしてつないだり、

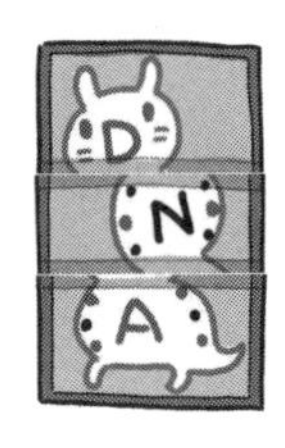

間違う確率が格段に増える!

職業的な被曝者の追跡調査を行うことになります。その場合、被爆者や事故による被曝の場合は浴びた放射線の量は推定になりますし、職業的な被曝の場合は被曝量が管理されていますが、逆に影響が出にくいほどの低線量です。また、それらの人たちの追跡調査をするにしても、それぞれの生活習慣があまりにさまざまで、その違いによる影響のほうが放射線によるものよりはるかに大きいために、統計を取ることはとてもむずかしいのです。

それでも、なんとかしてまとめた統計結果が発表されています。放射線によって生じた悪性腫瘍により死亡する確率は、名目リスク係数というもので表わされ、癌に対して０．０５５／Svとされています。[9] この数字をどのようにあつかうのかというと、たとえばある人が０．２０Svの放射線を浴びた場合には、☞と計算して、癌で死亡する確率が1.1％増加する、と考えます。たとえば放射線を浴びていない人の癌での死亡率が33％の場合は（本当にそうなのかわかりませんが、これは例ですので33％は特に意味のない数字です）、それに1.1％だけ死亡率が増えて、癌での死亡率が34％になる、ということです。

ただし、これをもっと低線量の被曝に適用するには注意が必要です。低線量の被曝の場合の統計はさらにいっそう難しいので、現時点では、１００ｍSv以上の放射線を浴びた場合の統計を、１００ｍSv以下の場合にも適用して使っていますが、１００ｍSv以下の低線量被曝でも同じ確率かどうかははっきりしていません。

遺伝的障害

ところで、ＤＮＡの損傷と言われて、まっさきに連想するのが、遺伝的な影響ではないでしょうか。ＤＮＡは、遺伝情報を伝えるものだからです。ＤＮＡが変異した状態で細胞が生き延び、

☞ $0.055 \times 0.20 \sim 0.011$

9 ICRP publication 103、２００７年勧告

それが悪性腫瘍となって増殖する場合については先ほどお話ししましたが、では、それが生殖細胞で、受精にも成功した場合、次の世代にその変異が受け継がれるのではないでしょうか。

　変異を次世代に継承することは、じつは生物の進化には欠かせないもので、そう考えるとポジティヴにもとらえられますが、そうそう都合よくいいことだけ継承されるわけではなく、実際には悪い影響を与えることが多いでしょう。ですから、この変異が次世代にどのくらい継承されるかは、とても気になるところです。


　私事で恐縮ですが、その昔、サイボーグ009という漫画を読みました。中学生のころに読んだのですが、それが描かれたのは僕が生まれる前、1960年代だったそうです。そして、その中で、未来の人類が、タイムマシーンを使って現在（1960年代）にやって来る、という話がありました。そこでは、その時代から見た未来である1982年にアメリカと中国との間で核戦争が起こり、地球は放射性物質で汚染されてしまい、その環境から抜け出すために、未来人は過去（009たちがいる時代）に移住しにやって来た、というストーリーでした。

　衝撃的なのは、その未来の人類は、放射線の影響で、みな奇形になってしまっている、ということでした。この漫画の連載当時は冷戦まっただなかで、ソヴィエト連邦とアメリカが戦争直前まで行った（キューバ危機）時代であり、核戦争が現実の脅威として語られ、また、放射線による影響もまだまだ未知のことが多く、多くの人がそれに怯えていた時代でもありました。

　では、当時よりもはるかに多くの科学的知見が得られた現代では、この恐れはどれくらい現実的なものなのでしょうか。


　放射線による遺伝的影響の調査に関して、歴史的には、まず最初にショウジョウバエを使っ

10　被爆者の子供の放射線による遺伝的影響の調査結果については、UNSCEARの2001年報告に詳しくまとめられていますが、165ページにもおよぶ長文ですので、それを読むのはちょっと……という人のために、放射線影響研究所のHPでわかりやすくまとめられているページをご紹介します。
出生時障害の調査結果：https://www.rerf.or.jp/programs/roadmap/health_effects/geneefx/birthdef/

染色体異常の調査結果：https://www.rerf.or.jp/programs/roadmap/health_effects/geneefx/chromeab/

た実験が行われ、それによると、放射線の遺伝的影響は明確にあらわれました。次にマウスの実験でも、やはりその影響は確認されたのですが、ショウジョウバエとはずいぶん違った様子となりました。

そして、我々が一番知りたいのは、人間の場合です。

何度かお話ししていますように、人間の場合は、放射線を浴びせて、などという実験はできません。そこで、人類の歴史上たった2回だけ行われた核兵器の実戦使用について、広島と長崎での被爆者の追跡調査が行われ、被爆者の子供（被爆二世）に対する放射線の影響が調べられました。出生時障害については７７,０００人、染色体異常については８,０００人（加えて、比較のために、両親共に被爆していない子供８,０００人）が調査されましたが、それ以外の調査も含めて、被爆による遺伝的影響は見られなかった、という結果が出ています。[10]

原理的に考えると、遺伝的障害は出るはずです。そして、ハエとマウスの実験でも出ています。しかし、人間での調査では出ていません。その原因は、楽観的に考えれば人間はハエやマウスよりもはるかに放射線に対して強いと結論づけることも可能ですが、こういう場合はより安全な方向に考えて、「放射線による影響は必ず出るはずだが、調査した人たちが浴びた放射線の量が少なかったために、有意な統計が取れるところまで至っていない」と、放射線の影響を調査結果に矛盾しない範囲でできるだけ高く見積もっておきます。そうして提示された、遺伝的影響についての名目リスク係数は、０.００２／Svです。[11]

それにしても、遺伝的影響に関しては、核兵器が使用された場合ですら、有意な統計が取れないほど被曝量が少ないのですから、福島第一原子力発電所事故でその影響が見られるとはとても思えません。先ほどの、「産める産めない」の問題の答えのひとつが、ここにあります。

血液蛋白質の突然変異：https://www.rerf.or.jp/programs/roadmap/health_effects/geneefx/bloodpro/

DNA調査：https://www.rerf.or.jp/programs/roadmap/health_effects/geneefx/dna/

11 ICRP publication 103、２００７年勧告

確率的影響についてまとめると、主なものは癌と遺伝的影響で、どちらも、放射線をまったく浴びなくとも、別の要因によりある確率で起こるものです。そして、放射線による影響は、それに加算される（確率が上がる）という形となります。これらは、被曝量が非常に大きい場合には、被曝量に比例して上がりますが、被曝量が少ない場合には、放射線以外の要因によるものに隠れてしまって、実際に比例するかどうかはわかりません。

しかし、より安全なほう（放射線の影響を大きく見積もるほう）に考えて、現在のところ、高線量被曝の場合と同じ割合を、低線量被曝の場合にも適用しています。特に遺伝的影響に関しては、人間に対して放射線による影響が見られた例はないのですが、他の動物の実験から推測して、やはり安全なほう（影響がある、とするほう）に解釈しています。

外部被曝と内部被曝

人体が放射線を浴びるにはふたつの場合があります。

人体の外にある放射性物質から浴びる場合と、人体の中にある放射性物質から浴びる場合です。前者を外部被曝または体外被曝、後者を内部被曝または体内被曝と呼びます。

両者の違いは何でしょうか。それは、第4章でお話しした、放射線の種類ごとの特徴を考えるとよくわかります。

α線やβ線は飛程が短いので、外部被曝したとしても、身体の表面で止まってしまい、重要な臓器に影響を与えることはありません。ところが、それらを出す放射性物質を体内に取り込んでしまい、内部被曝を受けた場合には、この飛程が短いということが逆に、一箇所に集中して巨大なエネルギーを与えるということになり、体内の臓器や組織に与える被害はとても大きなものになります。

第1章でポロニウム210の話をしたときに、人間を死に至らしめる危険な同位体であるということと、静電気除去ブラシにも手軽に使われているということの、一見相反するかのようなふたつの話をしましたが、それがまさにこのα線の特徴をとてもよく表わしています。つまり、外部被曝（静電気除去ブラシ）であれば恐るるに足らないが、内部被曝（寿司）であればじつに恐ろしい放射性同位体となる、ということです。

いっぽう、γ線やX線は、透過性が強いので、外部被曝と内部被曝とでは直接的な影響の観点では大きな違いがありません。中性子も透過性が強いので同じです。

ただ、内部被曝が外部被曝と異なる点は、物質との反応のしかたの違いだけでなく、まさに生物学的とでも言うべき違いもあります。外部被曝の場合は、放射性物質が身体と別に存在しているので、放射性物質がそこにあるとわかっていれば、そこから離れることもできますし、そこにあるとわかっていなくとも、一日中ずっと同じ場所にいる人もいないでしょうから、四六時中べったりということはないでしょう。手などについている場合でも、手を洗ったり、他のものを触ったりしたら、放射性物質は取れてしまいます。

いっぽう、体内に放射性物質が取り込まれてしまったら、その人がどこに行こうとも、放射性物質といつもいっしょ、ということになります。体内から四六時中ずっと攻撃を続けるわけです。

外部被曝	内部被曝

身体の表面で停まるので
臓器に被害なし

近距離で全エネルギーを落とすので
臓器に深刻な影響をおよぼす

γ線
X 線
中性子

透過性が強いので、内部被曝と外部被曝で大差なし

消化器官に入った場合は、水溶性でない放射性物質は吸収もされませんからそのうち排出されますし、水溶性の放射性物質も、吸収はされますが、まさに水溶性であるがために、ある程度の日数をおいて排出されます。

いっぽう、肺に入った場合には、肺はそこで行き止まりですので、長期間にわたってたまり続けることになります。プルトニウムなどの難溶性の放射性物質の場合、消化器官に入るか肺に入るかで、その影響はまったく違います。

また、吸収された場合でも、その放射性物質の化学的性質のために、ある特定の場所にたまり続ける場合もあります。たとえばヨウ素は甲状腺にたまりやすく、ストロンチウムは骨にたまりやすいです。

このように、放射性同位体が体内にどれだけの期間留まるのかは、その種類によって違います。体内に取り込まれた放射性同位体のうち、その半分の量が排出されるまでの時間を、生物学的半減期と呼びます。生物学的半減期は、消化器官と肺との違いのように、どのような経路で取り入れられるか、によっても違います。また、年齢が低いほうが新陳代謝がよいので、一般に短くなります。

セシウムの場合、成人で110日程度[12]、10歳児で50日程度[13]です。ヨウ素は、血液→甲状腺→その他臓器という流れを考えた場合、甲状腺での生物学的半減期は、成人で80日程度[14]、10歳児で58日程度[15]です。

内部被曝を考える場合には、放射性同位体自身の半減期と、生物学的半減期とを考慮する必要があります。内部被曝でのトータルの半減期は、たとえば甲状腺でのヨウ素の場合、前者が8日、後者が80日と

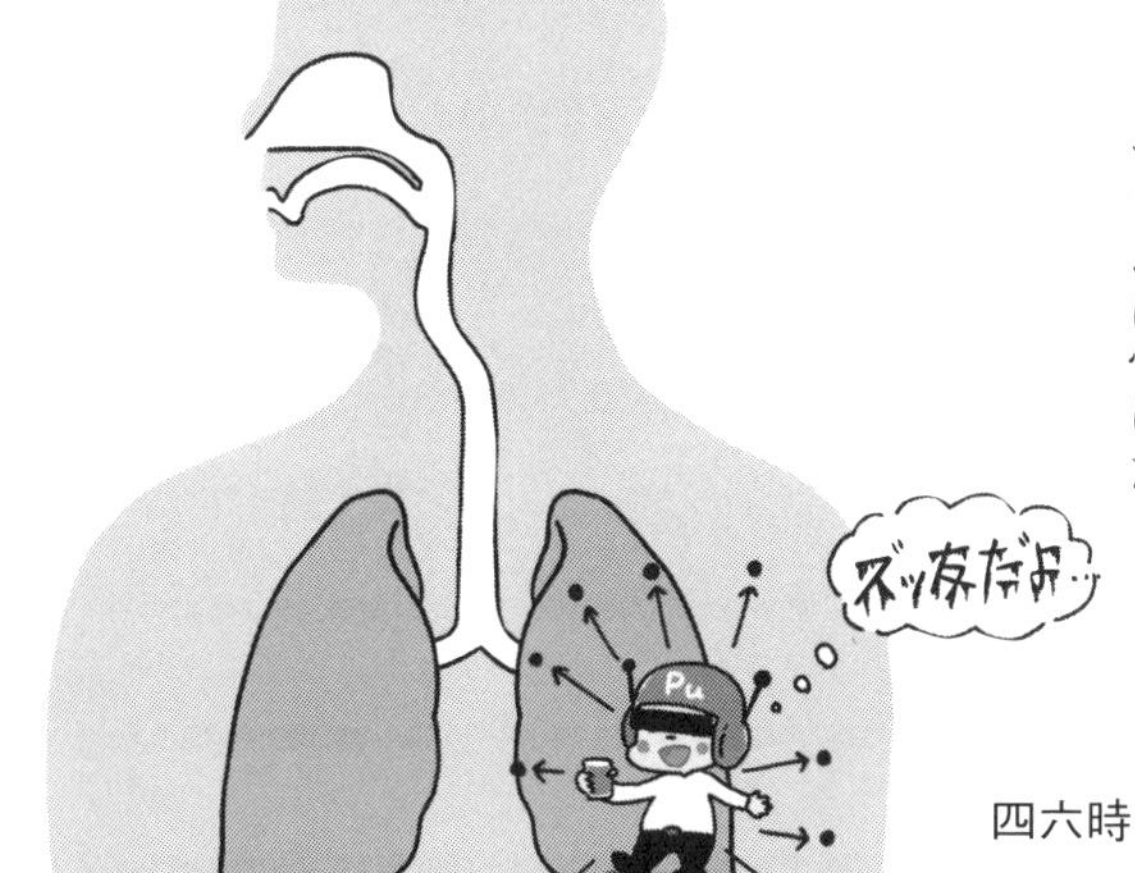

四六時中体内から攻撃を加える

すると、☞というふうに計算します。

$$1 / (1 / 8 \text{ days} + 1 / 80 \text{ days}) \sim 7 \text{ days}$$

どうですか、どんどん複雑になってきて、放射線の影響をどう考えてよいのか、わけがわからないよ、てことになってはいませんか。人間の身体というのは複雑な仕組みをしていますからね。そこで、もっと単純に、被曝量を計算する方法を伝授しましょう。

実効線量係数

我々が知りたいのは、たとえば、ある食品を食べたときに、結局、どれくらい被曝するのか、ということです。そして、食品が放射線の検査をされたときには、ふつう、「○○Bq／g」や「○○Bq／kg」という、比放射能の値が示されます。ですから、必要なのは、放射能と被曝量（実効線量）との関係です。

世の中、必要なものはかならず先人たちが実用化してくれているもので、この場合でも、ちゃんとそういう値はまとめられています。先ほどお話しした体内での放射性同位体の移動の様子を考え、体内に取り入れられてから排出されるまでに体内に対して与える内部被曝量（実効線量）を、途中で通る臓器ごとに計算し、合算して、それを取り入れた量（放射能）で割ったものを、実効線量係数と呼びます。ある放射性同位体を１Bq体内に取り入れるごとに、何Sv被曝するか、という値です。

12 ICRP Publication 30
13 ICRP Publication 67
14 ICRP Publication 56
15 ICRP Publication 103
２００７年勧告

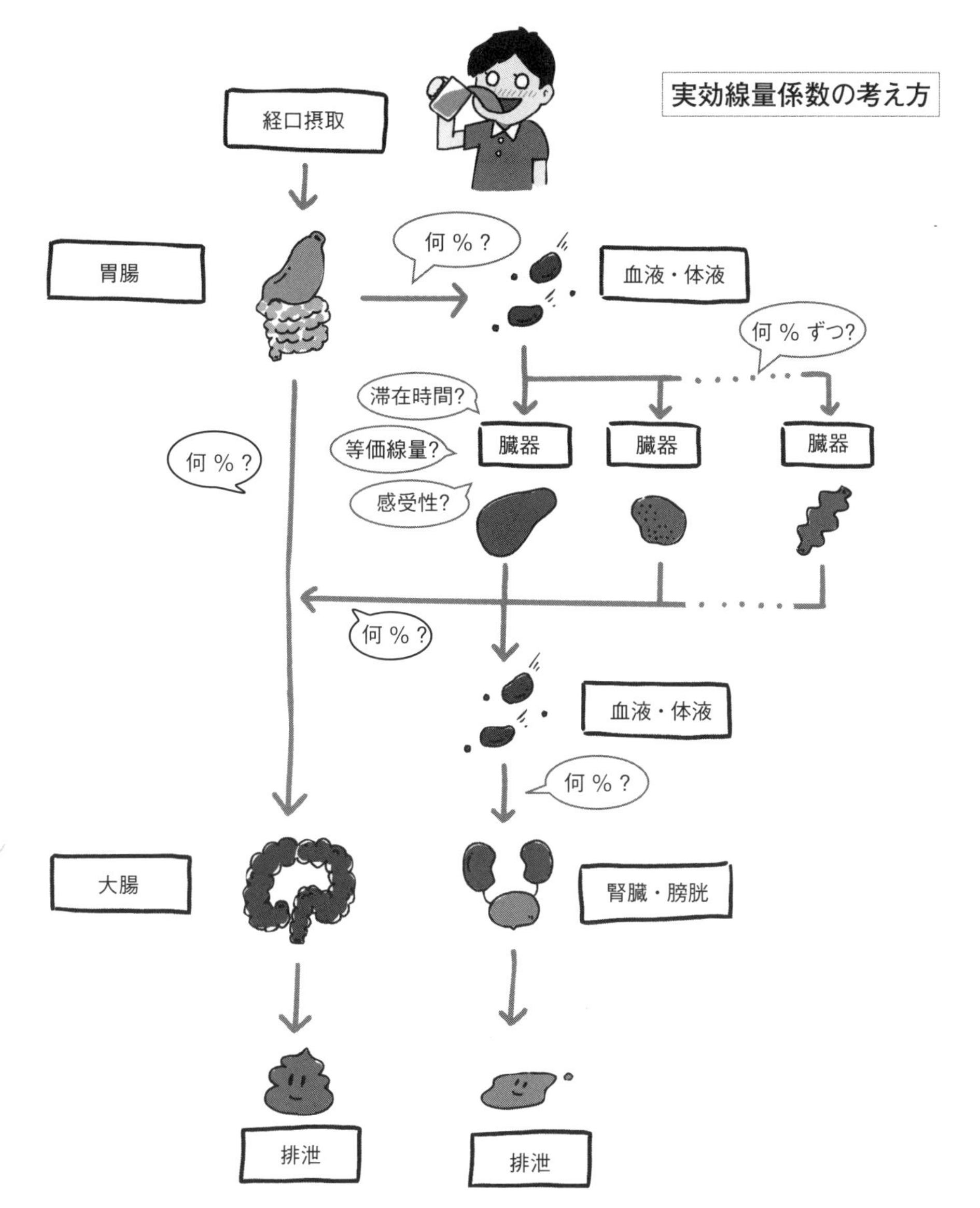

摂取量のうち、どれくらいの割合がどの臓器を通過するかを求め、それぞれの臓器での滞在時間・等価線量・感受性から実効線量を求め、それらをかけ合わせたものを合算して、トータルの被曝量（実効線量）を求める

その実効線量 [Sv] を摂取量 [Bq] で割ったものが、実効線量係数

セシウム 137	1.3×10^{-8} Sv/Bq
ヨウ素 131	2.2×10^{-8} Sv/Bq
ストロンチウム 90	2.8×10^{-8} Sv/Bq

成人の経口摂取（飲食によって取り込まれた）の場合で、上の表です。[16] この値を使えば、この章でお話しした等価線量や実効線量の複雑な計算を行わずに、摂取したものに含まれる同位体の種類と放射能（または比放射能）を使って、被曝量を計算することができます。

たとえばある食品が１００Bq／kgの比放射能のセシウム１３７を含んでいたとして、それを10kg食べた場合（食べすぎです）、摂取したセシウム１３７の放射能は☞ですので、そのセシウム１３７からの被曝量は、先ほどの実効線量係数を使って、☞という計算ができます。

☞ $$100 \times 10 \sim 1{,}000 \text{ Bq}$$

この実効線量係数も、第10章に放射性同位体ごとにまとめておきます。

☞ $$1.3 \times 10^{-8} \times 1{,}000 \sim 0.013 \text{ mSv}$$

余命損失

本章では最後に、放射線を浴びることでどれだけ寿命が縮まるか、というお話しをしましょう。これを医学的に考えて算出することは、きわめてむずかしいことです。そこで、統計的な方法で考えてみましょう。

ある行動をずっとしてきた人たちと、その行動をしてこなかった人たちとで、それぞれ平均寿命を調べます。その差が、その行動によって縮められた寿命だ、と考えてみるわけです。これを余命損失と呼びます。

16 ICRP Publication 119

17 『A Catalog Of Risks』 *Health Physics*, **36**, 707-722 (1979)

たとえば、仮に、フライドポテイトを週に1回食べる人たちの平均寿命が57歳で、フライドポテイトをまったく食べない人たちの平均寿命が82歳だったとすると、「フライドポテイトを週1回食べるというリスクによって失う寿命」は、25年、と考えることもできるわけです。これはあくまでもたとえであって、別にフライドポテイトに恨みがあるわけではありません。もちろん、僕はフライドポテイトなど食べたりしませんが。

ちょっと古い統計ですが、アメリカで調査された、リスクと余命損失についての資料を下にあげておきます。[17]

放射線を取りあつかう業務（現代の業務従事者よりもずっと多くの放射線を浴びていたと思われます）に就いていた場合、寿命は40日縮みますが、喫煙を続けることによって2,250日（6年）、さらには、独身を続けることによって、3,500日（10年）も寿命が縮むのです！　僕は喫煙しませんが、独身ですので、ちょっと嫌な統計です。

ところが、この統計には、ちょっと注意が必要です。

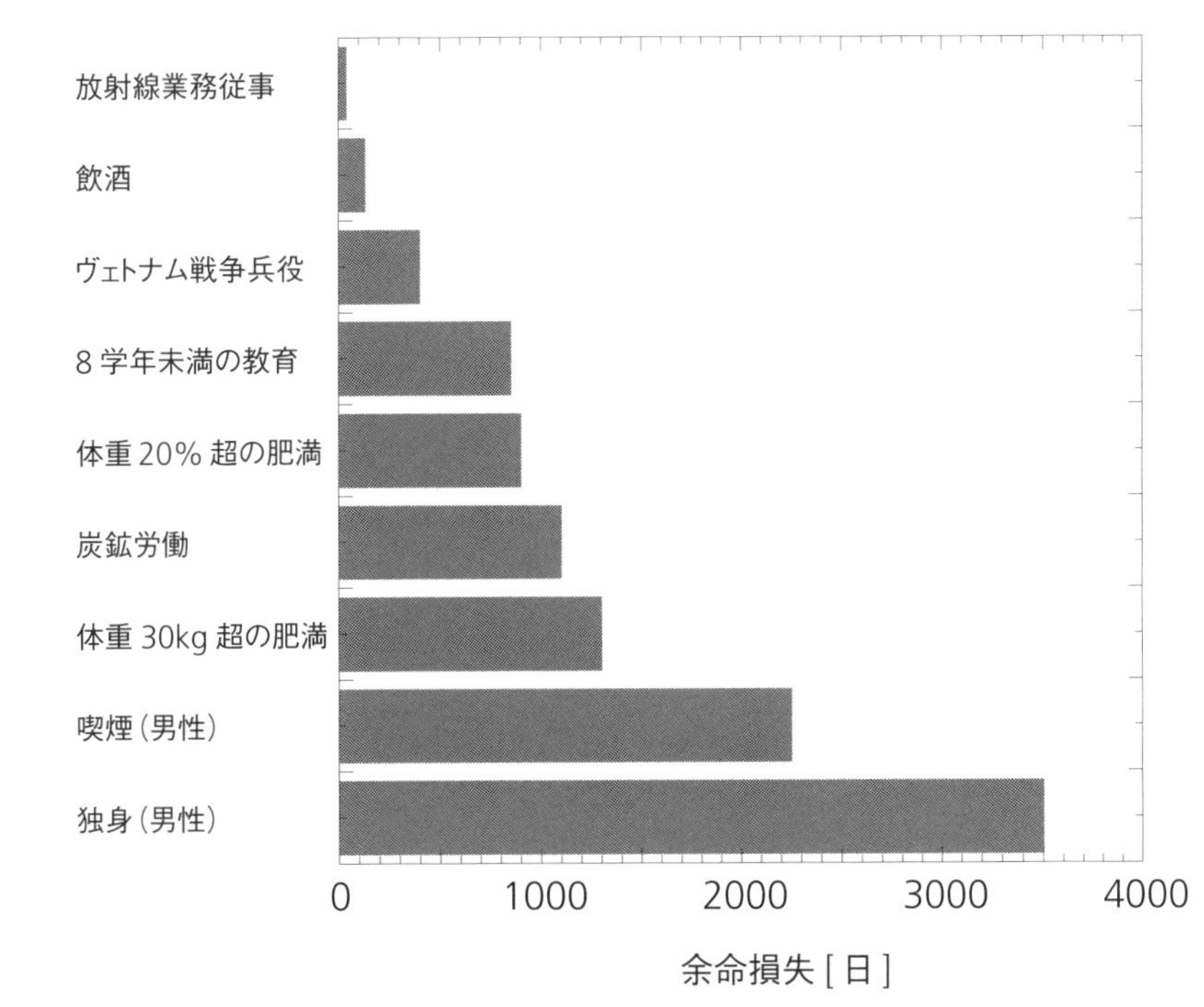

生涯独身の男性の集団には、相当な割合で、貧困層が含まれます。つまり、貧困が原因で結婚できないのです。いっぽう、貧困であれば、充分な医療を受けられませんから、寿命が短いのは当然とも言えます。要するに、貧困という原因が、生涯独身と、短寿命の両方を引き起こしているのであって、独身が原因で短寿命となるわけではないのです。このように、統計というものは、その意味するところをよく考えないと、間違った解釈をしてしまうことがあります。その典型例として、よく頭に入れておいてください。

本章で人体に対する放射線の影響を見てきましたが、それでは、その放射線からどのようにして身を守るか、について、次章で考えていきましょう。

第5章まとめ

◎急性障害の場合、0．25Gy以下では臨床的症状はなく、7Gy程度が致死量
◎放射線の影響で鼻血が出たなら、漫画描いてないで骨髄移植を受けろ
◎胎児への放射線の影響は大きいので、妊婦さんは注意、0.1Gy以上は浴びてはいけない
◎等価線量と実効線量の単位はSv
◎1Gyの吸収線量の場合、β線・γ線・X線なら1Sv、α線なら20Svの等価線量となる
◎確率的影響（癌、遺伝的影響）を計算するには、名目リスク係数を使う
◎等価線量とか実効線量とか生物学的半減期とか、むずかしい概念が出てきたが、とりあえずは実効線量係数を使えば、取り入れた放射性物質の量から実効線量を計算できる
◎独身ヤヴァい

第6章

身を守る方法について考えよう

まず最初に、「ゼロベクレル」派の人たちに残念なお報せがあります。

みなさんが立っている足もと、その土や岩盤から、放射線はたくさん放出されています。これは、原子力発電所事故などいっさい関係なく、地球ができあがってからずっと放出されているものです。

みなさんがいつも吸っている空気、その中にも放射性同位体はたくさん含まれています。みなさんは常に放射性同位体を吸い込んでいることになります。もちろんこれも地球に大気というものができて以来、ずっとそうです。原子力発電所事故には関係ありません。

地上は危険ですね。では、地上を離れて、地面も大気もない、大気圏の外に出てみましょう。すると、宇宙から降ってくる大量の放射線を浴びることになります。じつは、宇宙は地上よりもよほど危険で、宇宙飛行士の方々は我々よりもはるかに多く被曝しています。我々が宇宙からの放射線による被曝を低くおさえられているのは、大気がそれを防いでいてくれるからです。

もうどこもかしこも危険なので、放射性同位体をいっさい含まない金属でできた密閉式の檻の中で、空気も放射性同位体を除去する装置を通した清浄な状態で暮らすこととしましょう。世界屈指の金持ちであれば、それも可能かもしれませんね。

おお、でも残念ながら、他ならぬ、その中に閉じ込もった人の身体にも、放射性同位体は含まれています。「ゼロベクレル」派の人たちは、自分自身が放射線源なのですから、他の人たちを被曝させないよう、他人に近寄らないことをおすすめします。「ゼロベクレル」なんて言うくらいですから、被曝は自分だけにしておいてはいかがですか。

ややきつい言葉からはじまった第6章ですが、それくらい、「ゼロベクレル」などというものは荒唐無稽なのです。放射性同位体は自然界にたくさんありますし、我々は常にその放射線を浴びているからです。放射線を浴びずに過ごしている人など、人類の歴史上、ただの一人として存在しません。被曝は特別なことではなく、我々がふだんの生活でふつうに受けていることなのです。

とんでも系の人たちの中には、「天然の放射線は無害だが、人工（人間がつくり出した）の放射線は危険だ」なる意味不明な考えを振りまわしたりする人もいますが、ここまで放射線のなんたるかを読み進めてこられたみなさんには、それがまったく論外であることがおわかりでしょう。たとえばポロニウム２１０は、人工的につくることもできますが、自然でも発生しているのは、第１章でお話ししたとおりです。

放射線が与える影響に、天然も人工もありません。自然は、ある程度のリスクと、それをはるかに上回る恩恵とを我々に与えます。自然が人類を慈しみ愛してくれていて、人類に恩恵だけを与えるなどと思うのは、相当なお花畑脳なだけでなく、相当に傲慢な考えだと言わざるをえません。

では、我々にできうることはなにか。それは、自然から受ける放射線はそういうものだと受け入れ、その量と影響とを知り、そしてそれ以上に浴びる放射線をちゃんと管理し低くおさえる、ということです。

そこで、本章では、まず、自然界にある放射線について考えていきましょう。

自然放射線による被曝

自然放射線による年間被曝量について見てみましょう。

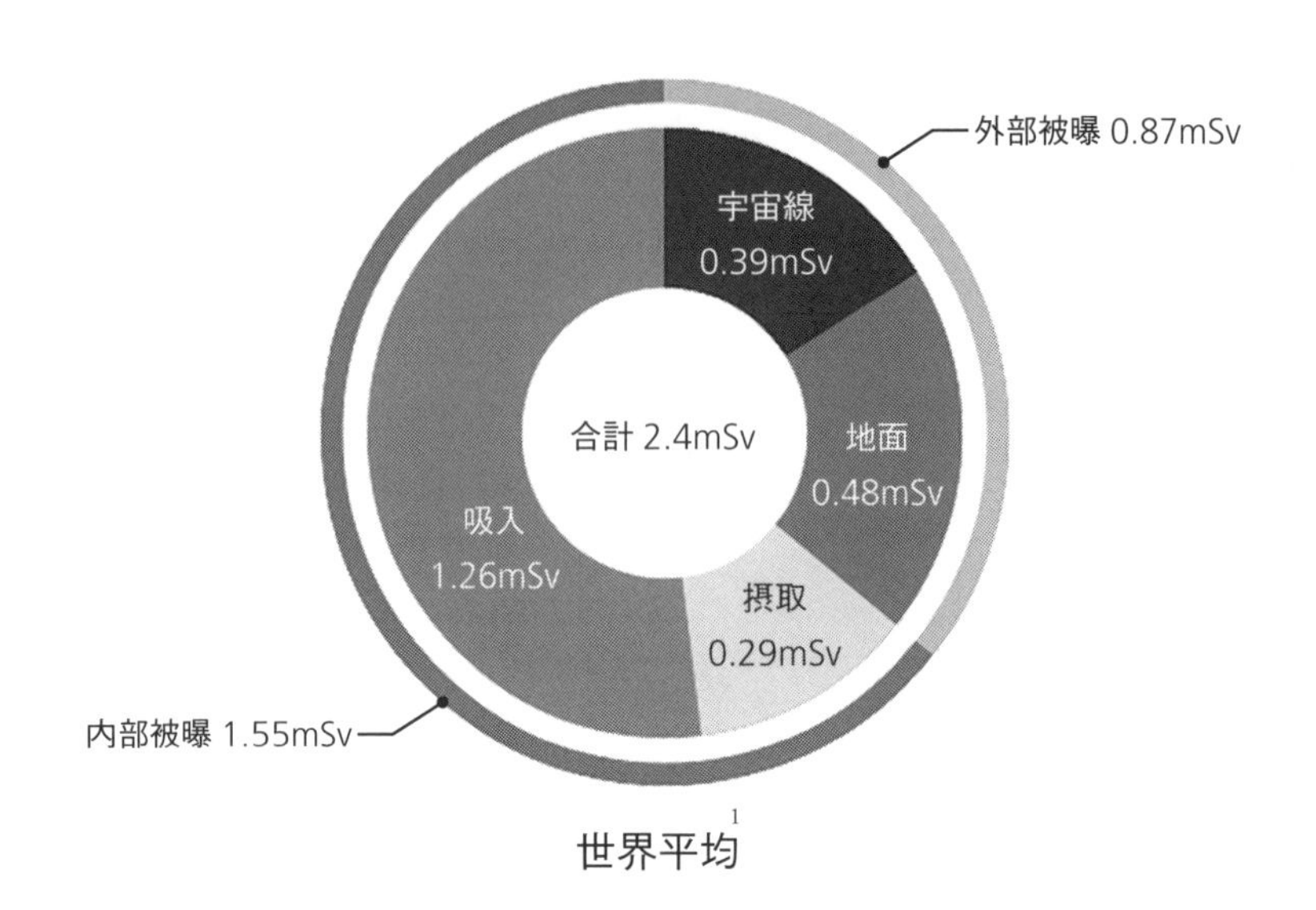
外部被曝 0.87mSv
宇宙線
0.39mSv
合計 2.4mSv
地面
0.48mSv
吸入
1.26mSv
摂取
0.29mSv
内部被曝 1.55mSv

世界平均[1]

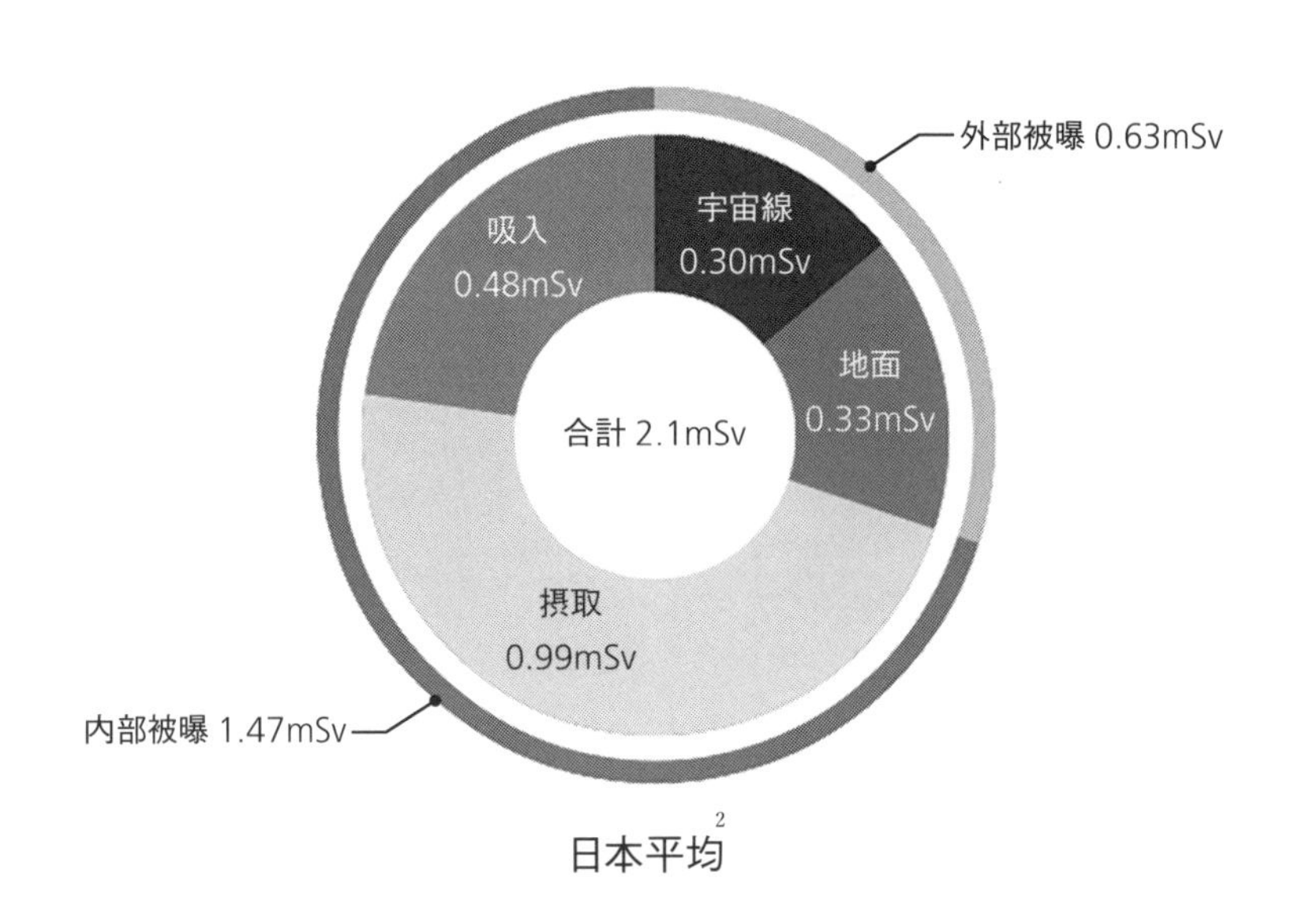
外部被曝 0.63mSv
宇宙線
0.30mSv
吸入
0.48mSv
地面
0.33mSv
合計 2.1mSv
摂取
0.99mSv
内部被曝 1.47mSv

日本平均[2]

外部被曝の主たるものは、宇宙からの放射線（宇宙線）やそれが大気との反応で生み出した放射線による被曝（まとめて「宇宙線」としてあります）と、地面並びに建築物の壁や天井からの被曝（まとめて「地面」としてあります）です。内部被曝の主なものは、食物や飲料に含まれる放射性物質からの被曝（摂取）と、空気中の放射性物質を吸い込んだことによる被曝（吸入）です。

世界平均と日本平均で内訳が大きく異なることが示すように、どの地域で生活するか、どのような生活様式か、によってそれぞれの被曝量は変わってきます。日本で「地面」と「吸入」が少ないのは、風通しのよい木造建築が多いからで、石造建築に住んでいる場合には、足もとの地面からだけでなく、壁や天井からも放射線を浴びる上に、空気がよどみやすく、壁や天井の石材から空気中に放出される放射性物質も滞留しやすいのです。

日本国内でも、この地域差は大きいです。

花崗岩には、カリウム、ウラン、トリウムなどの放射性同位体が比較的多く含まれるために、これが地表近くにある地域では地面からの放射線は強くなります。花崗岩は石材としては御影（みかげ）石と呼ばれ、墓石の王様として君臨していますが、そもそも「御影」というのは神戸にある地名で、その地名から名付けられていることからおわかりいただけますように、関西に多く見られ、したがって、関西は地面からの放射線量が高いのです。福島第一原子力発電所事故直後に「関東は危険だ、関西に行こう」と関西に移り住んだ人たち、これを読んでいますか。ちなみに御影石でも最高級のもの（庵治（あじ）石）は、関西ではなくその対岸のうどん県高松市で採掘されるそうです。

1『UNSCEAR 2008 Report to the General Assembly with Scientific Annexes』(2008) のデータより著者がグラフ作成

2『生活環境放射線』原子力安全研究協会（２０１１）

木造家屋

気密性がわるいので風通しがよい

地面（床）だけから放射線を浴びる

石造家屋

気密性がよいので空気が澱みやすい

地面（床）だけでなく、壁や天井からも放射線を浴びる

「吸入」で主たるものはラドンですが、これには、ラドン220とラドン222とがあり、ともにα線を出しますが、それぞれ鉱物として含まれるトリウム232とウラン238が何段階かの崩壊を経てラドンとなるものです。その途中段階の放射線同位体は固体ですので岩石中に含まれているだけなのですが、ラドンは常温で気体ですので、ラドンとなったとたんに空気中に飛び出して、吸入してしまうというわけです。

日本人にはなぜか温泉が好きな人が多いのですが、「ラドン温泉」「ラジウム温泉」などと放射性物質が含まれることを看板にしている温泉もあります（ラジウムはウランからラドンへといたる崩壊の道の途中段階の放射性同位体です）。世界でも有数の放射能泉である三朝（みささ）温泉（鳥取県）では、その湯の中に、1ℓ（リッター）あたり9,000Bqものラドンが溶け込んでいるそうです。[3] 湯を飲まなければ大丈夫かというとそうではなく、溶け込んだラドンが絶えず蒸発していますので、温泉に浸かるときにそれを大量に吸い込んでしまうのです。

「微量の放射線はむしろ身体によい」という謎の謳い文句で客寄せをしているところもあるようですが、そういう効果は科学的に

3『生活環境におけるラドン濃度とそのリスク』実業公報社（1989）

実証されているわけではなく、放射線による影響が気になって気になってしかたのない「ゼロベクレル」派の方は、微量でも浴びないに越したことはありませんから、温泉はやめておいたほうがよいのではないでしょうか。

ちなみに、世界保健機構によると、ラドンによる被曝は、喫煙の次に多くの肺癌を引き起こしているそうです。[4]

また、第1章でお話ししたとおり、喫煙者（受動喫煙も含む）はポロニウム２１０を吸入してしまうので、それによる被曝も起こります。１日当たり20本の煙草を吸う人の年間被曝量は０．１９ｍSvだそうです。[5]

日本が世界平均に比べて「摂取」が非常に多いのは、海産物の摂取量が多いからで、日本人でも僕のようにおにくが主食で海産物をほとんど食べない人はこの部分は少ないでしょう。

ただし、この「摂取」の中には、人間が生きていくうえで必要な元素の同位体による被曝も含まれていますので、それは無くしてしまうことはできません。

その代表とも言えるのが、カリウムです。カリウムは、筋肉の制御に使われる元素で、これがないと呼吸すらできません。人間の身体の中には、カリウムは体重１kgあたり、男性で２．８５g、女性で２．６２g含まれているそうです。[6]体重70kgの男性だと２００g、体重40kgの女性だと１００gですね。天然のカリウムには、０．０１２％の割合でカリウム40という放射性同位体が含まれています。ということは、この男女の例だと、それぞれ、０．０２４g、０．０１２gのカリウム40が体内に存在していることになります。カリウム40の比放射能

4 WHO "Radon and health"

5『喫煙者の実効線量評価―タバコに含まれる自然起源放射性核種―』*RADIOISOTOPES*, **59**, 733-739 (2010)

は260,000Bq／gですから、その人が放つ放射能は、カリウム40だけで、それぞれ、6,200Bqと3,100Bqということになります。おやおや、「ゼロベクレル」にはほど遠いですね。「ゼロベクレル」派の人たちは、自分の身体からこんなにも放射線が出ていて、気にならないのですかね。

「宇宙線」というのはもうどうしようもなく、宇宙線からの被曝を避けるために地下で暮らすと逆に岩石からの被曝が増えてしまいます。これに関しては被曝量を減らすことはなかなか難しいのですが、増やすことは意外に簡単です。宇宙線から我々を守ってくれているのは大気ですので、大気の薄いところに長時間いる、たとえば、航空機に長時間乗り続ければよいのです。千葉（成田）とニューヨークを旅客機で往復した場合の、1往復当たりの被曝量は0.11〜0.16mSv程度[7]ですから、地上で暮らしている場合の年間被曝量と比べても結構な被曝になります。

医療被曝

こういった自然放射線からの被曝以外に、本人は被曝とは意識せずに、しかし意図的に被曝していることもあります。医療被曝です。放射線などなじみのないものだと思っておられるみなさんでも、おおよそ日本人として生まれた人で、自分の身体をX線撮影したことがない人など、探すほうが大変なくらいではないでしょうか。X線撮影は意図的な被曝ですが、その被害よりも、得られる利益のほうがはるかに大きいと判断されているので、積極的に利用されています。撮影箇所によって大きく違いますが、1回の撮影で0.01〜7mSv程度は被曝します。

6　A simple calibration of a whole-body counter for the measurement of total body potassium in humans』*International Journal of Radiation Applications and Instrumentation*, **43**, 1285-1289 (1992)

7『生活環境放射線』原子力安全研究協会（2011）

コンピューター断層撮影（Computed Tomography、CT）などは、いろんな角度からX線撮影を行い、それを合成するのですから、当然被曝量も多く、2～10mSv程度の被曝となります。[8] もちろん急性障害が起こる値よりもはるかに少ない量ではありますが、いっぽうで、自然環境から受ける年間被曝量から比べると、かなり大きな値と言えるでしょう。

この医療被曝は、個人差が大きいのですが、日本平均では、世界平均よりも数倍多いとされています。低線量被曝で大騒ぎする人たちが、なぜこれを問題視しないのか、不思議でなりません。

被曝量の管理

こういった自然放射線からの被曝と、医療被曝を除いて、一般人の年間被曝量は1mSv以下におさえることが望ましいとされています。医療被曝の被曝量を考えると、これは相当に安全側に設定された値だと言えるでしょう。

いっぽうで、放射線をあつかう仕事をする人は、法令によって放射線業務従事者に指定されています（僕も放射線業務従事者です）。

放射線業務従事者は、それぞれの作業での被曝量を測定して管理され、血液検査を含む専用の健康診断も受けています。内部被曝量を測定することもあります。放射線業務従事者の場合は、被曝限度は一般人よりも高く設定されています。その被曝限度は、5年間で100mSv、1年間で50mSvで、緊急作業の場合に限り100mSvまでと定められています。放射線業務従

8　X線撮影、CTともに、ICRP Publication 87

事者でも妊娠可能な女性はより厳しく制限され、3か月で5ｍSv、妊娠中の女性は妊娠期間中に腹部で2ｍSv、内部被曝で1ｍSvが限度とされています。しかし万が一これを越えてしまうと法令違反となってしまいますので、それぞれの事業所では、これよりももっと低い値を内部規定の限界値とし、法的限界値よりずっと前に業務を停止させられるようにしています。

ちなみに我々の実験施設では、男性年間7ｍSv、女性年間4ｍSvが限度となっています。その測定に使う個人線量計（第7章でお話しします）は、男性で3か月に1回、女性は毎月、累積の放射線量を確認しています。

放射線業務を行うときには、必ず作業計画書を作成し、特に有意な被曝を受けることが予想される場合には、その作業環境と作業時間からあらかじめ被曝量を計算したうえで、作業を行っています。そして、作業後に、その計画値と実際の被曝量に大きな違いがないかを確認します。被曝を受けるにしても、計画的に受けるわけです。

外部被曝から身を守る

では、被曝量をおさえるためにはどうしたらよいでしょうか。

外部被曝をおさえるためには、単純に、放射線源から離れることです。第4章でお話ししたように、γ線や中性子では空気による遮蔽は期待できませんが、立体角の効果はあります。放射性物質は、ある特定の方向を狙って放射線を出しているわけではなく、全方向に均一に放射線を出しています（X線撮影機や放射線治療機のような放射線発生装置は、特定方向に放射線を出します）。この場合、放射線源から距離が離れるに従って、放射線を放つ面積は広がるわけですから、離れれば離れるほど、同じ面積に浴びる放射線の量は減っていくわけです。放射線

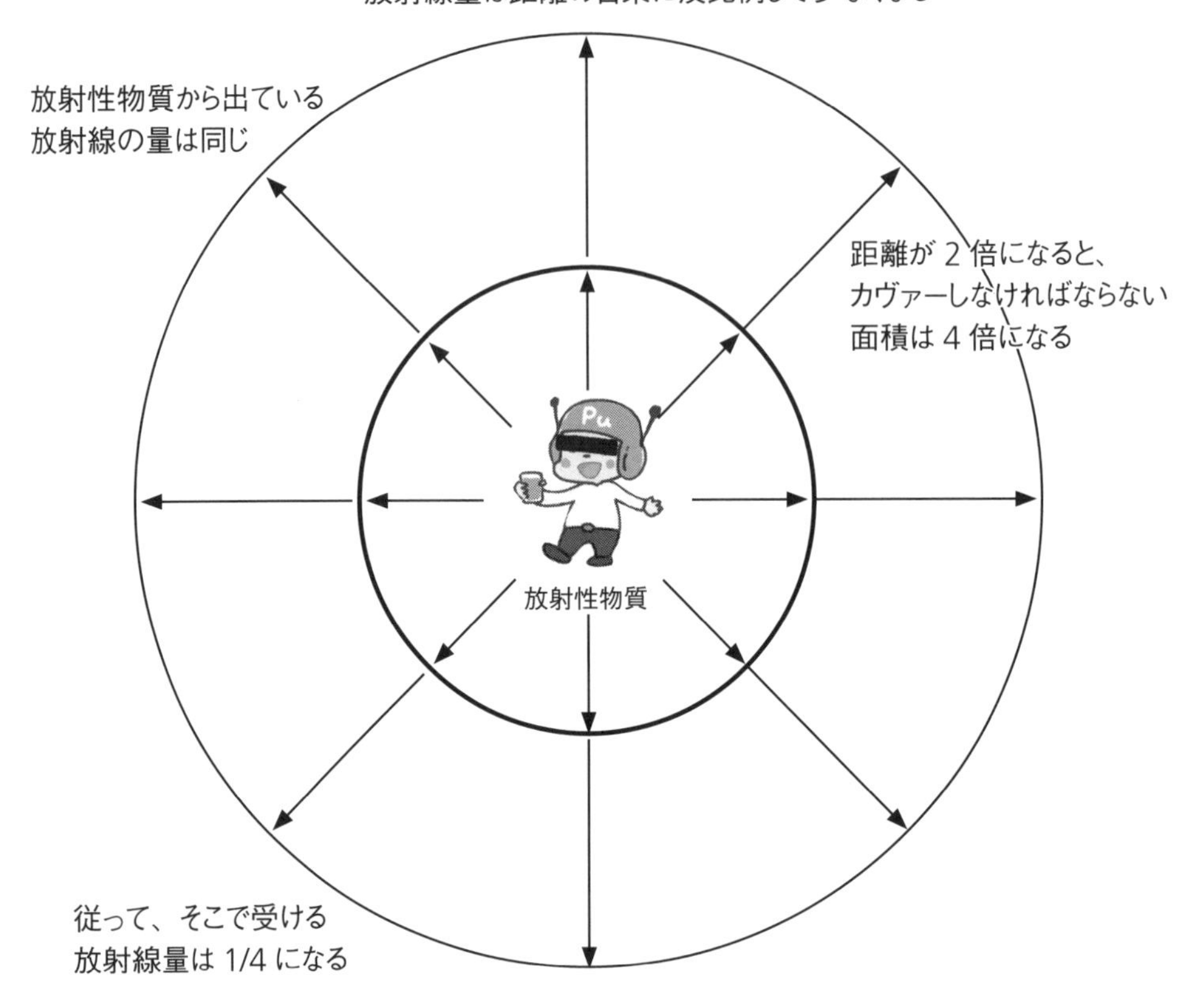
放射線は全方向に均一に放射されている
球面の面積は半径の自乗に比例するので、
放射線量は距離の自乗に反比例して少なくなる
放射性物質から出ている
放射線の量は同じ
距離が 2 倍になると、
カヴァーしなければならない
面積は 4 倍になる
Pu
放射性物質
従って、そこで受ける
放射線量は 1/4 になる

を反射する物体がない空間では、距離の自乗に比例して放射線量は減っていきます。放射線源から2倍離れると、浴びる放射線量は1／4になります。

また、放射線源を取り除けない上に放射線源から離れられない場合は、間になんらかの遮蔽体を置くとよいでしょう。中性子の遮蔽は難しいですが、一般の方々が中性子を浴びることはまずないので、とりあえずここでは対象から除いておきます。α線やβ線は飛程が短いのでほとんど気にせずともよく、γ線だけ考えると、何らかの遮蔽体を置くと効果的です。第4章でお話ししたとおり、重要なのは遮蔽体の重量ですから、鉛などの特殊なものがなくとも、同じ重量のものさえ置ければそれで大丈夫です。第4章でお見せした、セシウム137からのγ線に対する遮蔽効果の図をふたたび載せておきます。

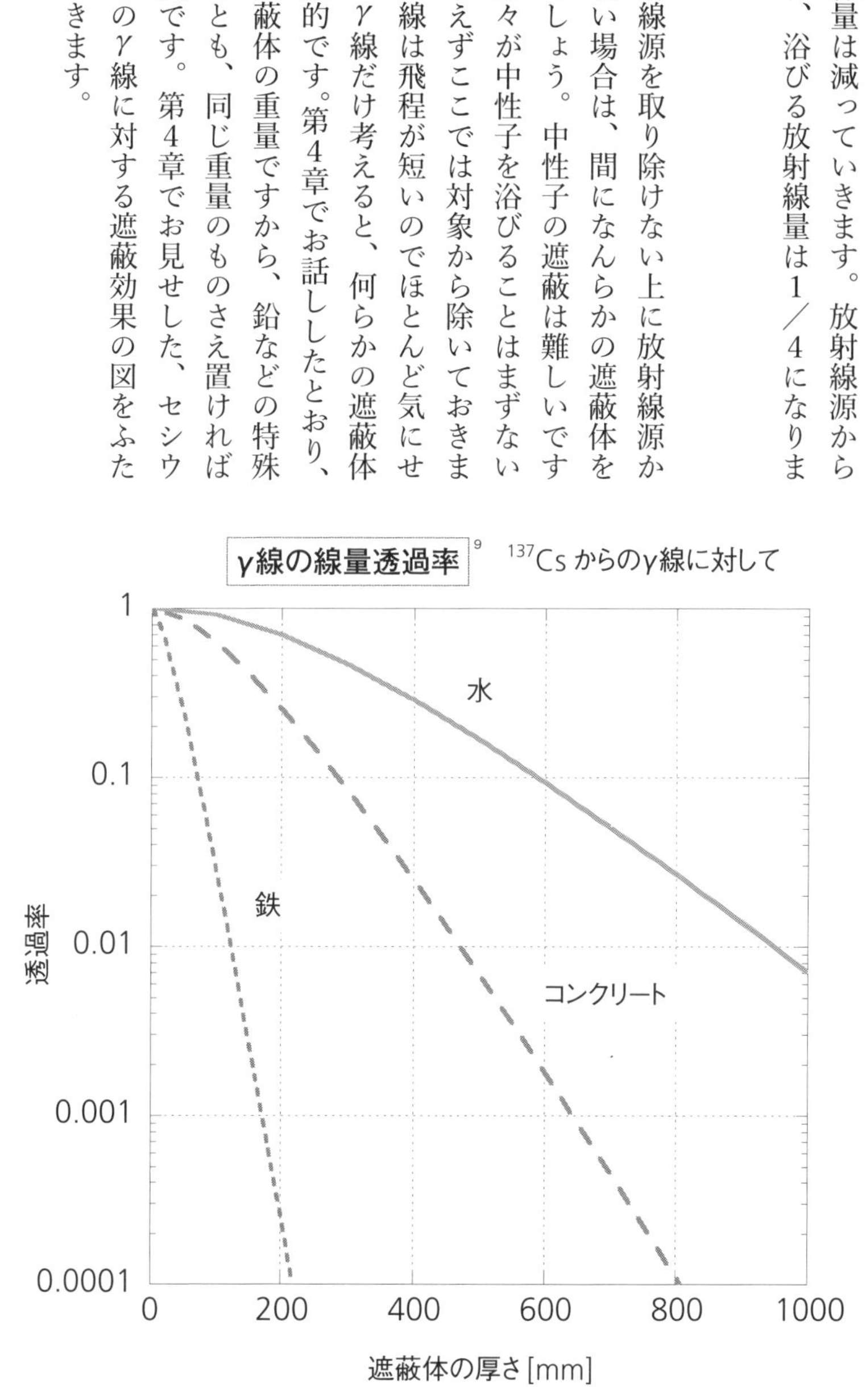

内部被曝から身を守る

ところでみなさんは、下の画像のようなものをご覧になられたことはありますでしょうか。福島第一原子力発電所の事故のときには、作業者がこれを着用している映像がテレビでも流れたかもしれません。これはタイベックスーツと呼ばれる防護服ですが、これまで見てきたように、このような薄手の布地（ポリエチレン）では、α線以外の放射線を直接ふせぐことはできません。γ線に対しては、着ていても着ていなくても被曝量は同じです。そこを勘違いしている人も世の中には多いようで、これを着ていれば放射線を遮蔽できると思っている人もいるようです。

では着用の意味がないのかというとそうではありません。汚染を防ぐためには欠かせないものです。内部被曝から身を守るために重要な「自分の身体に放射性物質を附着させない」という目的には、とても役に立つのです。

放射性物質を取りあつかう作業をしたり、放射性物質によって汚染された場所に出入りした

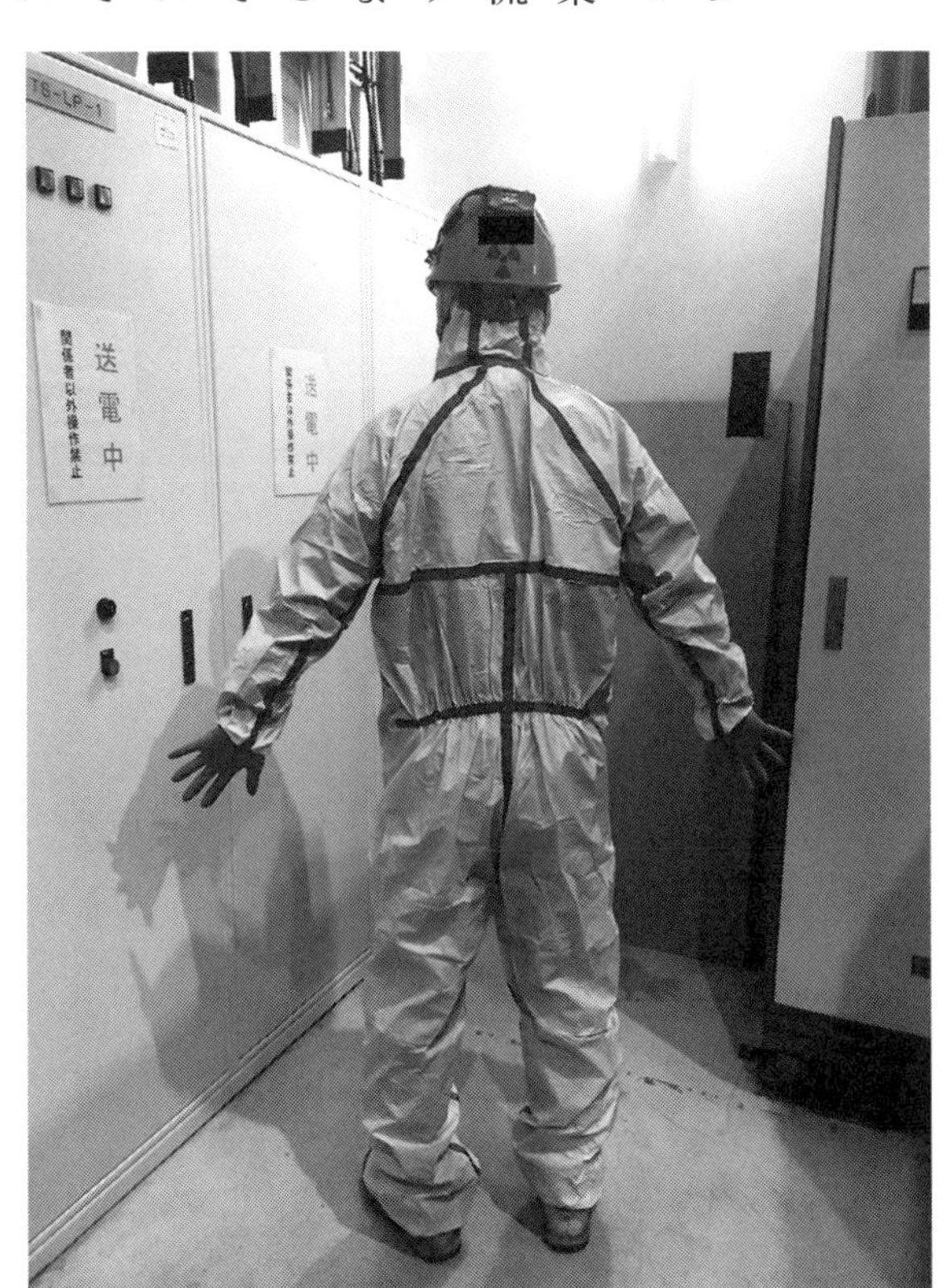

9『実効線量評価のための光子・中性子・ベータ線制動輻射線に対する遮蔽計算定数』日本原子力研究所（2001）のデータより、著者がグラフ作成

りする場合、その場所から放射性物質を拡散させないことが重要です。ある場所に留めておけば、作業時間以外はそこから離れていればいいからです。そして、作業が終われば、人間ですから、当然飲食をします。そのときに放射性物質を一般生活の場に持ち込んでしまうと、体内に取り込んで内部被曝を起こしてしまう可能性があるのです。そして、一般生活の場には、放射線業務とは関係のない一般人もいることも問題です。ですから、放射性物質を取りあつかう作業をする場合には、このような防護服を着用することで身体に直接放射性物質が附着することふせぎ、一般区域との境界でそれを脱ぐことで、放射性物質による汚染の拡大をふせぎます。

これはなにも放射性物質の取りあつかいに限らず、化学薬品などの取りあつかいに関しても同じことです。フィクションの世界でよく目にする間違った表現で、学者が実験室外の一般区域でも白衣を着ている姿が描かれていたりしますが、あれこそは汚染を拡大させる、絶対にやってはいけない行為で、まともな学者はあのようなことをしません。ついでに言っておきますと、物理学者までもが白衣姿で描かれていたりするフィクション作品すら存在しますが、そもそも物理学者は化学者や生物学者と違って白衣など着たりはしません。作業するときは普通の作業服を着用します。僕も白衣など一着も持っていません。フィクションの世界のこととは言え、ああいう意味不明な表現はやめていただきたいものです。

内部被曝をおさえるためには、吸入にせよ摂取にせよ、とにかく、口からの放射性物質の侵入を少なくすることが重要です。そのためには、放射性物質をあつかうときや、放射性物質が附着している可能性がある場所に入るときには、自分の身体に附着しないよう、先ほどのような防護服や手袋を着用し、その場所から出るときには必ず脱ぐ、そのような場所では空気中の粉塵を吸入しない、一般区域に戻ってきたあとでも、食事前には手を洗う、仮に生活区域が放射性物質によって汚染された場合には、摂取するものの線量測定を行い摂取量を管理する、ロンドンでは寿司を食べない、などの対策を行うことが望ましいです。食事前の手洗いなどは、べつに放射性物質など関係なしにしたほうがよいことですが、これをしなかったために恐ろしいことになった事例を、第8章でお話ししましょう。

白衣姿、ダメ、絶対！

※実験室外の一般区域でも白衣を着るのは
汚染を拡大させるだけ

尚、物理学者は白衣など着ない！

場所の管理

このように、放射線や放射性物質を取りあつかう場所は、一般の区域とは分けておく必要があります。その場所は放射線管理区域と呼び、物理的にフェンスなどによって仕切り、一般人が入れないようにするよう、法律で定められています。管理区域の境界では、３か月間の累積の放射線量が1.3ｍSv以下となるように管理しなければなりません。

下の画像は放射線管理区域の一例ですが、その境界にはフェンスが張り巡らされていることがおわかりでしょう。左端にあるのはその入口で、放射線業務従事者がもつＩＤチップがないと開錠しないようになっています。右端にある白い箱は、放射線測定器で、管理区域の境界の放射線量を24時間常に測定・監視し、３か月の累積値が1.3ｍSvを絶対に超えないように、それよりもずっと低い値で警報が鳴るようになっています。

また、奥の建物が放射線を取りあつかう実験施設ですが、煙突が立っているのがわかりますでしょうか。この

煙突には、気体用の放射線測定器が取りつけてあり、この建物から出るすべての排気はここを通るようになっています。そして、24時間常に測定・監視しています。排気中の濃度の上限も、放射性同位体ごとに法律で決まっていますので、決してそれを超えないよう、法律が定める規制値よりもはるかに低い値で警報が出るようにしてあります。

下の画像は放射線管理区域内にあるゲートモニターと呼ばれるもので、外に出るときに、身体に放射性物質が附着していないことを確認するためのものです。これで汚染が検出されると、その人は1枚ずつ服を脱いで検出されなくなるまで検査を続けます。それでだめなら内部に備えつけられているシャワーで身体を洗浄することになります。汚染が検出されなくなるまで（周囲の放射線量と区別がつかなくなる程度まで）、その人は外に出られません。

人間だけでなく、物品も、必ず汚染検査を行い、汚染が検出されないことを確認してから外に出すようにしています。

このように、放射線を取りあつかう場所は、厳重に管理されているのです。

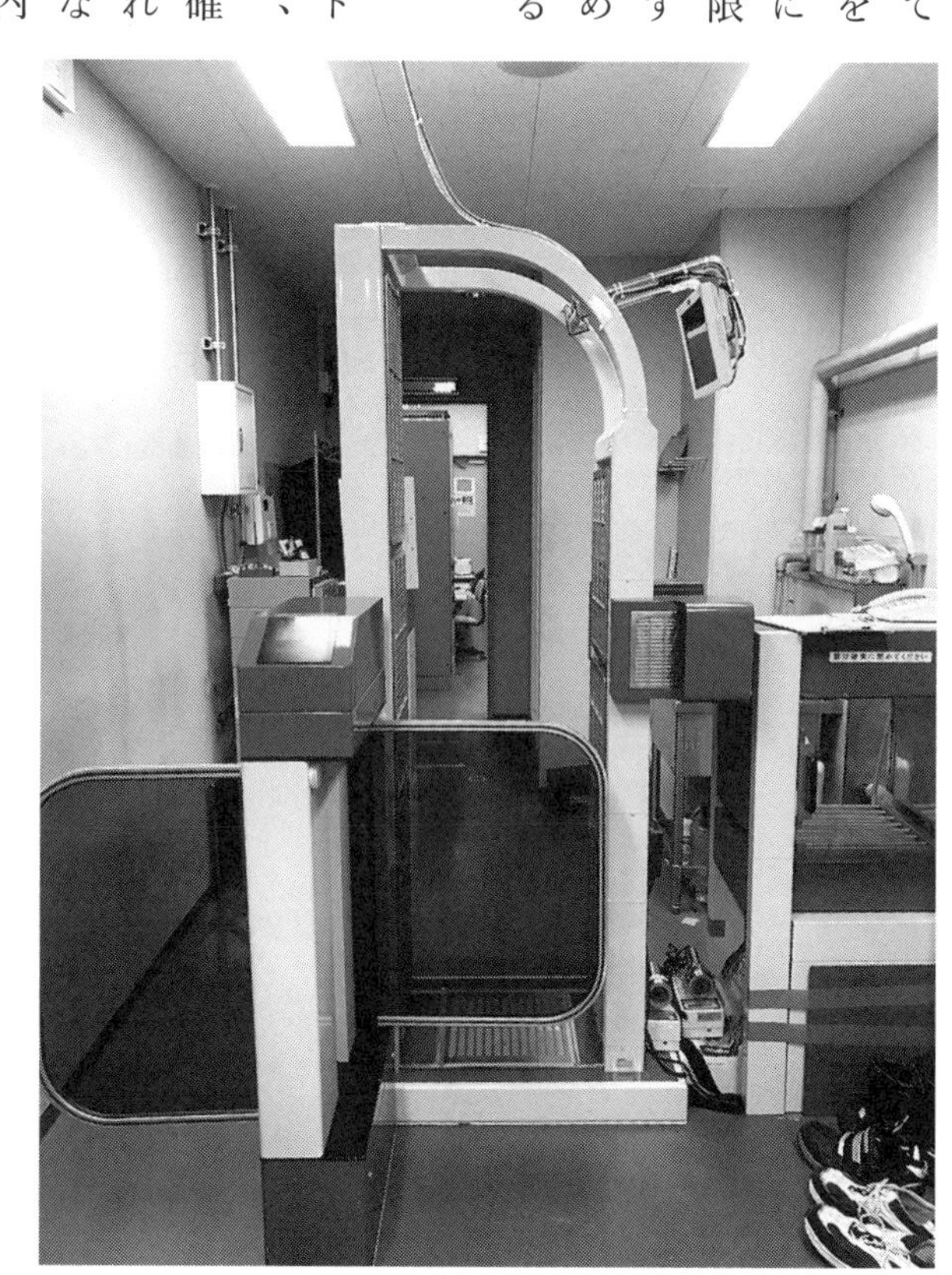

除染

本来放射性物質があるのが好ましくない場所が放射性物質によって汚染された場合、それを取り除く必要があります。これを除染と呼びます。いくつかの除染の方法について、簡単に見ていきましょう。

床や壁など、建屋の内側を除染する場合は、掃除の方法にとてもよく似ています。粉末状の放射性物質の場合は、乾いた布で粉末を集めるのですが、箒でゴミを集めるのと同じで、かならず、一方向に掃いてください。往復させてしまうと、汚染をより拡大してしまうことになります。

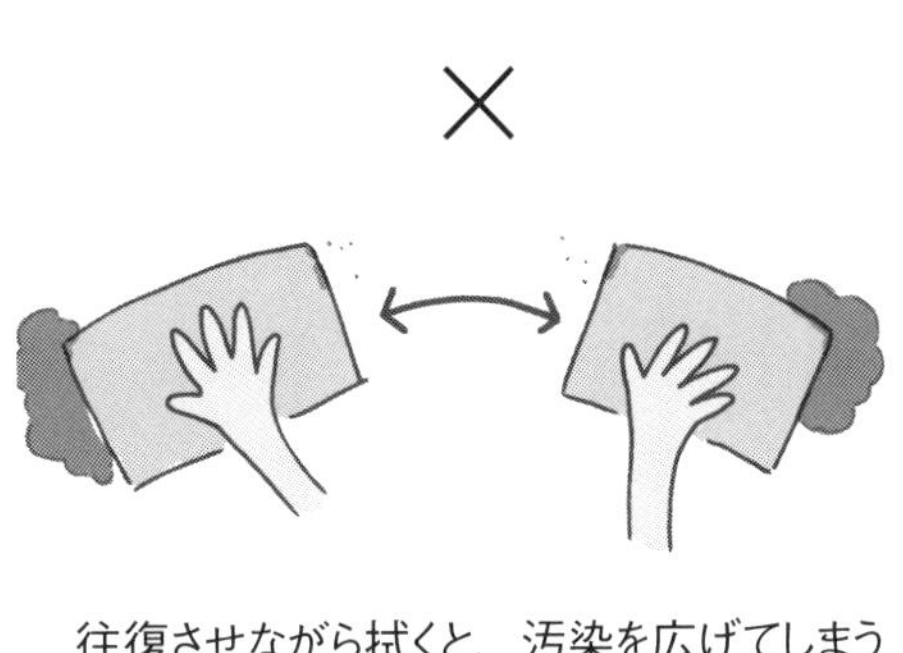

往復させながら拭くと、汚染を広げてしまう

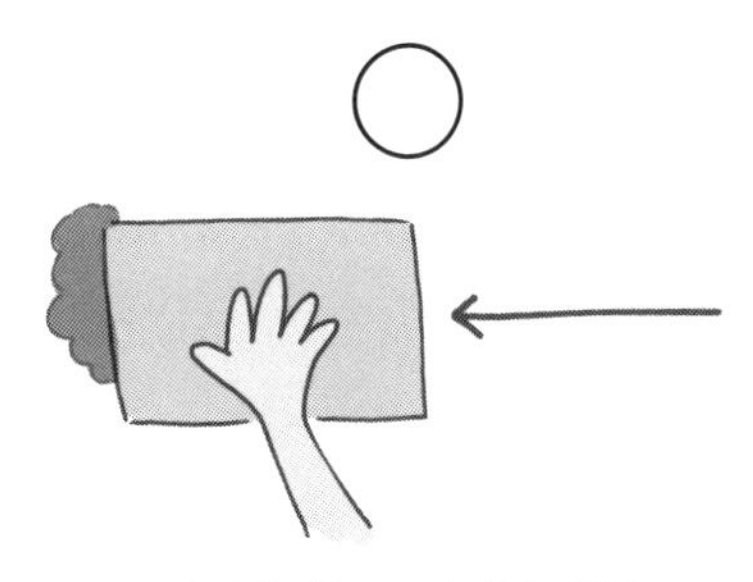

かならず、一方向に拭く

我々は、粉末状の放射性物質の除染には、こういうもの（下写真）を使っています。

液状のものは吸収しやすいもので拭き取るとよいのですが、こびりついたものは水で塗らした布で拭くとよいです。これもまるっきり雑巾がけと同じですね。作業のときには必ず手袋を着用し、作業後は脱いだ手袋も汚染物として取りあつかってください。

服が汚染してしまった場合は、飛び散りにくいように静かに脱いで、袋に入れて密閉して保管してください。脱ぐ場所も重要で、そこも脱衣のときに汚染されると考えて、シートなどを敷いて、脱衣後にシートも回収して保管するか、シートの汚染を検査して問題がないことを確認してください。脱衣後の身体や、その周辺に汚染がないかを検査する必要もあります。

除染で重要なことは、これは、放射性物質を一箇所に集めて保管しやすくし、汚染されていない場所と、汚染物とを区分けするための措置であって、放射性物質そのものがなくなるわけではない、ということです。掃除でも、ごみをごみ箱やごみ袋に集めるというだけであって、ごみそのものが消滅するわけではありません。一般的な家庭ごみであれば、毎週2回自治体がごみ回収に来てくれて、回収後のことは気にしなくてよいのですが、放射性物質の場合は、それをそのあとどうするのかまでよく考えて保管や処理をしなければなりません。

たとえば、除染のために、ある建物を水で洗い流したとしましょう。その建物はきれいに除

染されて、安全となることでしょう。しかし、その流した水の中には、放射性物質が含まれています。それをそのまま流してしまったら、放射性物質は排水溝から川に流れ、最終的には海に行きますから、海や川を汚染してしまうことになるのです。

除染を行う場合には、そういうことまですべて考えたうえで計画しなければなりません。

空気中の放射性物質を取り除く

僕が子供のころよりもさらに前、僕の兄くらいの世代で、「宇宙戦艦ヤマト」というアニメイションが放送されていました。僕は再放送で観ました。それはSF作品で、かつての軍艦大和を模した宇宙戦艦が、放射性物質によって汚染された地球を救うため、はるか彼方のイスカンダル星まで行って、コスモクリーナーという装置を受け取ってくる、という話でした。コスモクリーナーは、なぜ「コスモ」とついているのかは謎ですが、放射性物質を除去する装置のようでした。

さすがは未来の話だなぁ、現代にもそういうものがあればなぁ、と思うでしょう。ところが、じつはそれはもう既に存在しているのです。イスカンダル星まで取りにいく必要はありません。

それはこれ、ヘパフィルターです。ヘパフィルターというと、今や家庭用のエアコンなどにもついていて、なんだそんなものか、と思われるかもしれません。しかし、床の除染が基本的に掃除と大差なかったように、空気中の放射性物質を取り除く方法も、花粉や粉塵を取り除く方法と基本的には同じなのです。

HEPAフィルターとは、High Efficiency Particulate Air Filter のことで、空気中の粒子を

高い効率で集めるフィルター、といった意味です。グラス繊維でできた濾紙を使っていて、JIS規格では、0.3μmの粒子に対して99.97%以上の捕集率を持つもの、とされています。[10] 一時期話題になったPM2.5（直径2.5μm以下の粒子状物質）に対しても有効です。放射性物質も、原子単独の状態で飛んでいることは稀で、何かの粒子に含まれていたり附着していたりしますから、このフィルターで大部分は取り除くことができます。

左の画像は我々の実験施設のものですが、排気システムに取り付けられ、屋外に排出する空気中の放射性同位体濃度を規定値以下にするのに役立っています。

10 JIS Z 8122

いっぽう、放射性物質はこのフィルターに溜まるだけですので、先ほど除染のところでお話ししたとおり、放射性物質が集まったフィルター自体の放射線量は高くなっていきます。コスモクリーナーを稼働させた森雪が亡くなってしまうのはこのためでしょうね。

水中の放射性物質を取り除く

空気が除染できるなら、水だって除染できます。その方法のひとつが、イオン交換樹脂を通すことです。イオン交換樹脂とは、それに触れた溶液中のイオンを取り込み、変わりに自身の分子の一部をイオンとして切り離す樹脂のことです。下の画像は、そのイオン交換樹脂を詰めた容器で、デミナーと呼ばれます。

たとえば、水中にセシウムのイオン（Cs^+）が入っていたとして、これをイオン交換樹脂に通すと、Cs^+を取り込み、変わりにH^+イオンを出します。こうすることで、水中に溶けている放射性同位体を取り除きます。ただし、これまで見てきたものと同じく、イオン交換樹脂には放射性同位体が溜まっていきますので、どんどん放射化していきます。この画像のものは、そのた

め、周囲を鉄板で囲って遮蔽しています。

もし水道水が汚染されてしまった場合、家庭にこれを導入し、放射性物質を取り除いてから飲用すれば、とても効果的ですが、イオン交換樹脂そのものの放射線量は高くなっていきますので、注意が必要です。

これは、放射性物質が溶け込んだ水を除染するにはもっとも一般的な方法です。我々の実験施設でも、排水はイオン交換樹脂を通し、そこに溶け込んだ放射性同位体を基準値以下に取り除いてから、排水するようにしています。

ところが、これでは取り除けないものがあります。それは、トリチウムです。トリチウムは水素の同位体ですから、水分子として存在した場合（H_2O のHの片方がT、つまりHTOのような形）、ふつうの水と化学的には同じですので、イオン交換樹脂では取り除けないのです。福島第一原子力発電所でも除染できずにタンクに溜めているのは、トリチウムを含む水です。結局、トリチウムだけは、基準値以下に希釈して排水する以外に方法がありません。[11]

O
H T

11　ただし、膨大なお金をかければ、トリチウムを分離することは可能です。実際、トリチウムを利用する場合には、お金をかけてでも取り出していますし、排水の場合でも、倫理的なことに配慮して取り除くことを検討している場合もあります。

除染の意味

除染という言葉を聞くと、それを行えばすぐに綺麗さっぱり、いっさいの汚染が無くなる、とイメージしてしまうかも知れません。ところが、これも掃除や手洗いなどと同じで、そういうものではありません。附着していた物質の量が何分の一かになるだけです。

たとえば、手を洗うと、もともとついていた物質が1／2.7くらいに減る、としましょう。そしてこれは附着した量によらず一定の割合だと仮定すると、2回洗うことで、1／2.7×1／2.7で、1／7.3くらいになります。3回洗うと、1／20くらいにはなります。また、手の洗い方を工夫すれば、1回あたりに減らせる量ももっと大きくできるでしょう。

ともあれ、重要なことは、「ゼロにする」という手段などないのであって、できることは「減らす」ということであり、そして、実用上問題がないレヴェルまで減らせれば、それで充分に価値がある、ということです。

もし体内に放射性物質が入ってしまったら

ここまでで、体内に放射性物質が入りにくくする方法について考えてきましたが、それでも入ってしまった場合は、いったいどうすればよいでしょうか。入ってしまったらなにも打つ手がないのでしょうか。いえいえ、どんな場合でも、諦めず、少しでもましな状態になるように、全力を尽くして「悪あがき」すべきです。

体内に放射性物質が入ってしまった場合の対処法として、ここでは3つの例を挙げておきます。

1つめは、同じ元素の放射性でない同位体を摂取することで、体内での放射性同位体の濃度を相対的に「薄める」ことです。これは、ヨウ素に対する対処法がもっとも有名です。

2つめは、ある種の薬剤を投与し、その薬剤と取り除きたい元素とを化合させ、その薬剤ごと排出させる方法です。そのひとつが、キレート剤という錯体を使うものです。

左の図がその例ですが、どうですか、蟹が鋏で獲物をつかまえているみたいでしょう。このため、このような錯体をキレートと呼びます。キレート（chelate）というのは、ギリシア語のchela（蟹の鋏）からつくられた言葉です。体内にこの「蟹」を潜り込ませ、取り除きたい元素をこの鋏でつかみ、蟹ごと排出させるのです。代表的なキレート剤としては、エチレンジアミン四酢酸（EDTA）とジエチレントリアミン五酢酸（DTPA）があります。

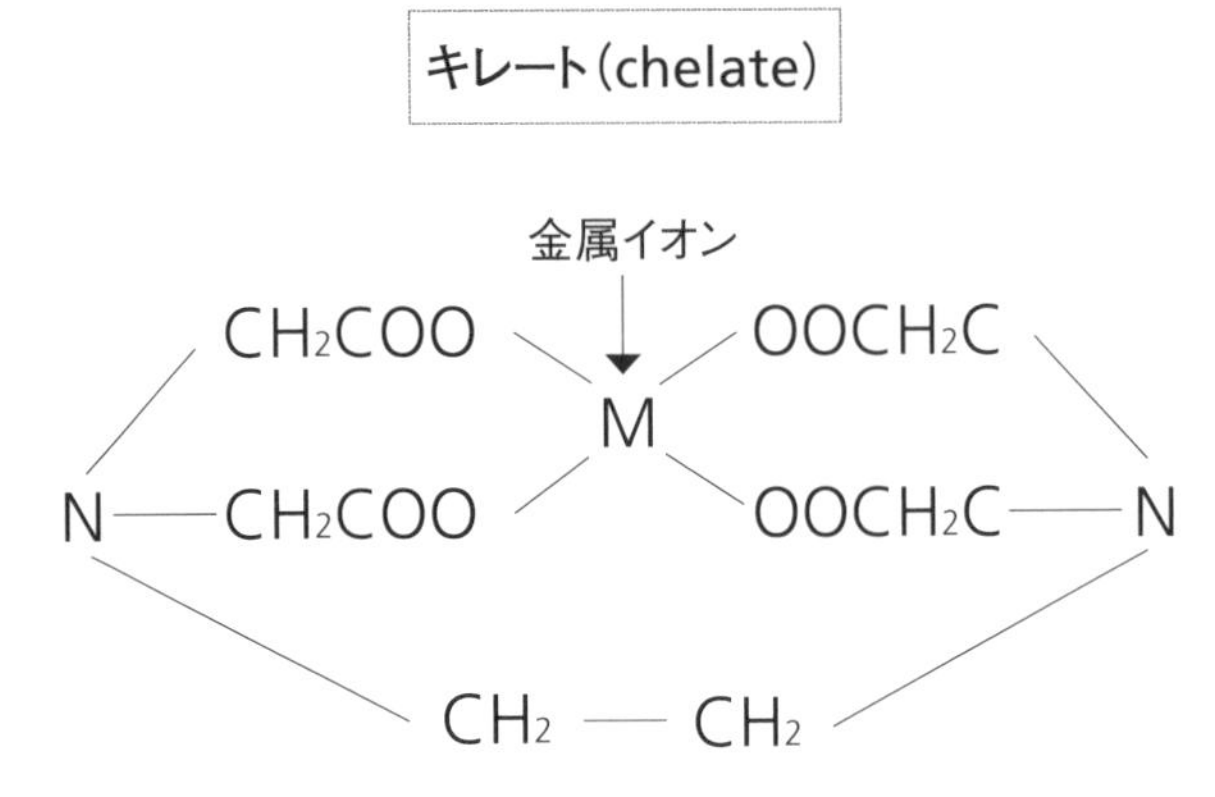

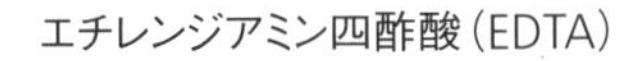

もうひとつの「薬剤もろとも法」は、イオン交換体、つまりイオン交換樹脂の中身のような薬剤を直接人体に投与する方法です。それがイオン交換樹脂のように標的の元素を取り込み、それごと体外に排出されます。これで有名なのは、セシウムに対するヘキサシアノ鉄（II）酸鉄（通称プルシアンブルー）です。

3つめは、代謝を攪乱させる方法です。ある特定の成分の摂取を抑制したり増やしたりして、体内に溜まった標的の元素を排出しやすくするものです。

たとえば、カルシウム濃度とリン濃度を低くした食事を摂りつつ、炭酸ストロンチウムを服用すると、骨に溜まったストロンチウムが離脱していきます。先ほどの2種類の方法が、ある特定箇所に溜まるまえに、つまり血液や体液や消化液などに溶けているうちにつかまえて排出させるのを主な目的としているのに対して、この方法の重要な特徴は、すでにどこかに溜まってしまったものを「はがし取る」こともできる点です。

これらの除去の方法の詳細については、第10章で、各放射性同位体ごとに、個別に説明します。

機器を放射線から守る

本章の最後に、人間ではなく機器を放射線から守る方法について考えてみましょう。

第4章で半導体が放射線に対して弱いことをお話ししましたが、半導体は現代ではどうしても使わなければならないものですので、高放射線環境下で使う場合には、少しでも放射線の影響を受けにくくするために、いくつかの対策を立てます。我々の実験施設で行われているのは、たとえば遮蔽体で覆ったり、放射線を浴びやすいところから離したりすることです。

前者の例では、中性子の影響を低減するため、センサー類をポリエチレンのブロックで覆ったりしています。第4章で見たように、中性子の遮蔽体としては水が最高なのですが、液体の遮蔽体は取りあつかいがむずかしいので、代わりに、水素原子を多く含むポリエチレン（組成式はCH_2）を用いることが多いのです。ポリエチレンはポリ袋にも使われるお手軽な材料ですが、中性子の遮蔽材としても優秀です。通常はブロック状のものを使いますが、我々の施設では、ブロック以外に、ビーズ状のポリエチレンを箱に詰めたものも使用しています。

画像のポリエチレンブロックは、白い模様が見えますが、これはホウ素を混ぜてあるからです。ホウ素が中性子をとても吸収しやすいことは第4章でもお話ししたとおりで、それを混ぜることで、中性子を停める能力をより高めた遮蔽体です。でもとても高価です。

後者の「放射線を浴びやすいところから離す」という例としては、こういうものを紹介しておきましょう。

僕は、自分が担当する実験施設を建設するとき、その中の天井クレーンについても、設計段階から携わりました。放射線強度がとても高い機器を取りあつかうクレーンなので、ふつうのとは違う、特別仕様だからです。

ビーズ状のポリエチレン、これを箱に詰めて使う

ポリエチレンブロック(ホウ素入り)

クレーンは、通常、それを稼動させる制御盤をガーダーの上に設置しています。そうすると、制御盤からモーターまでの配線が短くなり、コンパクトで安価なシステムとなります。通常のクレーンはそれがよいのですが、たとえばこのクレーンで放射線強度の高い物体を吊った場合、その吊荷からの放射線で、制御盤内の半導体がやられてしまう可能性があります。そういうものを吊った状態で停止したりすると、大変なことになります。

そこで、我々の施設のクレーンは、制御盤を遮蔽壁で囲まれた別の部屋に設置し、そこからクレーンまでを長い配線で接続しました。

このためコストはかさみ、ほかにもいろいろと特別な機能を持たせたために、同程度の能力のクレーンの3倍以上の価格となったのですが、おかげで、完成から9年間（執筆時点）、放射線によるトラブルを一度も起こさずに、高放射化物の荷役に活躍しています。

結局、半導体に対する被曝対策も、人間に対する外部被曝対策と同じく、「距離を取る」「遮蔽体を置く」のふたつが有効です。

本章で、放射線から身を守る方法について考えましたが、そのためには、まず、放射線量を正確に知ることが重要になってきます。そこで、次章では、放射線を測定する機器についてご紹介しましょう。

通常の天井クレーン

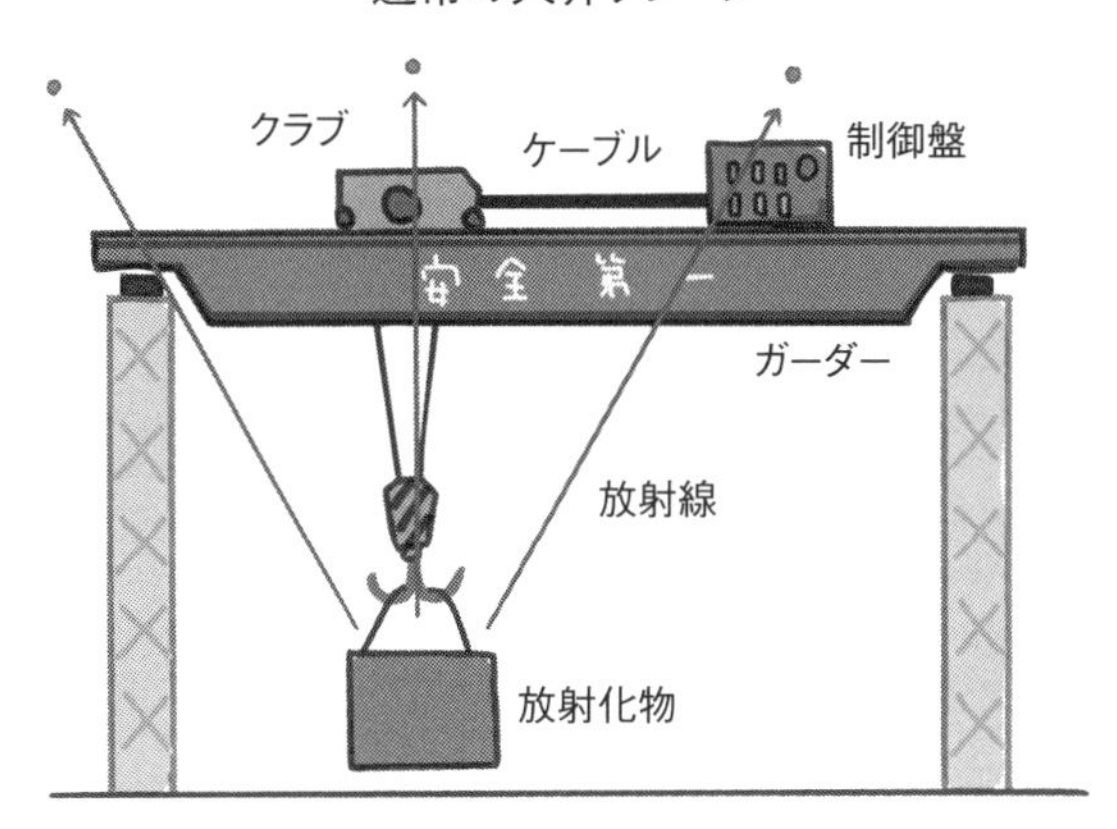

制御盤はガーダーの上に
ケーブルは短く、経済的
制御盤は放射線が直撃

耐放射線仕様の天井クレーン

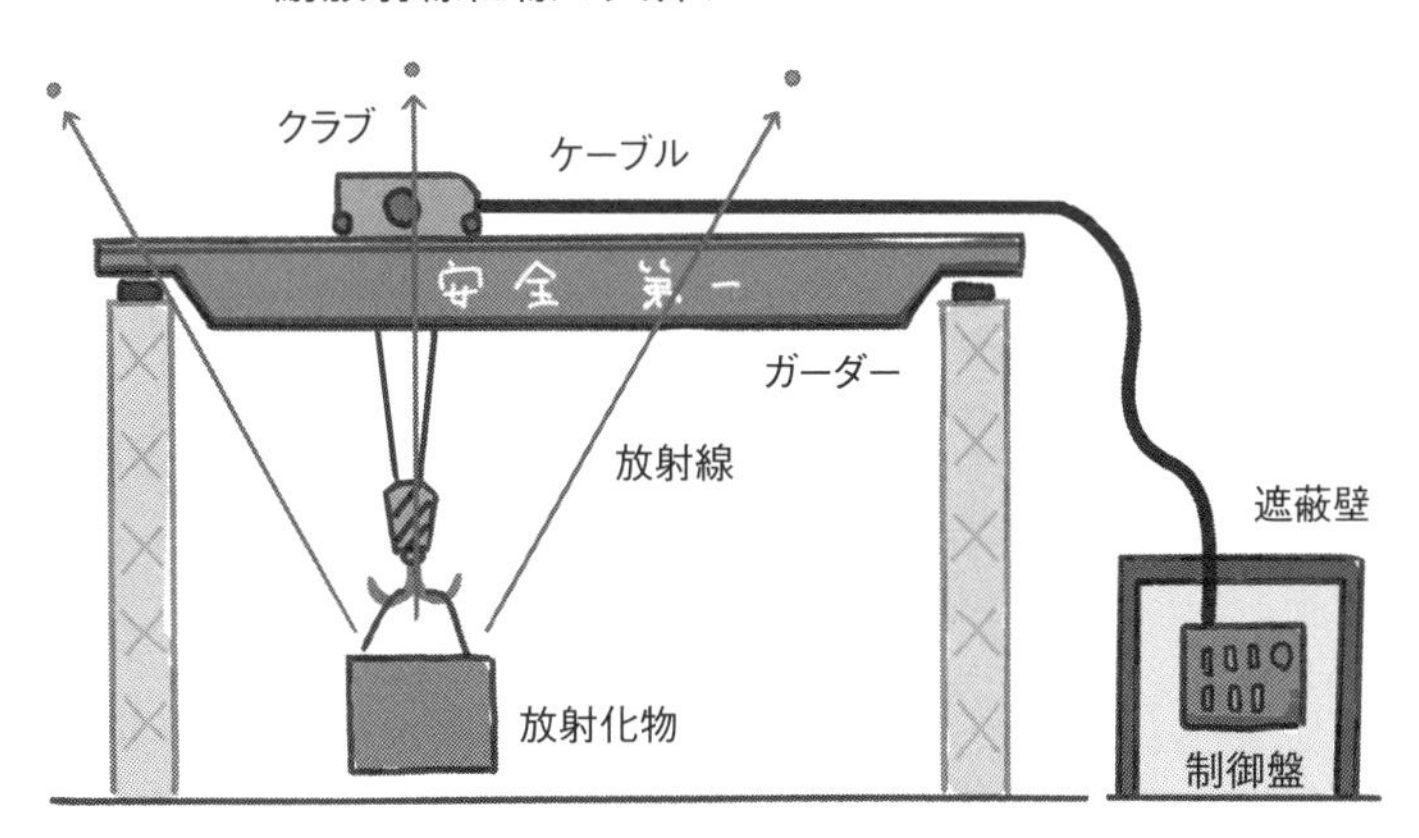

制御盤は遠く遮蔽された別室に
ケーブルは長くなり、非経済的
制御盤は放射線の影響を受けない

第６章まとめ

◎「ゼロベクレル」は荒唐無稽
◎日本人の自然からの被曝量は年間2.1ｍSv
◎自然からの被曝と医療被曝を除いて、一般人の被曝量は年間１ｍSv以下にするのが望ましい
◎ご被曝は計画的に
◎外部被曝をおさえるには、放射線源から遠ざかるのが一番、遮蔽体を置くのも効果的
◎内部被曝をおさえるには、摂取や吸入など、とにかく口に入るものに気を遣うこと
◎被曝をおさえるには、場所の管理を徹底し、一般区域に放射性物質が拡散しないような措置が必要
◎もし放射性物質を体内に取り込んでしまっても、除去する方法はある
◎除染で放射性物質がなくなるわけではなく、一箇所に集めるだけなので、その処理もよく考えておく必要がある
◎除染にはサッサ

第7章

測り方について考えよう

放射線源から離れるにせよ、摂取量の管理にせよ、肝心の放射線の量がわからないと話になりません。本章では、その放射線量の測定について考えていきましょう。

日常の感覚から大きくずれている放射線

よく一般に言われることに、「放射線は目に見えないから怖い」というのがありますが、目に見えるかどうかを問題にするのでしたら、細菌もウィルスも化学薬品も目には見えません。それゆえ人類はそういった「目に見えないもの」を可視化するために、さまざまな方法を開発してきました。肉眼では見えなくとも、なんらかの測定方法を用いれば「見える」ようになるのです。

放射線が化学薬品などと異なる点は、これまでお話ししたサイズの問題以外に、数の問題も大きいです。通常我々が相手にしているのは、巨大な集団をひとまとめにした巨視的な量です。たとえば物質の量ではmol、電流の量ではAです。前者は原子1,000,000,000,000,000,000,000,000個分ですし、後者は電子10,000,000,000,000,000,000個分の電荷が1秒間当たりに通過する量です。それに対して、放射線の場合は、放射能の単位であるBqが象徴するように、放射線ひとつひとつを数えています。なんと20桁もの開きがあるのです。これが、放射線を特殊なものだと感じる原因のひとつです。他の分野の量から見てけた違いに微量なものであろうとも、放射線は測定することが可能であるがために、どうも我々の感覚を狂わせてしまうのです。

一例を挙げましょう。福島第一原子力発電所事故で、大量の放射性物質が放出され、東北地方のかなり広い範囲を汚染しました。僕は、同事故の数日後に、我々の実験施設（茨城県東海村）の構内の道路の表面に放射線測定器を当ててみましたが、普段では有り得ないほど高い値を表示しました。このように広い地域を汚染したのですから、放出された量も相当なものだと思われるでしょう。たとえばセシウム１３７は1.5×10^{16} Bqもの量が放出されました。[1] チェルノブイリ原子力発電所事故を除けばほかに類を見ないほどの膨大な量です。これを比放射能3.2×10^{12} Bq／gで割れば、質量に換算されます。割り算すると、4.7 kgとなります。セシウムの比重は２程度ですから、体積で言うと2.4 ℓ程度です。牛乳パック２本半。たったそれだけの量で、東北の広範囲の土壌を汚染したのです。牛乳３本買って来てその辺りに撒いたとしても大した範囲を汚せないでしょう。東北の東半分に撒こうと思ったら、相当薄く撒かなければなりません。福島第一原子力発電所から東海村まで１００kmほどですから、仮に半径１００kmの範囲にこの量の牛乳を均一に撒くと、１m^2当たり０．００００００８cc程度になります。これでは、地面に染み込んだ牛乳の臭いなど、嗅覚の鋭い犬でもまったくわからないレヴェルでしょう。しかし、牛乳ではなく放射線として測定すると、50 Bq／cm^2となり、はっきりと測定できるのです。放射線というものが、我々の普段の感覚からはまったく掛け離れたものだということがよくおわかりいただけるのではないでしょうか。

さて、以下本章では、そんな放射線を測定する機器についてお話ししたいと思います。放射線測定器にもたくさん種類があるのですが、ちょうど僕の職場にある測定器が手ごろですので、それらを取り上げてみたいと思います（写真撮影が楽だからです）。

1『東京電力株式会社福島第一原子力発電所の事故に係る1号機、2号機及び3号機の炉心の状態に関する評価について』原子力安全・保安院、2011.6.6

電離箱

電離箱は、中に気体が入った箱状の測定器です。第4章でお話ししたとおり、放射線の主たる効果は電離ですから、それを利用して放射線の量を測定しようというものが電離箱です。放射線がこの箱の中を通過するときに、その気体分子を電離します。電離によって生じた電子とイオンの量を測定し、それを放射線量に換算して表示しています。

その場所の放射線量率（空間線量率）を測定するのに用いられ、主にγ線がその対象ですが、β線も測定できます（トリチウムのような低エネルギーのβ線は測定できません）。

画像のもので、測定範囲は1μSv／h～10mSv／hです。

NaIシンチレーション検出器

NaI（Tl）シンチレーション検出器は、ヨウ化ナトリウムの結晶に微量のタリウムを添加した固体の検出器です。画像の銀色の筒の中にこの結晶が入っています。

シンチレーターとは、荷電粒子に反応して蛍光（シンチレーション光）を出す物質のことです。第4章で、γ線と物質との反応についてお話ししましたが、それを思い出してください。結局すべての場合で、β線（電子）をたたき出すのでし

NaIシンチレーション検出器

電離箱

たよね。つまり、このシンチレーターにγ線が入ると、結晶中の電子がたたき出され、電子は荷電粒子ですから、結晶は蛍光を発するわけです。蛍光の強度は結晶に吸収されたエネルギーに比例するので、放射線量を測定できるのです。

これもγ線の空間線量率を測定するのに用いられます。画像のもので測定範囲は30μSv／hまでです。感度が高い測定器ですので、電離箱よりも低い線量率を測定するのに使われます。

ガイガー＝ミュラー計数管

ガイガー＝ミュラー計数管（カウンター）は、「GM管」と呼ばれ、電離箱と同じく気体の電離を利用した測定器です。電離箱との違いは、電離された電子に高い電圧をかけて集めるため、大きな信号が得られる反面、信号は測定器に入った放射線のエネルギーに比例しませんので、放射線量は測定できず、「計数管」の名前のとおり、放射線の数、つまり放射能だけが測定できます。計測している放射線の種類がわかっていれば、そのエネルギーを数にかければ、一応、線量率は計算できます。

そこで、放射線量率を測定するのではなく、対象物の汚染状態を調べるのに用います。γ線に対しては感度が低く、主な測定対象はβ線です。画像のもので測定範囲は1,700Bq程度までです。

いかにも人名っぽい名称ですが、まさにこの測定器を考え出した、共にドイツの物理学者であるヨハネス・ヴィルヘルム・ガイガーとヴァルター・ミュラーの名前からとられています。

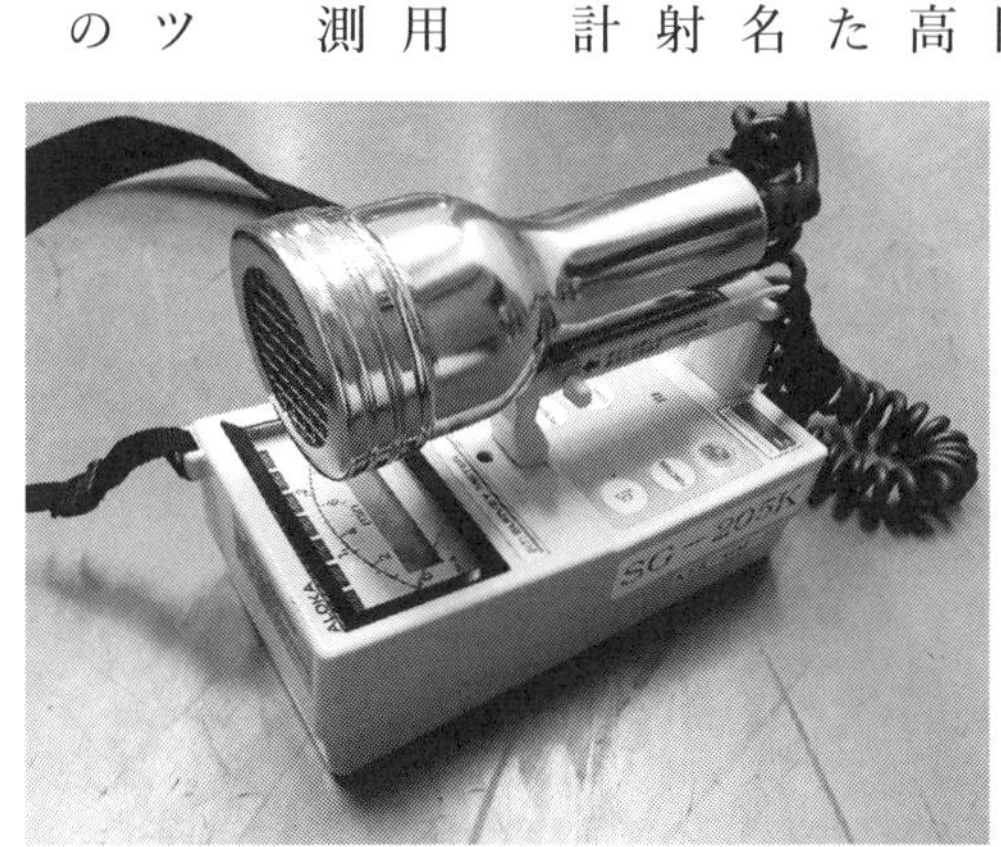

ガイガー＝ミュラー計数管

ところで、これまた誤用の例ですが、一部のメディアやそれに影響を受けた人々は、あたかも「放射線測定器＝ガイガーカウンター」であるかのように呼びますが、ここでお話ししたとおり、ガイガーカウンターというのは放射線測定器の一種に過ぎず、しかも重要である放射線量率は直接測定できないのです。なぜ彼らが、数ある放射線測定器の中で、ガイガーカウンターだけ中途半端に知っているのかわかりませんが。

「放射能」という言葉の使い方といい、まともな話がしたいのであれば、正しい日本語を使うべきです。「ガイガーカウンターがこんな高い値を示している！　これは異常だ！」と騒いでも、使っているのがどう見てもガイガーカウンターではない場合は、その人が言っていることすべてが疑わしくなります。

減速型中性子線量当量計

減速型中性子線量当量計は、その名のとおり中性子を計測する装置です。その中心となる測定部分には、画像のものだとヘリウム3が充填されています（ほかにも、フッ化ホウ素を充填したものもあります）。このヘリウム3に中性子が入ると、☝という、まさにヘリウム3（陽子2つと中性子1つ）とトリチウム（陽子1つと中性子2つ）の陽子と中性子が入れ替わったかのような反応が起きます。中性子の代わりにたたき出された陽子は荷電粒子ですから、電気的に計測できます。

☝

$$^{3}\mathrm{He} + n \rightarrow {}^{3}\mathrm{H} + p$$

ところでこの測定器は丸々としている上にちょっと可愛い尻尾（画像の矢印、実際には立てて使うときの脚）がついているために、僕は

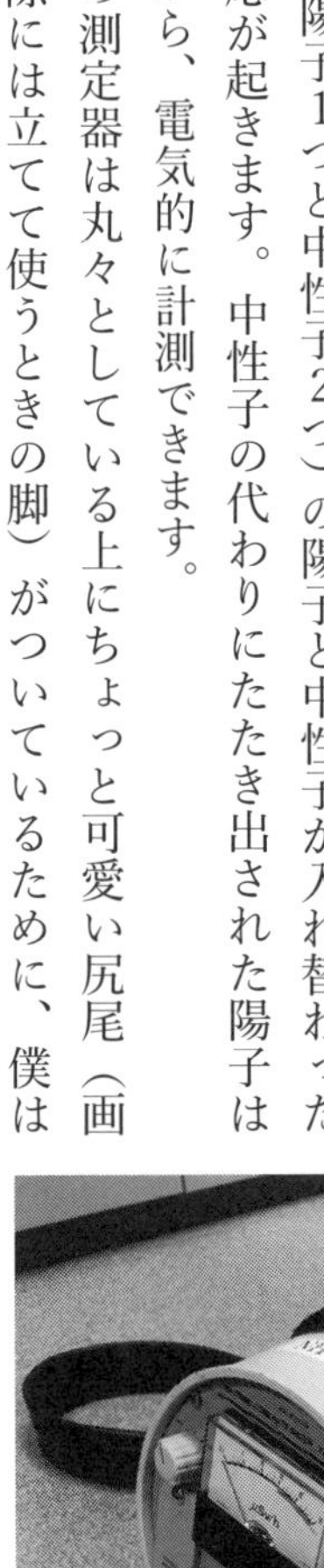

減速型中性子線量当量計

「仔豚ちゃん」と呼んでいます。このように丸々と肥えているのは、測定部分をポリエチレンの塊（白い部分）で囲んでいるからです。このポリエチレンは、第6章でお話ししたとおり水素原子を多く含んでおり、水素原子は第4章でビリヤードの話でたとえたように中性子のエネルギーを奪うには最適のものです。中性子のエネルギーを奪う、つまり速度を落とすので、「減速型」という名前がついています。

このポリエチレンの内側にさらに中性子を吸収する物質が入れてあり、それらの形状を工夫することで、中性子のもともとの速度に対する感度を調整しています。なんのためにそんなことをしているのかというと、この速度（エネルギー）と感度の関係を、ちょうど、第5章でお話しした中性子の放射線加重係数と同じになるようにすることで、計測器の信号が、そのまま、加重係数をかけあわせた、等価線量に比例した値を表示するようにしているのです。ですから、「線量当量計」と呼ばれています。このポリエチレンの塊で丸々と肥えた仔豚ちゃんは結構重く、画像のもので10kg近くあります。

個人線量計

ここまでご紹介したのは、その場所の線量率や、物品の汚染を測定する計測器でしたが、個人線量計は、その名のとおり、個人で着用して、着用期間中にその人が浴びた放射線量の累計を表示するものです。これまでご紹介した計測器が瞬間値を測るのに対して、こちらは累積値を測ります。

中身は半導体検出器です。放射線だけでなく電磁波にも反応しますので、携帯電話のとなりに置いておくと、どんどんカウントしていきますから、要注意です。我々の実験施設を見学に

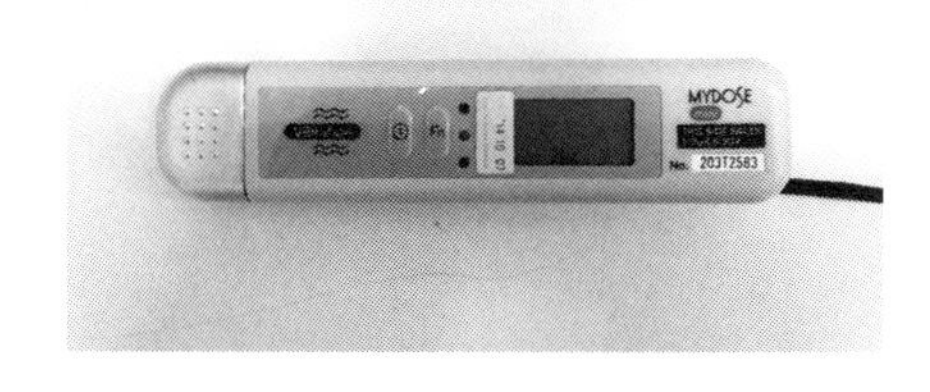

個人線量計

来られた方々が放射線管理区域に入られるときにはこれを身に付けてもらうのですが、携帯電話と同じポケットには入れないでください、と注意を促しています。また、個人線量計は、男性の場合は胸に、女性の場合は腹部（子宮の辺り）に着用するのが基本です。

ＯＳＬバッジ

下の画像は、ＯＳＬバッジと書かれていますが、実際には複数のパッシヴな線量計が入ったものです。ＯＳＬはそのうちのひとつです。以下ではＯＳＬについてお話ししましょう。

ＯＳＬは、先ほどと同じく個人線量計なのですが、これまでご紹介したものと違って完全にパッシヴなもので、電源を用いず、数値も表示されたりはせず、一定期間（画像のものは３ヶ月間）事業所内でずっと着用していて、その後でフィルムの現像のようにしてその期間内の累積被曝量を測定するものです。かつては「フィルムバッジ」と言って、そのものずばりのフィルムを使い、放射線がフィルムを通過する際に黒化することを利用し、その黒化の度合いで被曝量を測定していました。ＯＳＬ(Optically Stimulated Luminescence）は、放射線を受けるとＯＳＬ素子（少量の炭素を添加した酸化アルミニウムでできています）の中の電子が放射線から与えられたエネルギーを蓄積したままで結晶中に閉じ込められ（静止しているという意味ではありません）、その素子に特定の波長の光を当てると、蓄積したエネルギーに比例した量の蛍光を出す、という現象を利用したものです。第６章でお話しした放射線業務従事者の被曝量というのは、この個人線量計の測定値をもとにしています。我々の実験施設では、男性は３か月毎、女性

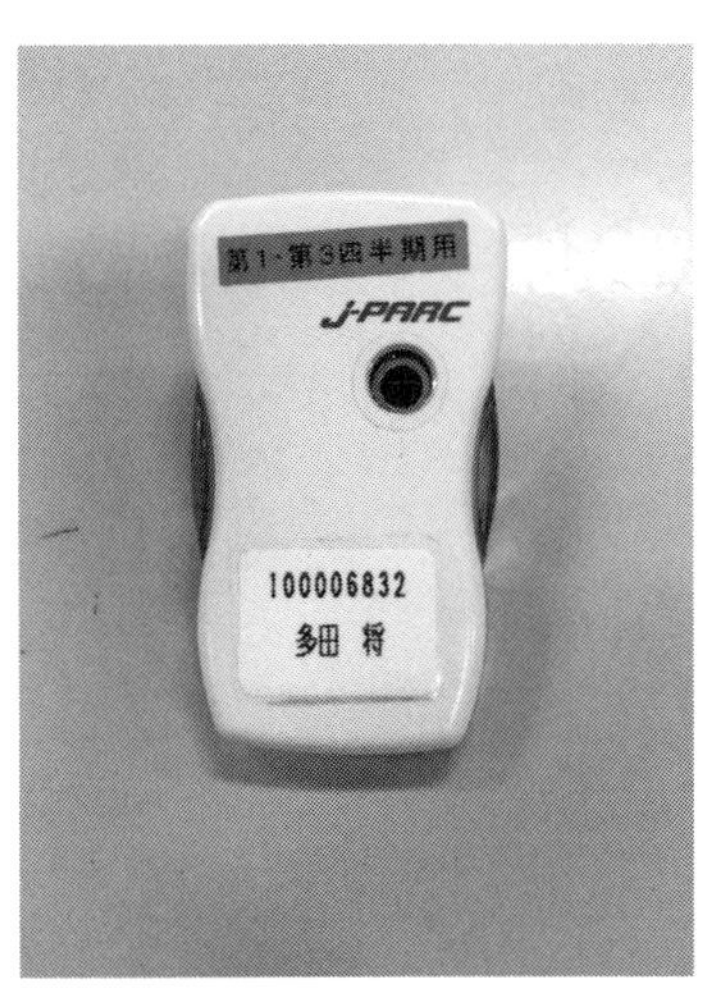

OSL バッジ

は1か月ごとに交換して測定します。

空間線量の測定

それでは、これらの測定器を使って、身の回りの放射線を測定することを考えてみましょう。先ずは、自分が活動している場所の放射線量を測定します。作業や生活など、何らかの活動をする場合に、ある時間はそこにいなければなりませんから、その間にどれくらい被曝するのかを知っておく必要があります。ある場所（空間）での放射線量率を、空間線量（率）と呼びます。我々物理学者がふつうに「線量」と呼ぶときは、「線量率」のことを指す場合が多いです。

測定器には、通常、電離箱を使います。より高い感度が必要な場合、つまり放射線量が低い場合には、NaIシンチレーション検出器を使います。

立って作業をする場所や、通路のように歩いて通過する場所などは、床や地面から1mの高さの空間に測定器を持ち、その値を測定します。それ以外の場所では、座る場所、寝転ぶ場所など、それぞれの場所に応じて取る姿勢に合わせて、胴体の位置に測定器を持ち、測定します。

また、ある機器に向かって作業する場合に、作業中の被曝量を見積もるときには、その機器にぺったりと測定器を押し当てた場合（我々はオンコンタクトと呼んでいます）、機器から測定器を30cm離した場合、同じく1m離した場合、

電離箱

という3つくらいのパターンで測定したりします。オンコンタクトは最大限の被曝量を見積もる場合で、30 cm離して測定するのは、手を使って機器を操作するときに胴体がそれくらい離れている、という考えからです。作業中の胴体の位置がだいたい決まっている場合には、その位置で測定することになります。

NaIシンチレーション検出器

ある区域について、こういった放射線量を系統的に測定し、いわば「放射線量地図」のようなものをつくることを、我々は「サーベイ」と呼んでいます。surveyとは測量を表わす言葉でもありますが、我々はこうして放射線業務を行うエリアに対してサーベイを実施し、まさに測量のように各地点の放射線量の「地図」をつくります。どのエリアがどれくらいの放射線量か一目でわかるようにして、それを頭に入れながら業務を行うのです。そうすれば、どの場所に長時間いてはいけないか、逆に言うと長時間いるならどの場所がよいのか、すぐにわかるからです。そして、放射線量が高い場所については、その「地図」に記入するだけでなく、現地に放射線量を書いた紙を貼って、注意を促します。

ある場所の空間線量（率）が測定できたとして、そこに滞在する時間をかければ、滞在中の被曝量が見積もれます。これがふだんの生活空間で、ずっとそこにいることが前提の場合には、時間、日数、を順にかけていけば、その期間の総被曝量が見積もれます。

たとえば、生活の場、つまり自分がずっといる場所が0.2μSv／hの空間線量率であったとすると、年間被曝量は、0.2×24×365～2,000で、2mSvとなります。そこに1年間ずっといれば、ですが。こういう大雑把な計算でよければ、もっと簡単に見積もることもできます。1年間は、24×365～8,760時間ですから、だいたい10,000時間と考えると、4けた分、小数点の位置をずらすだけです。

また、場所ではなく、物品から出ている放射線量を測定する場合は、その物品に測定器を接触させ、オンコンタクトで測定します。

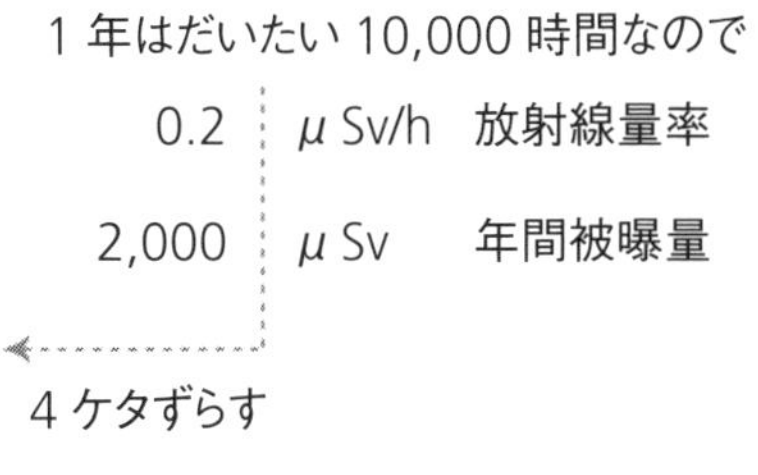

1年はだいたい10,000時間なので

0.2	μSv/h	放射線量率
2,000	μSv	年間被曝量

4ケタずらす

汚染検査の方法

次に、汚染の度合いを測ることを考えましょう。場所であればそこでなにかをするときにどれくらい気をつけなければならないか、どんな防具や準備が必要か、生活の場が汚染されていないか、物品であればそれをそこから持ち出してもよいか、などを判断するために、汚染検査は必要です。

汚染の検査には、ふつう、ガイガー＝ミュラー計数管を使います。ですから出てくる値はBqです。方法としては、直接法と間接法とがあります。

直接法は、検査の対象（床とか、物品とか）に直接、測定器の測定端子を当てて測る方法です。汚染の度合いはふつう単位面積あたりの放射能、Bq／cm^2で表わします。ですから、測定器に表示された値を、測定端子の表面積で割って求めます。たとえば先ほどの画像のガイガー＝ミュラー計数管だと、測定端子の表面積は20 cm^2ですから、測定値が68 Bqだった場合、その対象の表面の汚染は、68 Bq／20 cm^2～3.4 Bq／cm^2となります。

間接法は、対象物を布、たとえばサッサなどでふき取ったあと、そのサッサを測定器の測定端子に押し当て、測定値を読みます。このとき重要なのは、ふき取った面積と、ふき取ることで、どれくらいの放射性物質がサッサについたか、その割合です。ふき取る面積は、わかりやすい値にすることが望ましいのですが、我々の実験施設では、床などの平らなものでは、10 cm×10 cm、つまり

直接法

ガイガー＝ミュラー計数管

100cm^2の範囲をふき取ります。そして、対象物からサッサに移った放射性物質の割合は10％と考えます。したがって、測定値が24Bqの場合、もとの対象物の表面の汚染は、24Bq／0.1／100cm^2～2.4Bq／cm^2となります。

汚染の検査のときに気をつけることは、測定場所の放射線です。つまり、対象物以外の放射線量が高いと、測定器はそちらのほうを検出してしまって、肝心の汚染が測れないからです。そのために間接法があります。対象物を周囲の放射線量が低い場所に移動できない場合（床とかは移動できないため）、ふき取ることで布などに汚染を移し、その布を放射線量が低い場所まで持っていって、測定するのです。

内部被曝の測定

外部被曝の場合は、これまでお話ししてきたさまざまな方法で測定することができますが、身体の中の被曝や汚染は、どうやって測ればよいでしょうか。

まず、γ線の場合は、身体の中に放射性物質があっても、身体の外まで簡単に突き抜けてきますから、身体の外側に測定器を当てれば測定できます。本章でご紹介したハンディな測定器で少しずつ全身を測っていってもよいのですが、世の中、必要なものはつくられるもので、対象の人が立ったり座ったり寝転んだりした状態で、機械のほうが勝手に全身を測定してくれる装置が広く使われています。それをホールボディカウンターと呼びます。我々の実験施設と同じ敷地内にある日本原子力研究開発機構にもあって、僕も、内部被曝の可能性がある作業をするときには、作業前と作業後に測定してもらって、その比較で、作業による内部被曝量を求めます。

いっぽう、α線やβ線は体内にあっても外から測定できません。そこで、身体からサンプルを採取してそれを測定し、体内の被曝量を見積もる方法をとります。その一例がバイオアッセイ法で、尿を採取し、その放射線量を測定します。我々の実験施設では、この方法とホールボディカウンターとを併用して内部被曝量を見積もっています。

日本原子力研究開発機構のこういった測定器は、福島第一原子力発電所事故のときにも、一般の住民の方々の内部被曝量を測定するのに活躍しました。

較正の大切さ

ところで、放射線の測定器は、どれもとても高価です。たとえば画像のものだと、電離箱で400,000円、NaIシンチレーション検出器で700,000円くらいしました（購入したのは2010年ごろです）。なぜこんなに高価なのかというと、製品というものは量産するから安価になるのであって、放射線測定器などという市場が限られるニッチなものは少数しか生産されないから、というのが理由のひとつです。

でも、ぐぐればもっと安いものがあるのに、と思われるかも知れません。しかし、我々はそういうものを安易に購入したりしません。その理由は、ちゃんと較正されているかどうかわからないからです。

機械というものは、とりあえずなんらかの値は出すものです。ところが、それが信用できるかどうかはちゃんと人間が吟味する必要があります。測定器などが出荷されるときや、使用される前などに、量がはっきりしているもの（放射性物質であれば放射線量や放射能がはっきりとわかっているもの）を測定してみて、その測定器が正しい値を表示するかを調べたり、そうでなければ正しい値を出すように調整したりするのが信頼できる機械というものです。これを較正と呼びます。

下の図をご覧ください。左は温度計、右はそれからパネルを外したものです。パネルを外しただけですので、温度によって体積変化を起こす測定器としてのコアな部分はまったく変わりはありません。しかし、右はもはや温度計として機能しないことがおわかりでしょうか。赤い部分がどのような値を示そうと、それが何度に相当するのか、まったくわからないからです。

較正というのは、この右の状態の測定器に、人間が正しく値を読み取れるパネルを取りつけ、左の状態にすることです。

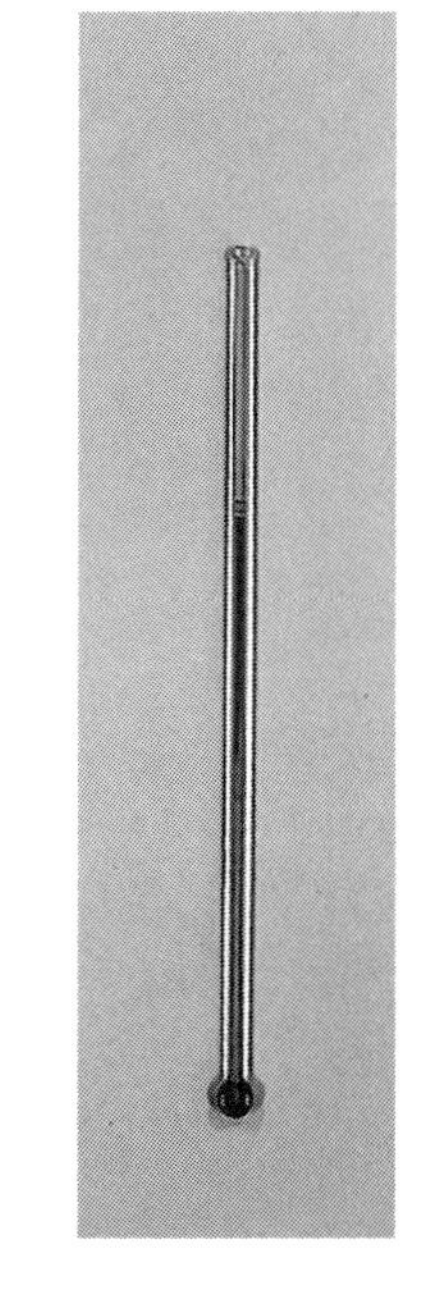

特に、測定器は、それが出した値が基準となって活用されるため、この較正がどれくらいきちんと行われているかで、その測定器の価値が決まります。本章でご紹介した測定器が高価なのは、きちんと手間をかけて較正をしているからです。

なにかよくわからない通信販売で安く測定器を買ったとして、それに較正の証明書が附属しておらず、にもかかわらず使用者のほうで較正もしないのであれば、その測定器がどんな値を出そうとも、まったく信用に値しません。パネルが正しく取り付けられていない温度計を使うようなものです。

第７章まとめ

◎空間線量や物品からの放射線量を測定するには、電離箱やNaＩシンチレーション検出器を使う
◎汚染を検査するには、ガイガー＝ミュラー計数管を使う
◎ある期間の個人の総被曝量を測定するには、個人線量計を使う
◎空間線量率に滞在時間をかければ、その間の被曝量が見積もれる
◎内部被曝の測定には、ホールボディカウンターとバイオアッセイ法を併用する
◎放射線の測定器は、ちゃんと較正されたものを使うこと

第8章
過去の被曝事故について考えよう

本章では、過去に起きた放射線被曝事故のうち、ふたつほど取り上げてみましょう。このふたつは残念なことに犠牲者を出してしまった事故ですが、せめてそこから教訓を学び取らなければ、犠牲者の方々が浮かばれません。

それぞれ人名が出てきますが、原典の記述に従い、原典が実名のものはそのまま記載してあります。

ゴイアニア被曝事故[1]

ひとつめは、1987年にブラジルのゴヤス州の州都ゴイアニアで起こった被曝事故です。ゴイアニアにあった廃病院（ゴイアノ放射線治療研究所）では、営業していたときに放射線治療も行われていて、コバルト60を用いた治療機器と、セシウム137を用いた治療機器とを設置していました。病院の移転にともない、コバルト60のほうは新病院に移設されたのですが、セシウム137のほうは、そのまま、建物も壊されずに残された廃病院に放置されていました。これからお話しする事故のすべての原因は、まさにここにあります。管理もされていない廃墟に、放射性物質が放置されていた点です。これから登場するどの人物の責任よりも、はるかに、この病院の経営者の責任が重大です。ちなみに、廃院や移設の際には、ブラジル原子力委員会に変更届けを提出しなければならないことになっていたのですが、その届けも出していなかったそうです。

「宝物」の盗難

1『ゴイアニアのセシウム137被曝事故顛末記』放射線科学，31, 305-310, 339-344（1988), 32, 7-13（1989)

この廃病院に大変な「宝」が眠っているとの噂を聞きつけたふたりの若者、ロベルト・ドス・サントス・アルヴェスとヴァグナー・モタ・ペレイラは、９月10日の夜に建物に忍び込みました。二人は、それが何なのかまったく知らないままに侵入したにもかかわらず、正確に「宝」を探し当てました。セシウム１３７が51TBq（事故当時）も詰まった、放射線治療装置です。セシウム１３７からの放射線を人体に照射することで治療を行うものです。セシウム１３７は原子炉で人工的につくるしかない放射性同位体で、これだけの量を買おうとするととても高価ですから、確かにこれは「宝」そのものでしょう。しかしそれを適切に使うことができる者にとっては、ですが。

このセシウム１３７は、アメリカのオークリッジでつくられ輸入されたものです。51TBqを単純に比放射能で割ればセシウム１３７の質量は16gですが、この装置では、塩化セシウムの化合物にしたうえで、樹脂に混ぜて米粒大のビーズ状にしたものが詰め込まれていて、その状態の重量で91gだったそうです。この１００gに満たない放射性物質が、大惨事を引き起こすことになるのです。事故当時は、樹脂の劣化のせいか、ビーズ状の形が崩れていて、粉状になっていたそうです。しかも、塩化物なので水に溶けやすく、汚染が広がる条件がそろっていました。しかし、それでも、ステンレス鋼の容器に密封されていたために、外部に漏れる恐れはないはずでした――無知な若者が、それを分解しようとさえしなければ。

毎晩なんとか装置を取り外そうとがんばっていた二人は、９月13日になって、セシウム１３７が含まれた部分（照射体）を、持ち運びできる大きさに分解することに成功しました。そして、ロベルトの家に持ち帰りました。しかしこの時点でステンレス鋼の密閉容器はまだ破れていなかったようで、のちの検査でも、廃病院の建屋内に汚染は検出されませんでした。

その当日から体調が悪くなりだした二人でしたが、9月15日になって、ヴァグナーは病院に行きました。しかし食あたりだと診断され、帰ってきました。

汚染の始まり

いっぽう、ロベルトは、庭で照射体の分解に取り組み、9月18日に分解に成功しました。しかし、このとき、セシウム137が入ったステンレス鋼の容器（厚さ1㎜）の一部が破れ、以降、セシウム137による汚染が始まります。のちの検査（10月2日）で、この分解を行っていた場所は、地上1mの高さの空間線量率が1.1Gy／hもあったそうです。のちに、ロベルトの家は取り壊され、庭の表土は取り除かれました。

分解に成功した9月18日、ロベルトは廃品回収業者のデヴァー・アルヴェス・フェレイラに売り飛ばしました。ロベルトとヴァグナーは装置をデヴァーの家に運びましたが、それが二人がこの装置にかかわった最後ということになります。しかし、それまでの間に、ロベルトは6.0Gy、ヴァグナーは1.0Gyの、それぞれ被曝をしました。二人とも命は取り留めましたが、ロベルトは片腕を切断しなければなりませんでした。

ヴァグナーは9月23日から27日まで入院しましたが、そこでの診断では、風土病だろう、とのことで、風土病病院に転院しました。その時点でも、誰も放射線による障害を疑っていなかったのです。

汚染の拡大

9月18日に照射体を家の倉庫に運び込んだデヴァーは、夜になって、それが美しく光っていることに気づきました。セシウム137からの放射線が、いっしょに混ぜられた樹脂を反応させて蛍光を出したのだと考えられています。それを見たデヴァーは、これが貴重なものだと考え（それはそれで間違ってはいないのですが）、倉庫から家の中に移動させてしまいます。生活環境の中に放射性物質を持ちこむという、やってはいけないことをしてしまうのです。そのため、事件収束までに、彼は7.0 Gy、奥さんのマリア・ガブリエラ・フェレイラは6.0 Gyの放射線を浴び、マリアは亡くなってしまいます。が、デヴァー自身は、7.0 Gyもの放射線を浴びたにもかかわらず、生き延びます。

9月21日から、デヴァーは友人や親戚にこれを見せびらかしはじめ、そしてひどいことに、訪問者たちにセシウム137入りの粉末の一部を持って帰らせたりもしました。

デヴァーの奥さんのマリアは体調が悪くなり、病院にも行きましたが、やはり放射線による影響だとは診断されず、家で休むことになりました。マリアの看病のために、その姉のマリア・ガブリエラ・アブレウがやって来て被曝しましたが、姉マリアのほうは生き延びました。

9月22日から24日に、照射体から遮蔽体として使われている鉛を取り外す作業を、デヴァーの使用人のイスラエル・バティスタ・ドス・サントスとアドミルソン・デ・ソウザに行わせました。彼らは鉛を取り外すことに成功しましたが、のちに死亡しました。

内部被曝した少女

9月24日、デヴァーの兄のイヴォ・アルヴェス・フェレイラは、デヴァーの家に行ってセシウム137入り放射性物質の一部をもらって来ました。そして、自分の家の食卓で、家族にそれを見せました。

食卓で。

そして、実に運の悪いことに、そのときの食事は、サンドウィッチだったそうです。イヴォの娘のレイデ・ダス・ネヴェスは、放射性物質を手で触ったあと、手を洗わずに、サンドウィッチを食べました。結果、彼女は1.0 GBqのセシウム137を体内に取り込み、死亡しました。死亡までに浴びた放射線量は、6.0 Gyでした。1.0 GBqという量は、放射線としては確かに大量ですが、これも質量にすると、比放射能で割って、0.31 mgとなります。樹脂を含めた質量でも1.8 mgです。手についた粉をぺろりとやった程度にすぎなかったのです。

みなさんも、子供のころに、母親から「食事前に手を洗いなさい」としつこいくらいに言われたのではないでしょうか。子供のころは、それがたいしたことだとは思わずに、いつもうるさいなぁ、くらいにしか思わなかったかも知れません。しかし、たったそれだけのことが、これだけの悲劇を生み出すことだってあるのです。

レイデは、この被曝事故で死亡した4人のうち、ただひとり、内部被曝が主たる原因で死亡した被害者でした。4人の遺体解剖のときに、内臓の放射線量の測定も行われたのですが、β線が検出されたのはレイデだけで、γ線に関しても、他の3人にくらべ、ふたけたほど高くなっていました。また、放射線はほぼ全身から同じくらいの量が検出されました。第5章でお話ししたように、セシウムは全身に均一に分布するという、その典型例とも言えます。言うまでもないことですが、心臓に多くたまったわけではありません。

問題の発覚

いっぽう、使用人が照射体から鉛を取り外すことに成功したため、9月25日、デヴァーは、それ以外の部分を別の廃品回収業者に売り飛ばしました。つまり、セシウムのほうを。

マリア（デヴァーの妻のほう）は、自分や周囲の人たちの身体の変調の原因を、あの青く光る粉のせいだと確信しました。もちろん放射線のせいだとは思っていなかったのですが、とにかくあれがすべての元凶だという結論に達したようです。そこで、9月28日、デヴァーから照射体を買い取った廃品回収業者のところに行き、セシウム137が入った部分を引き取りました。そして、それを、ゴイアニア公衆健康局へ持って行き、そこの医師のパウロ・モンテイロに渡しました。マリアは「これのおかげで我々の家族が病になっている」と主張してセシウム137入りの部品を置いて帰りました。マリアはまったくの直感で行動したようですが、それが結果的に少し早く問題が発覚することにつながりました。

ちなみに、マリアはこのセシウム137入りの部品を自分では持たず、同行させた使用人のゲラルド・ダ・シルヴァに持たせたのですが、その運搬のために、ゲラルドは2.9Gyの被曝を受けました。ただしゲラルドは生存しました。

セシウム137を託されたモンテイロ医師も、それが放射性物質だと思っていたわけではありませんでした。しかし、疫病神であることは察したようで、ゴイアニア市の公衆衛生部に連絡しました。

いっぽう、風土病病院では、ヴァグナー以来、10人もの同じ症状の患者が訪れ、異常な事態が起こっていることは感じていました。その病院の医師のひとり、アロンソ・モンテイロ医師（先ほどのパウロ・モンテイロ医師とは別人）は、これらの患者が、風土病ではなく、放射線被曝によるものだと考えました。そこで、物理学者に支援を求めました。

間に人を介して、物理学者のヴァルター・フェレイラが呼び出されました。フェレイラ博士はたまたま休暇でゴイアニア（彼の母が住んでいる）に来ていたそうです。フェレイラ博士は、ゴイアニアの核燃料公社から放射線測定器を借りてきて、公衆健康局に向かいました（これが9月28日中だったのか、翌29日だったのか、はっきりしません）。ところが、健康局に到着して、測定器をONにしたとたんにメーターが振り切れてしまったので、これは壊れた測定器を持ってきてしまったな、と思い、引き返しました。

9月29日朝、フェレイラ博士は、別の測定器を借りて来ましたが、今度は、最初からONにしたまま、公衆健康局に向かいました。そして、その建物に近づくにつれて、測定器が大きな値を示すのを見て、昨日も測定器が壊れていたわけではなく、とてつもない放射線源がそこにあることを確信しました。

公衆健康局でパウロ・モンテイロ医師からその放射線源が持ち込まれた経緯を聞いたフェレイラ博士は、デヴァーの家を訪ね、放射線量を測定し、あらゆる場所が汚染されていることに気づきました。

9月29日13時00分、フェレイラ博士は、ゴヤス州保健局の秘書官事務所に行き、放射性物質による汚染が起こっていることを報告しました。公的機関が汚染事故の発生を認識したのが、このときです。廃病院から放射性物質が盗み出されてから、実に16日間も経過していました。

被害の調査と対処

ブラジル原子力委員会は、ゴイアニア市内のオリンピックスタディアムに市民を集めて、汚染検査を行いました。実施期間は9月30日から12月22日まで。対象者は１１２,８００人。その中から、２４９人の汚染を発見しました。そのうち、１２０人は服や靴が汚染されていただけですが、１２９人は身体の表面が汚染、もしくは内部被曝をしていました。

被曝者が受けた放射線量の評価は、放射線計測器（ホールボディカウンターなど）によるもの以外に、血液中の細胞の遺伝子異常を調べることによっても行われました。

内部被曝をしていた人には、第６章でも登場したプルシアンブルーを投与して、セシウム１３７の体外への排出を試みました。

重症者は、リオ・デ・ジャネイロの海軍病院に送られ、治療を受けました。治療によって一命を取り留めた人もいましたが、先ほどお話ししたとおり、デヴァーの妻マリア（被曝量6.0Gy、体内取込量20ＭBq）、デヴァーの使用人イスラエル（体内取込量55ＭBq）とアドミルソン（被曝量5.0Gy、体内取込量１００ＭBq）、デヴァーの姪レイデ（被曝量6.0Gy、体内取込量1.0ＧBq）の４人は死亡しました。最も高い被曝量だったデヴァー（被曝量7.0Gy、体内取込量１２０ＭBq）は生き延びました。また、事件の発端となったロベルト（被曝量6.0Gy、体内取込量１７０ＭBq）は、片腕を切断しましたが、命は取り留めました。内部被曝量が圧倒的に高かったレイデは、死後の解剖によって、全身のあらゆる臓器が出血していたことが確認されました。解剖中の臓器の放射線量も測定されましたが、最も高かった肝臓では、２６０μGy／ｈもの線量率だったそうです。

また、建物や自動車、動植物などの汚染調査も行われ、汚染されていた家屋7軒は取り壊され、その残骸は保管所に運ばれました。汚染された表土も取り除かれ、同じく保管所に運ばれました。保管所では、汚染物は金属容器に密封され、保管されました。その量は3，600㎥にもおよんだそうです。

ブラジル原子力委員会によると、盗まれた51TBqのセシウム137のうち、44TBqを回収したとのことです。除染にかかった費用は4，300，000ドル以上だったそうです。

事故の考察

最初に言ったことの繰り返しですが、この事故での最大の、そして圧倒的な責任者は、放射性物質入りの治療器を放置していた病院の経営者です。中には、「一般人に対する放射線の教育が足りなかった」などと言う人がいますが、それは見当違いです。今これを読んでくださっているみなさんは、ここまで読破されたことで、相当に「放射線リテラシー」が高くなっていますが、そのような人はこの日本ですら全人口のごく一部の教育程度の高い方々だけです。ましてや、廃病院に忍び込んで盗みを働くような者に対して、放射線に対する教育うんぬん言うことなど、無意味もいいところです。そんなことを言う前に、「盗んではいけません」という教育をするのが先でしょう。

一般人すべてに放射線の教育をすることが現実的ではないからこそ、放射性物質は認可された事業者だけがあつかい、その事業者が徹底的に管理する責任を負うのです。放射性物質が生活の場に入りこまないようにすることは、放射性物質を取りあつかう事業者の義務です。

2『JCO臨界事故 その全貌の解明 事実・要因・対応』東海大学出版会（2005）

3 ウランの同位体のうち、原子炉の核分裂物質として使われるウラン235は、天然のウランの中に0.7％しか含まれていません。そこで、「濃縮」という工程を経て、ウラン235が含まれる割合を高めます。全ウランの中に含まれるウラン235の割合を濃縮度と呼びます。

ＪＣＯ臨界事故[2]

私事で恐縮ですが、僕のオフィスは茨城県の筑波というところにあり、実験施設（Ｊ-ＰＡＲＣ）は同じく茨城県の東海村というところにあります。僕は、朝に東海村に行き、昼間そこで勤務したあと、夜に筑波のオフィスに戻りデスクワークをする、という毎日を過ごしています。東海村に行くには、北関東道の延長線上にある常陸那珂港インターチェインジから行くルートと、常磐道の東海インターチェインジから行くルートとがあります。東海インターチェインジを降りてすぐ、勤務地へと向かう道路の北沿いに、ＪＣＯ東海事業所はあります。

ＪＣＯは、住友金属鉱山の子会社で、旧社名の日本核燃料コンバージョン（Japan nuclear fuel Conversion Office）の略が現社名となっています。一般的な原子炉の核燃料である二酸化ウランを製造する際に、いったん六フッ化ウランにし、濃縮[3]を行ってから、再び二酸化ウランにします。このように核燃料の化学的な状

態（化合物の状態）を変えることを転換（Conversion）と呼びます。JCOはこれからお話しする事故が起こるまでこの転換の工程を請け負っていた会社であり、社名の「C」はここに由来します。

1999年9月30日、このJCO東海事業所内で、臨界事故が起こりました。原子炉以外で臨界事故が起こったのは日本では唯一の例で、また、原子爆弾の被爆を除き、放射線による被曝で死者が出たのも、日本では唯一の例です。被曝事故について語るときに、避けては通れぬ事例です。次は、この事故について詳しく見ていきましょう。

臨界に関する基礎知識

まず、事故の経緯に入る前に、簡単に臨界についてご説明しましょう。これは本書のテーマからは外れますから、読み飛ばしていただいても結構です。

これまでお話ししなかった、核分裂についての説明を、手短かにします。詳しくは、拙著『核兵器』（イースト・プレス）をご覧ください。[4]

第2章冒頭でお話しした、不安定な原子核の中で、「少し修正すれば安定する」と「そもそも存在できない」の間に、「分裂してしまう」というものがありました。強い力と電磁力のバランスが取れないのでそうなるのですが、世の中には、「分裂一歩手前」という状態の原子核もあり、その原子核は、あとひとつ中性子を吸収すると、ある確率で分裂してしまうのです。これはとても危険なバランスであると同時に、人間が利用できる余地を残す、貴重な原子核でもあ

4　それに加え、『核兵器』（明幸堂）にはさらに詳しく書いていますので、そちらもぜひご覧ください。宣伝であります！

ります。放っておいても勝手に分裂してしまうようなものは人間が制御できませんが、中性子を与えれば分裂を起こすのであれば、中性子の与え方によって制御できるからです。これを核分裂物質と呼び、それを含んでいて産業的に利用されるものを核燃料と呼びます。利用用途は、主に核兵器と原子力発電です。代表的な核分裂物質は、ウラン２３５とプルトニウム２３９です。

この核分裂では、中性子1個を吸収した原子核が、２つの原子核と2〜3個の中性子とに分かれますが、これらの破片は、強い力で無理矢理固められていたものが陽子の電磁力（反発力）で飛び出すため、大きな運動エネルギーを持ちます。このエネルギーが、核兵器や発電のエネルギーの源となるのです。

そして、この反応の特徴は、「中性子1個を吸収して、2〜3個の中性子を出す」という点です。つまり、反応によって、中性子は2〜3倍に増えているのです。

たとえばウラン２３５を多く含む核燃料があったとして、最初のひとつのウラン２３５が核分裂を起こすと、それによって生じた中性子が近くのウラン２３５の原子核に吸収され、また核分裂を起こし、そこで発生した中性子がさらに次の核分裂を——というように、反応が次の反応の引き金となる、「連鎖反応」を起こします。

しかも1回ごとに2〜3倍ずつ増えていく、指数関数的増え方です。たとえば1回につき2.5倍に増えていくとすると、59回目の反応では、2.5^{59}〜3.0×10^{23}個の原子核が分裂することになります。それまでの反応をすべて足し合わせると、なんと、たった59回の連鎖反応で、5.0×10^{23}個、つまりほぼ1 mol分の原子核が分裂することになります。そして、その際に生み出すエネルギーは、なんと、14 ＴＪにもなります！　これは、17万人の1日の電力消費量に相当します。それがたった0.8 mol、２００ｇほどのウラン２３５から生じる計算になります。[5]

5　実際に発電に利用する場合は、発電効率というものを考慮する必要があります。現在の原子力発電の場合、それは１／３程度です。

さて、実際の連鎖反応を考える場合、核分裂で生じた中性子が、すべて次の核分裂を起こすわけではありません。第4章で見たように、中性子は透過性が大きいですから、反応せずに素通りするものがほとんどです。核燃料は有限の大きさですから、その端まで通り抜けてしまった中性子は、そのまま外に出て、核分裂に寄与しません。また、核兵器の核燃料はほぼ100%の核分裂物質でできていますが、一般的な原子炉の場合は、核燃料の中に含まれる核分裂物質はごく一部です。ですから、中性子の中には、核分裂物質以外のものに吸収されてしまうものも多いです。さらに原子炉では、核燃料以外に、連鎖反応を制御するもの（制御棒、減速材、冷却材など）もかなりの部分を占め、それらに吸収されてしまう中性子も多いです。そして、運よく核分裂物質に中性子が吸収されても、核分裂を起こさない場合も、ある確率で存在するのです。

そのようなことを考慮すると、連鎖反応がちゃんと持続していくのは意外に大変なことだとわかります。ある段階で起こった核分裂反応の数と同じだけ、次の段階で核分裂反応を起こせば、連鎖反応は一定の反応率で持続します。このような状態を臨界状態と呼びます。安定状態の原子炉がこれにあたります。

次の反応が少なくなれば、反応率は尻すぼみに減っていき、そのうち反応は止まってしまいます。これを未臨界状態と呼びます。原子炉を停止させるときがこれにあたります。

逆に次の反応が多くなれば、反応率はジョジョに増えていくことになり、先ほどの指数関数的な増え方を見るに、爆発的勢いで反応が進むでしょう。これを超臨界状態と呼びます。核兵器の爆発や、原子炉を稼動させ始めるときがこれにあたります。

ある核燃料が、未臨界状態となるか、超臨界状態となるか、あるいはちょうど臨界状態となるかは、核燃料の状態や条件によって決まります。先ほど、外に逃げていく中性子の話をしましたが、これがじつは最大の問題で、まったく同じ量の核燃料でも、逃げやすい形とするか、逃げにくい形とするかで、条件は大きく異なるのです。

私事で恐縮ですが、僕が勤務する研究所（筑波のほう）の敷地内に、猫が住みついています。その猫はよく地べたに寝転がっているのですが、よく見ると、夏と冬とで様子が違います。夏は暑いのか少しでも熱を逃がそうとだらしなく身体を広げているのですが、冬は寒いのか少しでも熱が逃げないように身体を丸めています。

一般に、丸まった形状は、体積に対する表面積が小さいために、出ていく熱が少ないのです。細長くなったり広がったりすると、その逆で熱が逃げやすくなります。そうやって、身体の形を変えることで、猫は熱の出入りの調整をしているのです。

核燃料の中の中性子も同じで、中性子がもっとも逃げにくい形、つまり体積に対する表面積がもっとも小さくなる形は、球です。細長くなったり平たくなったりすると、逃げやすくなります。言い方を変えれば、球がもっとも臨界に達しやすく、細長い形や平たい形は臨界に達しにくいのです。

形が同じ場合、小さいほど体積に対する表面積の割合は大きいため、中性子は逃げやすく、臨界に達しにくくなります。体積に対する表面積の割合は、寸法（球

身体を丸めることで
熱を逃がしにくくする

身体を広げることで
熱を逃がしやすくする

であれば半径または直径）に反比例します。子猫のほうが冷えやすいのでしょう。

また、核燃料本体以外にも、周囲の状態も重要です。核燃料の周囲を別の物質で覆ってやると、核燃料を出ていこうとした中性子の一部がそれに反射され、再び核燃料の中に入っていくので、もう一度反応する機会が与えられることになり、さらに臨界に達しやすくなります。この核燃料を覆う物体を反射体と呼びます。猫に毛布をかけてやるとさらに熱が逃げにくくなりますが、そのときの毛布が反射体です。

そして最後に重要な条件は、中性子の速度です。第4章で、キャッチボールの話をしたことを思い出してください。中性子の速度が遅いほど、対処する時間が長く与えられるために、反応しやすくなる、という話でしたが、これは核分裂反応にも当てはまります。このため、一般的な原子炉では、減速材というものを入れて、核分裂によって原子核から飛び出した中性子を減速してから次の原子核に反応させます。ビリヤードの話では、減速に最適なものは水素でしたから、それを多く含む水はとても優れた減速材です。

以上が臨界に関する基礎知識です。これを頭に入れたうえで、いよいよＪＣＯ臨界事故についてお話ししましょう。

事故に至る経緯

みなさんが「大洗」と聞いて最初に思い浮かべる印象は何でしょうか。世界中のほとんどの人が「戦車の街」と答えるのではないでしょうか。ところが、某女子高校が全国大会で優勝する以前は、かつて東日本一と呼ばれた海水浴場（サンビーチ）を中心として、サーフィンや水産業で知られる港街でした。

　ところが、大洗には、もうひとつの顔があります。それは、日本原子力研究開発機構大洗研究所（旧動燃のほう）が立地する、原子力の街としての顔です。同研究所には、日本初の高速増殖炉[6]（実験炉）「常陽（じょうよう）」があります。この「常陽」は、悪い意味で有名となってしまったあの「もんじゅ」の原型となった原子炉です。また、最近では、プルトニウムの被曝事故を起こしたことでみなさんの記憶にあるかも知れません。

　その常陽で使用される燃料の加工の一部が、当時はＪＣＯ東海事業所に発注されていました。ちなみに、東海村から大洗までは車で20〜30分ほどで、僕も昼休みに大洗に行ったりします。

　ＪＣＯに発注されたのは、濃縮度18．8％の八酸化三ウラン（U_3O_8）を受け取り、硝酸ウラニル（$UO_2(NO_3)_2$）の溶液として納品する作業でした。ふつうの原子炉（軽水炉）では、核燃料の濃縮度は3〜5％程度ですが、常陽は小型の原子炉で、先ほどお話ししたように中性子が逃げやすいために、核燃料の濃縮度を上げています。この硝酸ウラニル溶液は、別の事業所の工程で、硝酸プルトニウムと混合したのちに硝酸成分を抜いて酸化ウランと酸化プルトニウムの混合燃料（ＭＯＸ燃料）とします。ＪＣＯでは、濃縮も混合もあつかわず、硝酸ウラニル溶液をつくる工程だけを請け負っていました。

　八酸化三ウランは不純物が混じった状態で入荷され、それを純度の高い八酸化三ウランとする工程が9月10日から28日までに行われ、その後、出荷の状態である硝酸ウラニル溶液とする

6　高速炉とは、中性子を減速せずに運転する原子炉のことで、増殖炉とは、核燃料中のウラン２３８が中性子を吸収して最終的にプルトニウム２３９に変わる反応を利用して、運転前よりも運転後のほうが核分裂物質が多くなる、という原子炉です。高速増殖炉は技術的にむずかしく、世界でも開発がうまくいっているのは、ロシアだけです。

ため、八酸化三ウランを硝酸に溶かし、均一にする工程に入りました。

溶液になった場合、当然ながら核分裂物質は水に囲まれた状態になります。第4章のビリヤードの話のとおり、水は中性子に対して、反射体としてもきわめて有効に働きます。ですから、とても臨界に達しやすい条件となります。たとえば濃縮度１００％の純金属のウラン２３５は、最も臨界に達しやすい球体にしたとしても、臨界に達する質量は50kg程度ですが、[7]この事故では、濃縮度18．8％の状態でウラン２３５の総量がわずか３kg程度で臨界に達しています。

核燃料はもちろん原子炉内ではちゃんと臨界に達しなければならないのですが、その製造工程では、絶対に臨界に達しないようにしなければなりません。そのため、溶液の取りあつかいには、固体の場合よりもはるかに気をつける必要があります。このため、臨界安全に関する指標となる文書もつくられ、公開されています。[8]

そこで、硝酸に溶かす容器（溶解塔）や溶液となったあとに溜めておく容器（貯塔）は、特殊な形をしています。どちらも「塔」と呼ばれているように、細長い形をしています。先ほどの猫のたとえのように、中性子が逃げやすく、臨界に達しにくい形状となっているのです。このように容器の形状で臨界に達しにくくすることを、「形状管理」と呼びます。

そして、同じ形でも寸法が大きいと臨界に達しやすい、ともお話ししましたが、これに対する対策として、ひとまとめにする量を制限することも同時に行います。これを「質量管理」と呼びます。一度にひとまとめにして作業するのではなく、小分けにしてちょっとずつ作業していくことで、臨界に達しにくくするのです。

7　繰り返して恐縮ですが、『核兵器』（明幸堂）では、臨界質量について詳細な計算をしていますので、このあたりのことについては、ぜひとも、そちらをご覧ください！　宣伝、宣伝‼

8　臨界安全についてまとめた文書は、たとえば、アメリカのものであれば、『Nuclear Safety Guide』, *U.S. Nuclear Regulatory Commission*, **TID-7016** Revision 2 (1978)
日本のものであれば、『臨界安全ハンドブック第2版』、日本原子力研究所（１９９９）『臨界安全ハンドブック データ集　第2版』、日本原子力研究開発機構（２００９）などがあります。

ところが、ここでひとつ問題があります。小分けにして作業していくと、それぞれのロットごとに濃度がばらばら、ということも起こりえます。ですから、溶かす工程を小分けにして行っても、最後にそれらを混ぜて均一にする必要があります。でも、すべてをひとまとめにして混ぜるととても危険です。そこで考え出されたのが、「クロスブレンディング」という方法です。

たとえばここに、7回に小分けしてつくった溶液があるとします。つまり、溶液は7個の容器に入っています。それとは別に、混ぜるための容器を10個用意します。そして、7個の各溶液から、1／10ずつ溶液を取り出し、混ぜるための10個の容器それぞれに注ぎ、そこで各々混ぜていきます。こうすることで、10個の容器に小分けにしながらでも、ちゃんと均一にすることができます。

ところが、ご覧のようにとても面倒な方法ですよね。もちろん、核燃料というとても危険なものをあつかっている以上、手間を惜しまず、安全を優先して作業すべきなのですが、人間というものは、ときとして、その手間を惜しんでしまうものなのです。その結果起きてしまった悲劇が、このＪＣＯ臨界事故なのです。

クロスブレンディング法

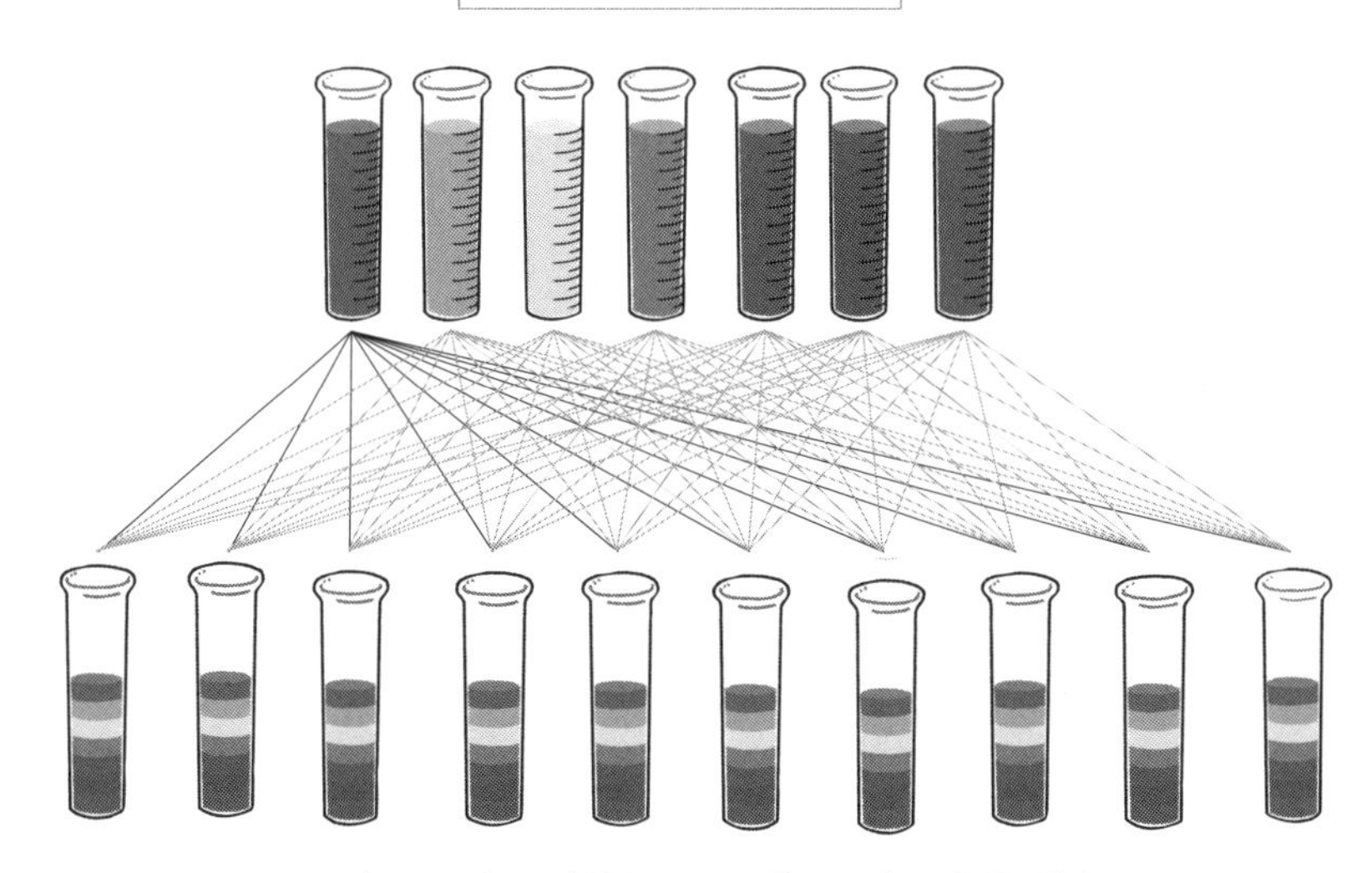

たとえば、それぞれの溶液を、1/10 ずつ 10 個の容器に注ぐ

無断で変更された作業手順

溶液にする作業を開始する時点で、八酸化三ウランの粉末は、ウラン換算質量（その粉末に含まれるウランの質量）で2.4kgずつ小分けにされ、７つ、合計16．８kgでした。これを、小分けにしたままそれぞれ硝酸に溶かし、そのあと、クロスブレンディング法にて、10個の容器に小分けにして均一化する、というのが、発注主の動燃（動力炉核燃料開発事業団、事故当時は核燃料サイクル機構、現在は原研に統合されています）が承認した、もともとの手順でした。

ところが、ＪＣＯでは、この手順だと手間がかかりすぎて効率が悪いと考え、2.4kgずつ溶かしたあと、その溶液を、まとめて大きな容器に入れ、混ぜて均一化する、という手順に変更しました。もちろん、元々の方法からこのような手順に変更したことは、動燃はじめ社外のどこにも伝えていませんでした。

まず、硝酸に溶かす工程で、ＪＣＯは、溶解塔を使わず、形状管理されていないステンレス容器を使っていました。そのほうが溶かしやすいからです。しかし、ステンレス容器はバケツのような形をしており、縦横比が１に近いので、臨界が起こりやすい形をしています。これも動燃に無断で変更した手順です。ただ、小分けにして溶かすという、質量管理のほうはされていましたから、この作業では事故は起きませんでした。

しかし問題はそのあと、均一化する工程です。せっかく小分けにして溶かした溶液を、沈殿槽と呼ばれる、まったく別の作業で使われる容器の中に、次々と注ぎ、まとめて混ぜることにしていました。沈殿槽も縦横比が１に近い、丸い形の容器です。しかもすべてまとめて入れてしまうため、形状管理ができていないのに加え、質量管理もできていないことになります。そして最悪なことに、沈殿槽は、冷却用の水が本体の周りを循環するようになっていて、これが反射体としてきわめて有効に働きました。

こうして、臨界の条件が整いました。

そして事故は起こった

9月29日、八酸化三ウランを硝酸に溶かし、それを均一化する作業が開始されました。ウラン質量換算にして2.4kgずつ硝酸に溶かし、その溶液を沈殿槽に注ぐ、という作業を7回繰り返すことになり、その日のうちに4回分が終わり、沈殿槽にはウラン質量換算9.6kg分の硝酸ウラニル溶液が溜まりました。

翌9月30日、残り3回分の作業が行われました。10時35分ごろ、最後の7回目の溶液を沈殿槽に注いでいる最中に、沈殿槽の中の硝酸ウラニル溶液が臨界に達しました。事故後の調査によると、ウラン質量換算で、予定総量16.8kgのうち、16.6kg分が溜まったときだとのことです。

そのときの作業者は2名で、作業員Aが沈殿槽の横に立って入口（沈殿槽の上部にあります）に差し込んだ漏斗を支え、作業員Bが沈殿槽の上からその漏斗に溶液を注ぎ込んでいました。また、隣の部屋に、作業グループのリーダーである作業員Cがいました。図はそのときの配置です。

作業員Aの胴体は臨界が起こった沈殿槽の真横にあります。最悪のポジションです。もちろ

ん作業員Bももろに放射線を浴びましたし、壁一枚隔てた場所にいた作業員Cも、大量の放射線を浴びました。

放射線量を常時監視している測定器が警報を鳴らす中、３人は作業場所から避難しました。この事故で、３人はそれぞれ、Aが16～25Gy、Bが６～９Gy、Cが２～３Gyの放射線を被曝したと見積もられています。第５章に出てきた致死量を思い出してください。Aは絶望的な被曝をしたことがわかります。

これだけ大量の被曝だと、前駆症状というものが出ることが多いです。死につながるような深刻な症状は、第５章でお話ししたとおり、数日後から出はじめるのですが、被曝の直後には、一時的に、嘔吐、発熱、頭痛、下痢などの症状が顕われ、被曝量がきわめて大量の場合は意識障害も起こります。[9] 実際、作業員Aは、現場から逃げるときに、一度、意識障害によって倒れたそうです。その前駆症状のあと、潜伏期に入り、一時的に通常の状態に回復します。

事故の発覚

JCO内には各所に放射線測定器が設置され、常時監視していましたが、あまりに膨大な放射線が発生し、他の場所の測定器も警報を鳴らしたため、３人の当事者以外には、すぐには事故発生場所がわかりませんでした。しかし異常事態が発生したことは明らかでしたので、10時45分には職員１２１人が敷地内での退避を行っています。

そして、対処のために走り回っていた職員が、そのさなかに、当事者の３人に出逢い、消防署に救急車の出動を要請しました（10時42分）。救急車は10時45分には到着しましたが、救急隊員には被曝事故であることを伝えず、癲癇の発作であると思われると伝えたため、放射線量が

9　嘔吐に関しては、１～２Gyの被曝で被曝後２時間以降に10～50％の人が、２～４Gyで１～２時間の間に70～90％の人が、４～６Gyで１時間以内に１００％の人が、６～８Gyで30分以内に１００％の人が、８Gy以上で10分以内に１００％の人が、嘔吐します。
発熱に関しては、２Gy以下の被曝では起こらず、２～４Gyで被曝後１～３時間の間に10～80％の人が微熱、４～６Gyで１～２時間の間に80～１００％の人が発熱、６Gy以上で１時間以内に１００％の人が高熱を発します。
頭痛に関しては、４Gy以下の被曝では一部の人が軽度の、４～６Gyで被曝後４～24時間の間に50％の人が中程度の、６～８Gyで３～４時間の間に80％の人が重度の、８Gy以上で１～２時間の間に80～90％の人が重度の、頭痛を起こします。
下痢に関しては、４Gy以下の被曝では起こらず、４～６Gyで被曝後３～８時間の間に10％以下の人が中程度の、６～８Gyでは１～３時間の間に10％以上の人が

高いことを知らずに事故現場に近づいた救急隊員たちが被曝してしまいました。救急車は11時52分に水戸病院に向けて出発しました。

ＪＣＯは10時55分に事故対策本部を設置しましたが、ＪＣＯ社外への最初の通報は11時45分でした。しかもこの段階では、「臨界の可能性あり」という注釈つきの被曝事故であるとの通報内容で、事故発生時の状況などといった詳細は報告されませんでした。

いっぽう、ＪＣＯの外部の放射線測定器も、この事故で発生した放射線を捕らえていました。東海村は原子力関連の研究所や事業所が多いため、至るところに放射線測定器があり、常時監視しているのです。ＪＣＯから西南西に２㎞ほどの距離にある日本原子力研究所那珂(なか)核融合研究所（当時、現在は原研から切り離され、量子科学技術研究開発機構に編入されています）ではγ線だけでなく中性子まで検出されています。しかし、「どこかでなにかがあった」まではわかっても、「どこでなにがあったか」までは、すぐにはわかりませんでした。ＪＣＯの通報後も、各事業所には、ＪＣＯで被曝事故があったことは伝わっても、臨界事故であることはすぐには伝わってきませんでした。

科学技術庁（当時）は、12時18分に日本原子力研究所（当時、現在は日本原子力研究開発機構）に協力を要請し、事故対応に当たる専門家の人選を依頼しました。以後、原研は、放射線量の測定や評価、臨界事象の検証などで、大活躍をします。科学技術庁は12時30分にはＪＣＯ本社（東京）に対して情報の提供を要求しますが、現場にいない東京の人間は、事情をまったく把握できていませんでした。同庁は13時30分には原研と動燃に正式に支援要請を出しました。

重度の、８Gy以上で1時間以内に100％の人が重度の、下痢を起こします。
　意識障害に関しては、６Gy以下の被曝では起こらず、６～８Gyで起こりはじめ、８Gy以上で意識喪失する場合があります。
　事故などで被曝量がわからない場合は、この前駆症状の具合を見てだいたいの被曝量を推定し、そのあとの治療の方針を決めます。

13時25分になってＪＣＯから出た報告で、ようやく、事故発生時の状況が明らかにされました。専門家たちは、この状況を聞いて、臨界事故が起こった可能性が高いことを認識しました。15時10分には那珂研究所のダストサンプリング試料からセシウム１３８（核分裂によって生じるキセノン１３８がβ崩壊したもの）が検出され、臨界事故が起こったことが確定となりました。

そして、16時30分の段階でのＪＣＯ敷地内での放射線測定でも中性子が検出され、なんと未だ臨界状態が継続していることが確認されました。

臨界状態が継続した理由と終息作業

通常、制御されていない臨界状態に達したとき、その急激な反応により、固体であれば核燃料が四散し、今回のように溶液であれば水が急激に沸騰して、いずれにしてもすぐに臨界の条件が損なわれ、反応は短時間で停まる場合が多いと考えられます。[10] ところが、先ほどお話ししたとおり、沈殿槽は本体を覆う冷却水配管によって冷却される構造となっていたために、核分裂反応によって生じた熱はちょうどよい具合に除熱され、核燃料も水も飛び散らず、臨界の条件が保たれたまま、何時間にもわたって核分裂反応が継続しました。そして、先ほどもお話ししたとおり、この冷却水は反射体としても機能していましたから、まさにこの冷却水が臨界の鍵となっていたのです。

そこで、ＪＣＯに集まった政府関係者を含む人たちが22時00分から開いた会議で、ＪＣＯ職員の中から選抜されたメンバーがこの冷却水を抜く作業を行うことに決まりました。もちろん、

10　急激な沸騰によって臨界条件が損なわれるのは、水に溶けた核燃料物質の周囲にも大きな泡が発生し、それが水を押しのける形になるために、「核分裂物質が減速材と反射体を兼ねた水に取り囲まれている」という条件が緩和されるからです。

大量被曝を覚悟したうえでの決死の作業です。どれくらい放射線量が高い場所かというと、作業場所から35ｍ離れた場所で、10ｍSv／ｈまで測定できる中性子測定器のメーターが振り切れたくらいです。

その作業場所は、沈殿槽がある建屋の外壁沿いにある冷却塔で、沈殿槽と冷却塔の間の距離はわずか1.8ｍです。２人組で１班となり、１班あたり最大作業時間を２分間として、10班で順に作業を行いました。

水抜き作業は日付が変わった02時35分から開始されました。

第１班は、写真撮影と弁の開閉状態の確認をしました。

第２班は、冷却水が循環していることを確認しました。

第３班は、冷却塔の給水弁を閉じ、ドレイン弁を開けました（03時30分）。ところが、ドレイン弁からの排出は遅々として進みませんでした。そこで、ドレイン配管そのものを破壊して一気に排水することにしました。しかし、周囲の放射線量の時間経過を見ると、弁を開けた効果は大きく、このときから放射線量は一気に下がっていることがわかります。

第４班は、現場にハンマーを持っていきました。

第５班は、ハンマーでドレイン配管を破壊しました（04時19分）。この作業により、冷却塔から水は抜けました。が、沈殿槽側には未だ水が溜まっているようで、放射線量の下がり方は頭打ちになり、未だ臨界が継続しているようでした。そこで、冷却水配管にアルゴンガスを注入し、冷却水を強制排水することになりました。

第６班は、配管接続部を緩めました。

第７班は、配管接続部の継手を外して現場から持ち帰りました。現場から離れた場所で、それにアルゴンガスを流すホースを接続しました。

第8班は、冷却水配管のフランジのボルトを緩めました。

第9班は、ホースが接続された継手を取り付けました。

第10班は、アルゴンガスを流し、沈殿槽側に溜まった冷却水の排水を行いました。

06時14分には中性子の放射線量が急激に減少し、ようやく臨界は終息したものと判断されました。臨界に達してから20時間後のことです。

この作業により、作業員たちは最大で48mSvの被曝をしました。

その後、08時29分から、沈殿槽内にホウ酸水が注入されました。第4章でお話ししたように、ホウ素は中性子を吸収しやすいからです。

政府の現地対策本部は、09時13分に臨界の終息を宣言しました。


のちの評価によると、総核分裂原子数は2.5×10^{18}個、総発生エネルギーは80MJだったそうです。この量は、ウラン235の質量に換算すると、わずか1mg程度でしかありません。沈殿槽に投入されたウランの総量が16.6kgで、濃縮度が18.8%なので、沈殿槽に入っていたウラン235の量は3.12kgとなります。そのうちのわずか1/3,000,000が反応しただけで、この悲劇が起きたということです。

近隣住民の避難

15時00分、東海村の村長が、国からの指示がないまま、独自の判断で、事故現場から半径350m圏内の住民の避難要請を決断しました。避難は15時45分には開始されています。ちなみに、臨界状態が継続していたときの放射線測定のデータによると、事故現場から350mの位置だと、中性子で100μSv／h、γ線で10μSv／h程度でした。第6章でお話しした自然放射線の年間被曝量（日本平均の外部被曝量0.63mSv）と、第7章でお話しした線量率と年間被曝量の換算（4けたずらす）から、日本平均の自然放射線からの外部被曝線量率は0.1μSv／hくらいですから、それよりもけた違いに大きいことがわかります。しかも、自然放射線には中性子はほとんど含まれていません。

いっぽうで、沈殿槽が壊れなかったために（まさに冷却していたために！）、放射性物質は建屋外にはほとんど飛び散らず、環境に影響するほど周囲が汚染されるような事態にはならなかったのは、ゴイアニア被曝事故と対照的です。

22時35分には、茨城県知事が、10km圏内の住民に対して屋内待避の勧告を行いました。

この被曝事故の話の冒頭で、JCOが常磐自動車道のすぐ近くであることに触れましたが、それに加え、反対側（東側）には常磐線も走っています。このため、常磐道と常磐線は事故終息まで封鎖されました。

東海村住民89名、那珂町（現那珂市）住民24名、周辺事業所の勤務者93名、一時的に滞在していた人28名、計234名に対する調査が行われ、被曝量が見積もられました。被曝量1mSv未満が104名、1～5mSvが103名、5～10mSvが18名、10～15mSvが6名、15～20mSvが2名、20～25mSvが1名、という結果でした。

作業員たちは……

さて、事故を起こした3人の作業員たちは、そのあと、どうなったのでしょうか。彼らは、水戸病院から放射線医学総合研究所に転送され、そこで初期評価と初期治療が行われています。

16～25Gyの被曝量と見積もられた作業員Aは、被曝後2日目に東京大学医学部附属病院へ転送されました。被曝3日目に末梢血リンパ球数は零になりました。被曝後7日目及び8日目に末梢血幹細胞移植が行われました。被曝後10日目から、肺水腫による低酸素血症のため、人工呼吸が必要となりました。皮膚障害が激しく真皮が露出したため大量の体液の漏出があったほか、被曝後7週間目から消化器官からの出血が始まり、このために1日あたり10ℓ以上もの輸液・輸血が必要だったそうです。最終的には、被曝後83日目の12月21日に、呼吸不全、腎不全、肝障害、消化器官出血などの多機能不全により死亡しました。

6～8Gyの被曝量と見積もられた作業員Bは、被曝後5日目に東京大学医科学研究所に転送されました。被曝後7日目に末梢血リンパ球数は零になりました。被曝後10日目に臍帯血移植手術が行われました。皮膚にも深刻な障害が出たため、皮膚移植も行われました。被曝後145日目から消化器官出血が始まりました。被曝後194日目に東京大学医学部附属病院に転院しましたが、被曝後211日目の2000年4月27日に多機能不全により死亡しました。

2～3Gyの被曝量と見積もられた作業員Cは、ほかの2人と違い、前駆症状がほとんどありませんでした。そこで、骨髄障害に絞った対策が取られ、無菌室での治療が行われました。その結果、被曝後20日前後で白血球及び血小板の数が最低となったものの、その後回復し、被曝後82日目の12月20日に退院しました。

作業員Cと、作業員A、Bとで、生死を分けたものは、まさに被曝線量ですが、ここで、第5章でお話しした急性障害について、もう一度復習してみましょう。

1.5Gy以上の被曝で死亡する人が出てきますが、まずは造血機能の低下がその原因です。白血球が減少するために抵抗力が低下したり、血小板が減少するために出血が多くなったりするから、というのがその理由でした。つまり、この段階であれば、造血組織の移植や無菌室での治療など、高度な医療を受けることができるほど、生き延びる確率は上がるのです。

いっぽう、5Gy以上の被曝では、消化器官の障害が起こり、腸内で新しい細胞がつくられなくなり、粘膜剥離が起こり、死亡に至ります。僕は医学には暗いですが、腸をまるごと移植するなどできないでしょう。そのため、腸のかなりの部分がやられてしまった場合、死亡する確率が飛躍的に上がります。

そして、作業員Cと、作業員AとBの、被曝量と症状をあらためて見てみてください。消化器官の障害が明暗を分けていることがよくわかるかと思います。

事故の考察

最後に、この事故の原因について考えてみましょう。

直接の原因はもちろん、安全性を考慮してつくられた作業手順を守らず、作業効率優先の危険な方法を採用したことです。では、なぜ、このような危険な方法を採ったのでしょうか。いくら本来の手順が面倒だとはいえ、自分の命を危険にさらしてまでするようなことでしょうか。

理由はあっけないほど簡単です。作業員たちが、臨界が起こる危険性を理解していなかったからです。

少しでも原子核の反応について学んだ者ならば、濃縮度が高い大量の核分裂物質が、水に溶けた状態で、反射体つきの丸い容器にまとめて入れられるなどという、故意にやっているとしか思えないほどに臨界の条件が整ったこの環境で、とても作業などできないと判断できます。

しかし、作業員たちは理解していなかった。ＪＣＯでこの作業にかかわった誰ひとりとして理解していなかったのです。溶液の状態だと核分裂物質の周囲が水だらけなので臨界に達しやすいことは先ほどお話ししたとおりですが、のちの事情聴取で、ＪＣＯの職員たちは、溶液では臨界に達したりしない、などと、まったく逆に思い込んでいたことがわかりました。ちゃんと理解していれば、こんな危険な方法を採ろうと思わなかったでしょう。

つまり、作業の実務者が、自分が取りあつかっているものに関して、まったく理解していなかったこと、それがこの事故の原因です。

ゴイアニアの事故の話では、一般人に専門の教育を施すことは現実的でないとお話ししましたが、この事故の場合は、業務として取りあつかっている者が教育されていないという、あってはならないことが起きていたのです。その教育を施さなかったＪＣＯの経営者は、ここで起こったすべてのことについて、責任を負うべきです。

両事故に共通して言えることは、それについて理解していない者は、決してそれをあつかってはならない、ということです。

第８章まとめ

◎放射性物質は絶対にきちんと管理されていなければならない
◎放射性物質を一般人の生活の場に持ち込んではならない、特に飲食する場所には絶対に持ち込んではならない
◎食事の前には手を洗おう
◎ちゃんと教育されていない者には、絶対に、放射性物質や核燃料物質を取りあつかわせてはならない

第9章

利用方法について考えよう

第8章で放射線の恐ろしさについて触れたばかりではありますが、本章では逆に、放射線の利用について触れておきましょう。放射線は厄介なものではありますが、人類はさすがというべきか、その厄介なものですら積極的に利用しています。今や放射線の利用は、我々の生活にはなくてはならないものとなっています。

放射線の利用については、その効果とリスクとを天秤にかけ、利用するかどうかを判断するのですが、それは、他のあらゆるものに対してまったく同じことが言えます。自動車が年間数千人の日本人を殺そうとも、だからといって自動車そのものを無くすなど考えられないように。

第7章に画像で挙げた測定器のうち、ＯＳＬバッジを除くすべてが、アロカ社というメーカーが製造したものです。放射線計測器のトップメーカーで、日本でもっとも信頼性のある機器を世に送り出しています。ところがこのアロカ社は、２０１１年に日立グループに買収されて子会社となり、２０１６年からは日立製作所の一部署となっています。子会社時代の社名が日立アロカメディカルでした。

そう、メディカル。

この名前が表わしているように、一般社会において、放射線を利用する分野は、現在は医療が最大であって、我々のように本来放射線を研究していた物理学の分野は、いまやごく一部にすぎないのです。そこで、まずは、医療分野での利用について見ていきましょう。

放射線を医療分野で利用する場合は、大きく検査と治療に分かれます。身体の不具合を調べる検査にも、その不具合を治す治療にも、放射線は大活躍しています。

X線撮影

まずは、検査での利用について見ていきましょう。

第6章でもお話ししましたように、およそ日本人として生まれ育った人で、X線撮影をしたことがない人など、探し出すのがむずかしいくらいではないでしょうか。なぜか日本人は正式名称よりも俗称を好む傾向がありますので、X線撮影のことを「レントゲン撮影」などと言う人が多いですが。

レントゲンがX線を発見したのは1895年ですが、翌1896年には、早くも、X線撮影による骨折の診断が行われています。

X線撮影に使われるX線発生装置であるX線管の原理は、以下のとおりです。装置は、フィラメントと標的から成ります。フィラメントに電流を流し熱すると、フィラメントの中の電子が、そのエネルギーを受け取って、原子の外に飛び出します。それをフィラメントと標的の間に加えた電圧によって加速し、大きなエネルギーで標的に衝突させます。

標的の原子に衝突した電子には、ふたつの反応が起きます。第2章を思い出してください。ひとつは、電子が急激に減速

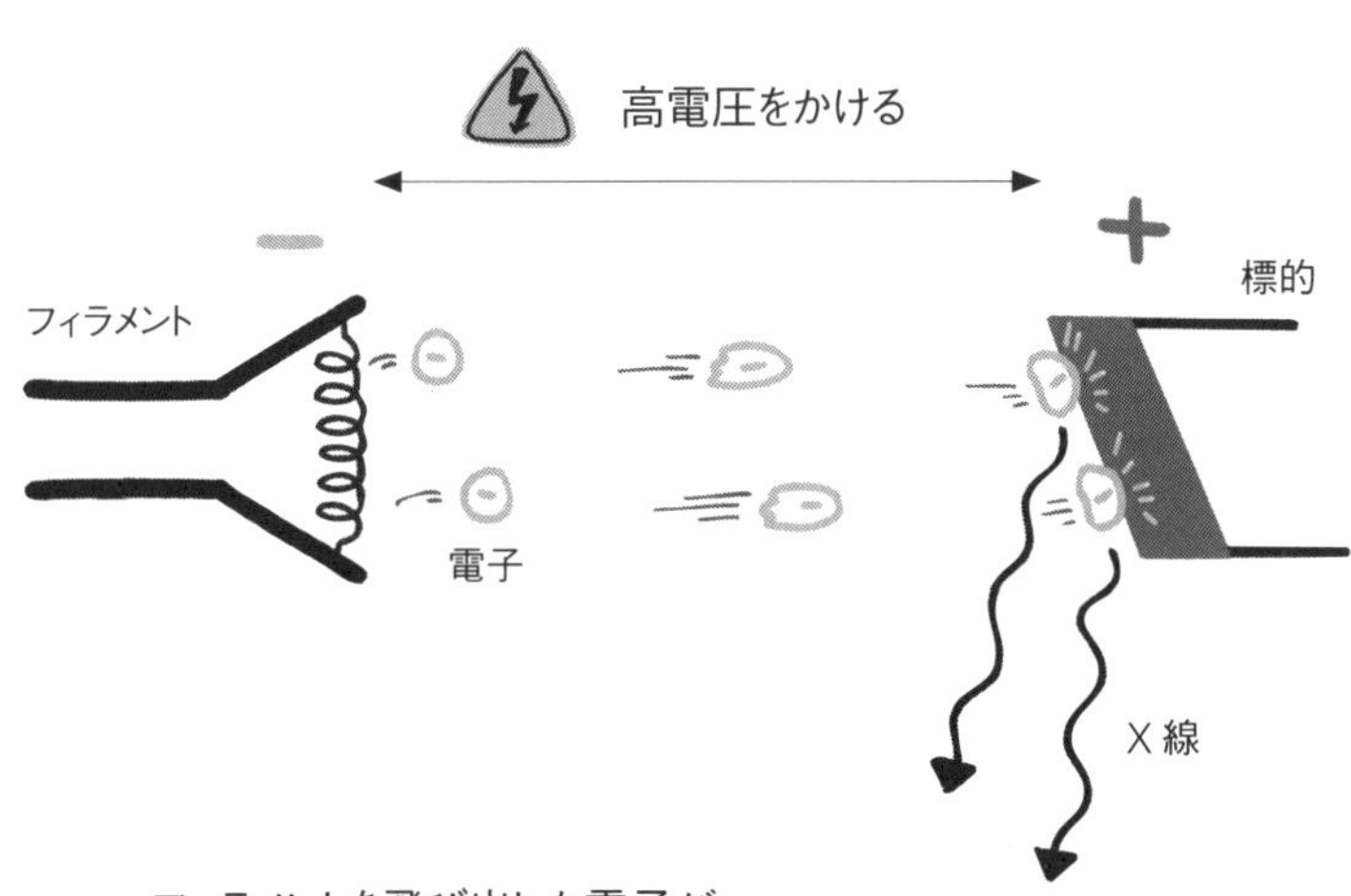

フィラメントを飛び出した電子が、
フィラメントとターゲットとの間にかけられた電圧で加速され、
ターゲットに衝突し、X線を放出する

または進路変更されることにより加速度がかかり、X線が発生します。もうひとつは、電子が標的の原子の軌道上の電子を叩き出し、その結果空席になった軌道に、もっと上の軌道の電子が落ちてきて、そのときに軌道のエネルギーの差額分のX線を出します。どちらもX線が発生しますが、一般的なX線管から発生するX線は、前者が9割、後者が1割といったところです。

いっぽう、X線撮影の原理は、X線を照射されたフィルムが黒く変わることを利用したものです。X線発生装置とフィルムの間に、撮影したいもの（人体など）を置くと、X線と反応しやすいものはそこでX線が遮蔽され、フィルムのほうまで届くX線の量が少なくなりますので、そこだけ色が薄くなる（白っぽくなる）のです。

X線（とγ線）と物質との反応は第4章でお話ししたとおり、比重が大きいほど反応が大きい[1]ですから、フィルム上では、骨格は白っぽく、筋肉や内臓は黒っぽく写ります。内臓の中でも、他と区別して写したい場合は、そこに造影剤を入れて撮影します。腸を撮影するときによく使われる造影剤が硫酸バリウムで、比重が大きいが不溶性で腸から吸収されにくいために使用されています。検診のときに「バリウムを飲む」などと言ったりする人もいますが、単体のバリウム（金属）を飲むわけではなく、

X線撮影の原理

硫酸バリウムを飲んでいるわけです。

現代ではカメラはフィルムを使わずに半導体素子を使ってディジタル処理をしていますが、X線撮影でも、フィルムではなく、イメージングプレートや半導体素子を使ってディジタル処理をしています。

このX線撮影の応用が、コンピューター断層撮影（Computed Tomography、CT）です。CTの原理は、撮影対象をあらゆる方向からX線撮影し、それをコンピューター上で合成し、立体的な断層図を描くものです。

治療での利用

検査での利用に続いて、治療での利用についてお話ししましょう。

放射線は細胞のDNAを破壊するというのはこれまでお話ししたとおりですが、それであれば、癌細胞など、望ましくない細胞も破壊できるはずです。しかも、感受性の面から言うと、細胞分裂が盛んな組織ほど高い（第5章）のですから、通常の細胞よりもはるかに細胞分裂の盛んな癌細胞は、放射線に対する感受性がより高いことになります。

放射線発見の初期段階では、そういった生体に対する放射線の影響が詳しくわからないうちから、試行錯誤で放射線が治療に使われていました。たとえば、X線を皮膚癌患者の患部に照射して治療する最初の成功例が発表されたのは1899年、X線の発見からわずか4年後のことです。

X線に続いて、他の放射線による治療も次々に行われました。特に僕が思い切った方法だと思ったのは、1920年代に行われていた、ラジウムを用いた子宮癌の治療です。これは、白

1　X線撮影に使われるX線のエネルギー領域では、光電効果が主たる反応であるため、正確には、吸収されるエネルギーは原子番号の4乗に比例します。

金製の管の中にラジウムを詰めたものを、直接膣の中に挿入し、数日間放置するものです。白金製の管にした理由は、α線やβ線を管の壁で遮蔽し、γ線だけを人体に照射するためです。

これらの方法は、X線にせよ、ラジウムにせよ、放射線を外部から照射するもの（膣内に入れても、体内組織に取り込まれるわけではありません）ですが、放射性物質を直接投与し、故意に内部被曝させる方法もあります。その例として、ヨウ素131の投与について触れておきましょう。

ヨウ素131と言えば、体内に入ると甲状腺に溜まるので厄介な放射性同位体の代名詞のようなものですが、まさにその甲状腺に故意に溜め、放射線を浴びせて組織を破壊するものです。この方法は、バセドウ病の治療に使われるものです。バセドウ病は甲状腺ホルモンが過剰に分泌されることで起こる症状なので、甲状腺の細胞を破壊して減らすことでホルモンの分泌量も減らす、といった方法です。手術よりも手軽で薬物治療よりも早く治るらしいのですが、それでも、このような方法は、放射線の危険性について学び、可能な限り被曝量を減らそうと考えてきた者には、ちょっと抵抗があるのではないでしょうか。この治療は、ブッシュ大統領（パパブッシュのほう）が在任中にバセドウ病を発症したときに受けたことで有名です。

粒子線治療

放射線治療の問題点は、目的の癌細胞などを殲滅できるいっぽうで、その周辺の正常な細胞にまでダメージを与えてしまうことです。ただしこれは、手術や、薬物治療にも同じく言えることで、治療に副作用はつきものとも言えます。しかし、なんとかして副作用を減らす努力を、医学会は絶えず続けてきていて、どの治療法も、考え出された当初に比べ、副作用を相当減らすことが可能となっています。放射線治療においても、それは言えます。

放射性物質から生ずるγ線や、X線発生管から生ずるX線を使っての治療は、広い範囲に亘って放射線を照射するために、同時に破壊されてしまう正常な細胞の量が多くなるのですが、それを大幅に改善すべく登場したのが、加速器を用いた治療です。第2章の最後にお話ししたとおり、粒子を加速したものも放射線ですから、これを利用して癌細胞を破壊することができます。

加速器を用いた粒子線の利点は、そのエネルギー、量、向き、広がり方などを人間が制御できることです。つまり、患部にだけ照射できるような、細く絞った粒子線をつくることができます。

また、奥行き方向についても制御することができます。患部が身体の奥深くにある場合、粒子線をどれだけ絞ろうとも、その患部に至る道の途中にある細胞は粒子線を浴びてしまいます。これを避けるには、外科手術で患部を露出させる手もありますが、それならその外科手術で患部を取り除くのと大差ありません。外科手術に頼らず、皮膚の外側からそのまま粒子線を照射して治療することが望ましいのです。

ところが、人工的な粒子線を用いる場合、それすらも制御できるのです。第4章でα線やβ線のような荷電粒子と物質との反応についてお話ししたときに、ブラッグ曲線なるものをお見せしたのを思い出してください。

このブラッグ曲線は、荷電粒子の進路に沿って、その途中で物質に与えていくエネルギーの値を表わしたものです。荷電粒子は速度が遅いほど大きなエネルギーを与えますから、停まる瞬間に与えるエネルギーが最大となる、という話でした。たとえばこの飛程ちょうどのところに患部が来るように調整できれば、途中の正常な細胞に与えるエネルギーは抑えて、患部に大きなエネルギーを与えることができます。飛程は、飛ばす粒子の種類ごとに、最初に持っていたエネルギーによって決まりますから、加速器のようにエネルギーを変えられる装置であれば、狙う患部の深さを調整できるのです。「飛程」という概念があった荷電粒子と、それがないγ線やX線との違いが、ここにあります。

また、これを利用するには、ピークは鋭ければ鋭いほど、患部だけを集中的に攻撃できます。そして、これも第4章でお話ししたとおり、粒子の質量が大きいほど、ピークは鋭くなりますから、電子よりも陽子、陽子よりももっと重いイオンのほうが、より患部のみを集中して攻撃できます。

この方法を極めたのが、放射線医学総合研究所（放医研）のＨＩＭＡＣ（Heavy Ion Medical Accelerator in Chiba、千葉重イオン医療用加速器）です。ここでは、ヘリウム、炭素、窒素、酸素、ネオン、シリコン、アルゴンなどを加速し、患部に照射します。重イオンを用いた粒子線治療は、世界初だそうです。ＨＩＭＡＣ自体は研究用なので非常に大型で高価なのですが、その規模を縮小した普及型とも呼

ブラッグ曲線

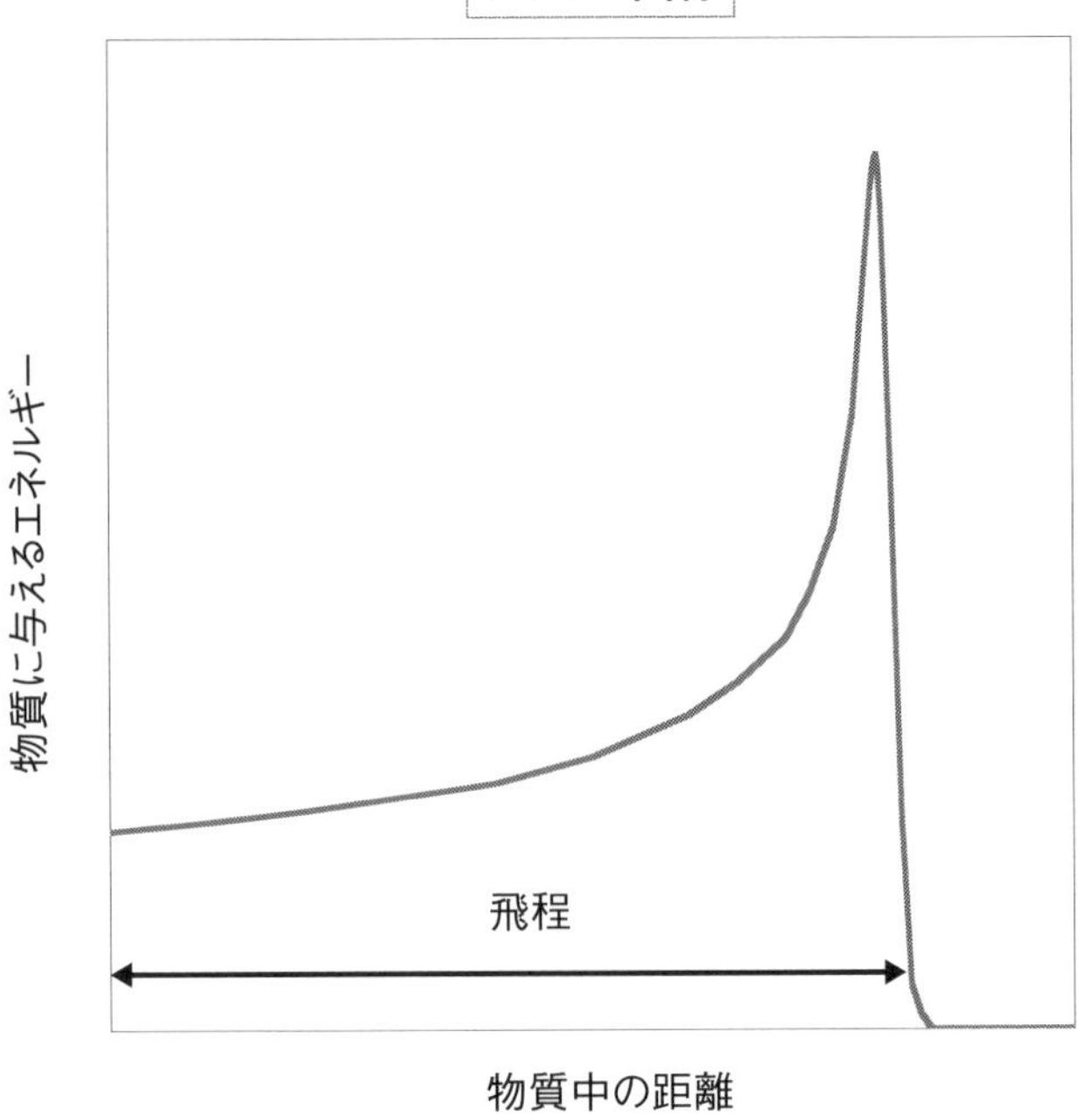

ばれるものが全国に建設されはじめているとのことです。

最新の粒子線照射の技術で、僕的に凄いなと思ったのは、呼吸に合わせて照射位置を微調する技術です。粒子線治療は患部にだけ照射することを売りにしていますが、手術台の上で静かに横たわっている患者さんでも、呼吸に合わせて、身体は微妙に動いています。つまり微妙ではありますが患部も呼吸とともに動いているのです。それに合わせて粒子線の照射位置も変えているのだそうです。「患部にだけ照射する」ということを究めた技術です。

粒子線治療は、副作用が大きい化学療法や、切除を行うために身体の負担が大きい外科手術と違い、副作用や身体への負担を小さくして治療することが可能です。

BNCT

最近まで筑波大学付属病院の院長を務められた方で、松村明先生という方がおられます。僕が松村先生にお逢いしたのは先生が同病院の外科部長だったころで、そのころから日本屈指の脳外科医と呼ばれていた、とても優秀な方です。その松村先生をもってしても、脳腫瘍の手術はむずかしい、とのお話をうかがいました。脳の中に点在している

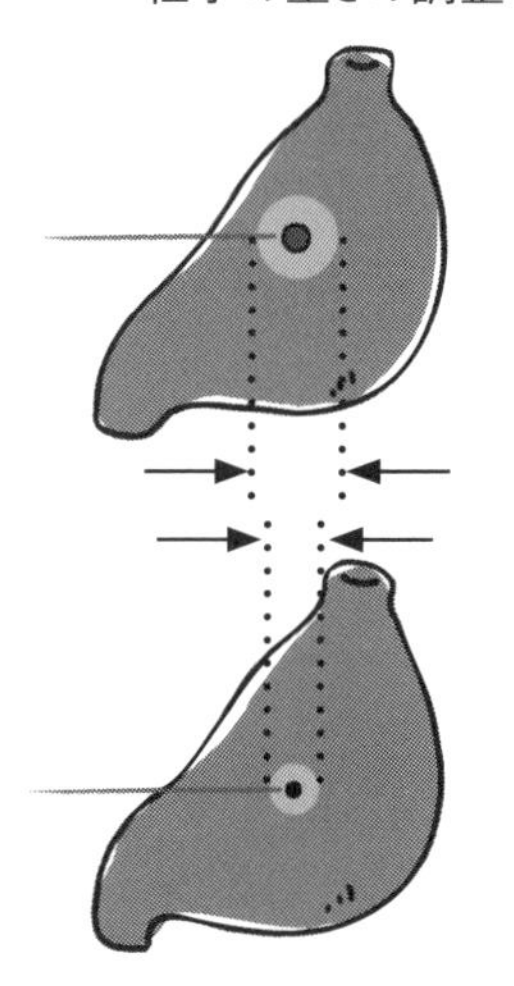

粒子を重くすれば、
エネルギーが落ちる領域が狭くなり、
局所的に照射できる

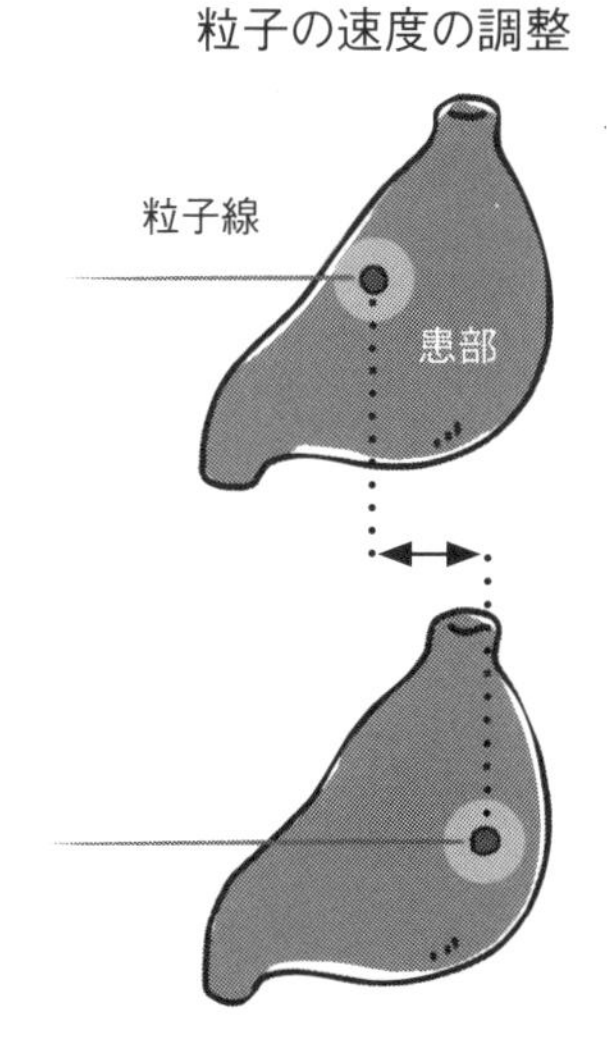

速度を大きくすれば、
飛程が大きくなり、
深い患部に照射できる

癌細胞を、正常な脳細胞の機能を維持したまま取り除くことは、弩素人の僕ですら、とてもむずかしいであろうことが想像に難くありません。その松村先生がリーダーとなって進められているのが、加速器を用いたホウ素中性子捕捉療法（Boron Neutron Capture Therapy、BNCT）です。

第4章でホウ素10が中性子を吸収しやすいということをお話ししましたが、具体的にどのような反応が起こっているのかを見てみましょう。

☞のように、ホウ素10が中性子を吸収し、リチウム7とヘリウム4になります。ヘリウム4はα線そのものです。これも第4章でお話ししたとおりα線は飛程が短く、それより重いリチウム7はより飛程が短いです。この反応で生じるリチウム7とヘリウム4のエネルギーを計算すると、それぞれ、0.84MeVと1.47MeVで[2]、そこから、人体中の飛程はそれぞれ4μmと9μm程度です。どちらも、人間の体細胞ひとつの中に収まる距離です。

ここに、ホウ素10を含む細胞があったとします（左図❶）。それに中性子を照射すると、中性子は透過力が強いので大部分は通り抜けますが、ホウ素10は細胞の主成分の水素や炭素よりもけた違いに反応断面積が大きいので、中性子を吸収し、先ほどの反応が起きて、リチウム7とヘリウム4（α線）を出します。これらの放射線は飛程が短いのでその細胞から出ることはありませんが、その分そこだけに膨大なエネルギーを落としますので、確実にその細胞を破壊します❷。

つまり、もし、ある細胞にだけ選択的にホウ素10を吸収させることが可能であるならば、その細胞だけを確実に破壊し、他の細胞を傷つけない、という細胞単位での選択的攻撃が可能なのです❸❹。これは、先ほど紹介した粒子線治療以上に細かい制御が可能であることを意味します。

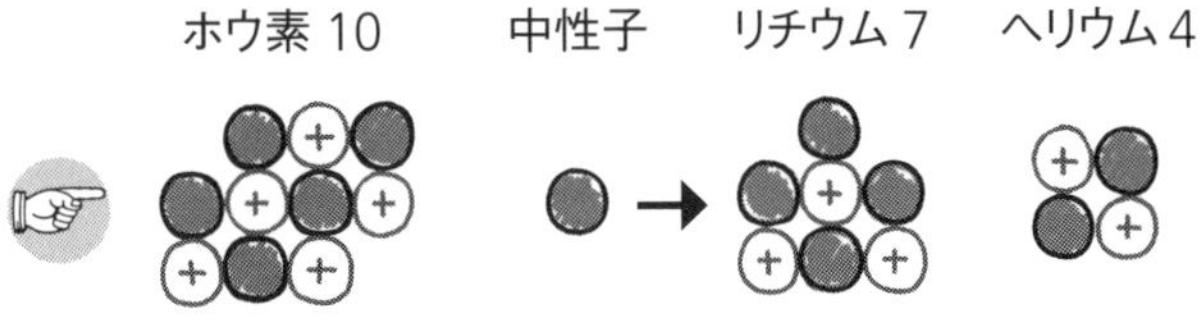

2　第3章で配分されるエネルギーの計算をされた方は、ここでも同様に計算できます。発生するエネルギー2.31MeVを、^{7}Liと^{4}Heの質量の逆比、4：7に比例配分するだけです。

☞ ホウ素10　中性子　リチウム7　ヘリウム4

$$^{10}B + n \rightarrow {}^{7}Li + {}^{4}He$$

BNCT の原理

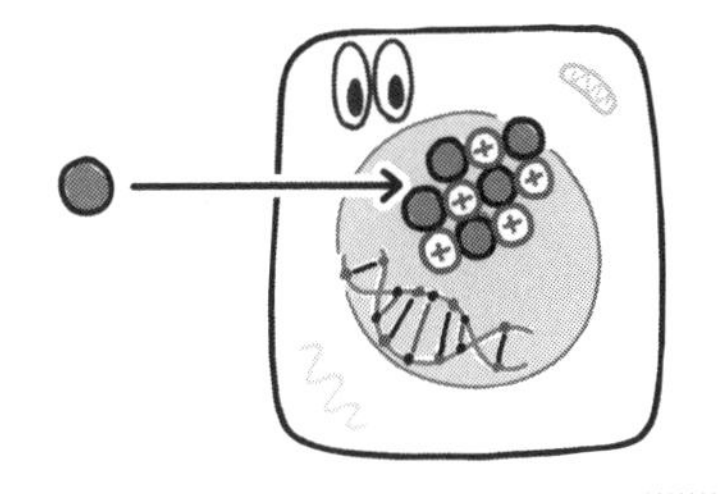

❶ 標的の細胞の中に
ホウ素を含ませておくと、

中性子が照射されると、
それをホウ素が吸収して…

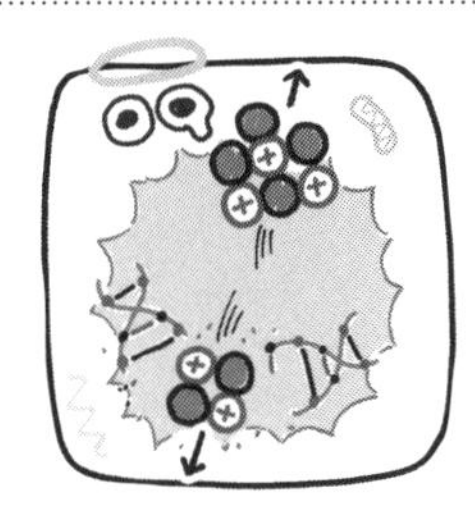

❷ リチウムとヘリウムになり、
これが細胞を破壊する

飛程が短いリチウムとヘリウムは
細胞の外に出ない

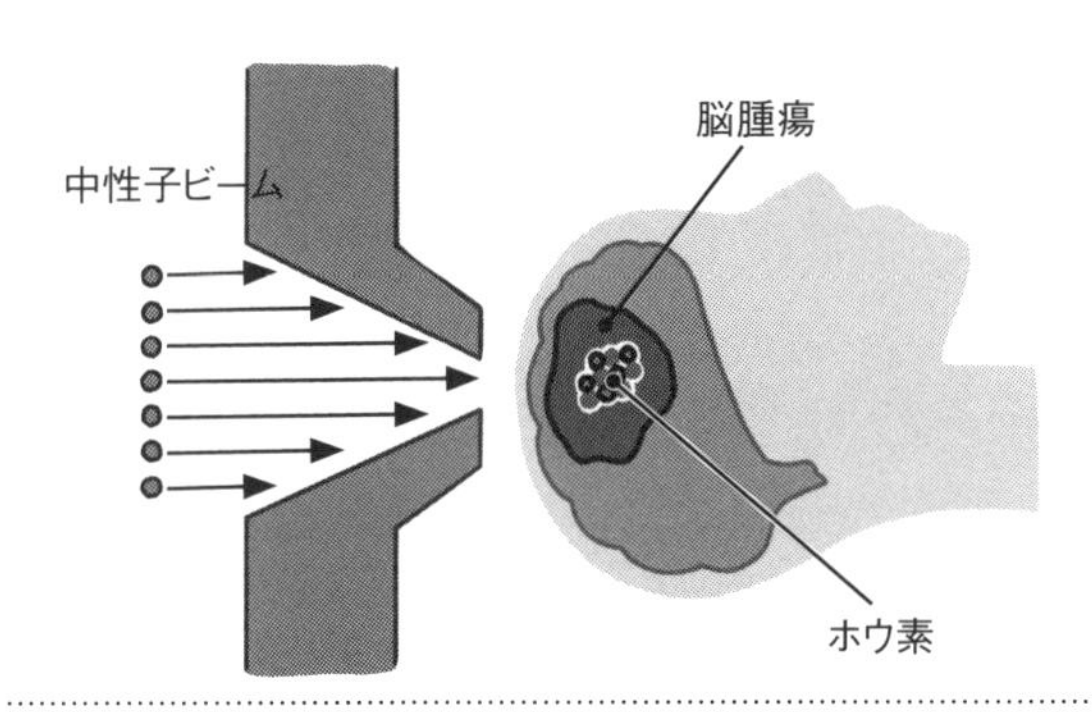

❸ 癌細胞にだけ選択的に
ホウ素を吸収させ、
中性子を照射すると、

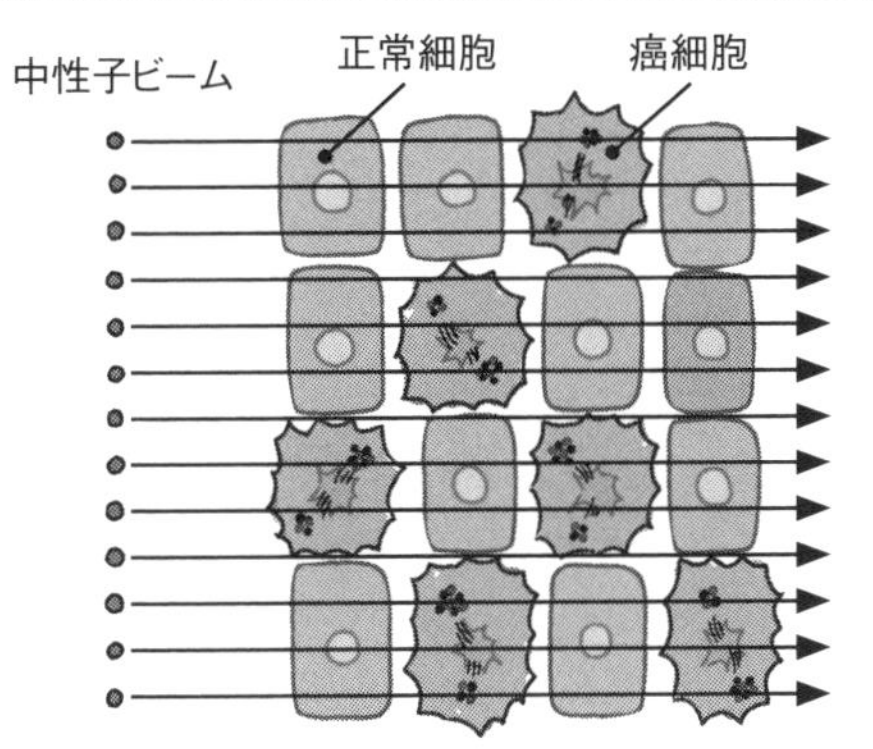

❹ 癌細胞だけを
選択的に破壊できる

そして、21世紀の今、癌細胞にだけ選択的に吸収させることができる化合物を、人類は開発したそうです。[3]

あとは、中性子を照射する装置が必要です。中性子が大量に発生するものと言えば、真っ先に思いつくのが原子炉です。発電用の原子炉では中性子を漏らさないように設計している上、もちろん運転中に炉心に近づくことはできません。そこで、この治療専用の原子炉が必要となります。

ひとつは、京都大学の原子炉です。僕も学生のときに見学に行ったことがありますが、治療室がもろに原子炉にくっついていて、ちょっと驚きました。もうひとつは、原研内のＪＲＲ-４（Japan Research Reactor No.4）で、毎日出退勤時に横を通ります。しかし、ＪＲＲ-４のほうは、東北大震災以来稼働を停めており、そのうち廃炉されるそうです。

原子炉は確かに大量の中性子を発生させるのですが、建設費用がとても高く、立地に関する制限も大きく、そう簡単に建設できるものではありません。実際、現在このＢＮＣＴで使用されている原子炉は、日本でただひとつ、京都大学原子炉だけです。

ＢＮＣＴは、照射前日に来所してホウ素剤を飲み、翌日照射して、その日のうちに帰ることができ、患者への負担がとても少ないのが特徴です。副作用もほとんどない上に効果がとても大きい、非常に優れた治療方法です。

ところが、治療できる場所がこのようにほとんどない上に、原子炉の運転にはさまざまな制約があるために治療のために使える時間が少なく、結果、治療を受けられる患者数も少ないのが現状です。

そこで、原子炉とは違った中性子発生装置をつくり、それを使って治療を行う計画が進めら

3　現在使われているのは、p-Boronophenylalanine と Borocaptate sodium だそうです。

れています。それが、加速器を用いた中性子源です。僕が勤務するＪ-ＰＡＲＣには、陽子ビームを標的（水銀）に照射して中性子を発生させる施設（物質生命実験施設）もありますが、その装置を小型化したような装置を開発し、病院にも設置できるようなコンパクトな中性子源を目指しているのが、松村先生が率いるグループなのです。中性子発生装置は、我々高エネルギー加速器研究機構が担当しています。

　標的にはベリリウム9を用い、☞という、ちょうどベリリウムとホウ素の中の中性子と陽子が入れ替わったような反応で、中性子を取り出しています。

　これが量産できるようになれば、価格的にも大きさ的にも、全国の大きな病院には設置できるものとなります。そうすれば、原子炉という運転に大きな制約があるもの、しかもＢＮＣＴ用としては日本にひとつしかないものに頼らなくとも、全国のそれぞれの病院で、その病院の都合に合わせて、治療が行えることになります。ＢＮＣＴが普及すれば、癌治療が飛躍的に進歩することは間違いないでしょう。そして、この方法は、日本が圧倒的に世界をリードしているものでもあります。もしかしたら、将来、世界中の癌患者が日本に治療にやって来るかも知れません。

トレイサー

　第7章冒頭で、放射線はきわめて微量でも検出できるために、我々のふつうの感覚とはずいぶん違っている、という話をしました。その特徴を遺憾なく発揮した利用方法についてお話ししましょう。

　たとえば人体の仕組みなどの解説を読むと、まるで見て来たかのようなことが書かれていた

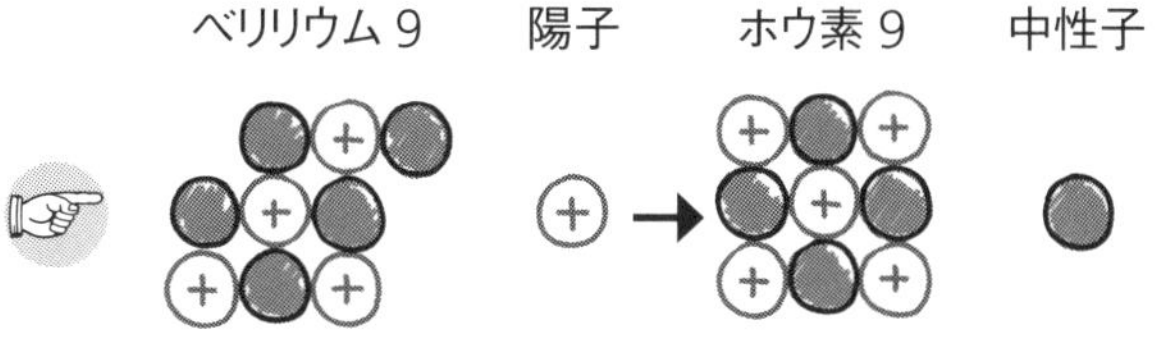

☞ ベリリウム9　陽子　ホウ素9　中性子

$$^{9}\mathrm{Be} + p \rightarrow {}^{9}\mathrm{B} + n$$

りしますが、それはどうやって調べたのでしょうか。その調べ方のひとつが、トレイサー法と呼ばれるものです。トレイサーと呼ばれるある特定の物質を入れ、それを別の場所で検出することで、その物質がどのような経路で移動するか、を調べます。人体以外でも、たとえば自然界の水の流れの調査などでも使われます。

トレイサーは、大量にぶちこんでもよいのですが、特に人体で調査する場合には、健康に影響を与えないよう、量が少なければ少ないほどよいです。そこで、化学反応よりもけた違いに検出しやすい、放射性同位体が使われるのです。

また、化学物質を用いる場合は、人間に摂取させて、移動した後にまた人体から血液などを採取して、という手間がかかりますが、γ線を出す放射性同位体の場合は、人体の外から測ることができますから、その面でも放射性同位体を使う利点があります。

ここでは、トレイサーの一例として、ＰＥＴ（positron emission tomography）について紹介しましょう。

ＰＥＴとは、positron（陽電子）とついているように、陽電子を放出するβ^+崩壊を起こす放射性同位体をトレイサーとして用いる方法です。陽電子は電子の反粒子ですので、電子とぶつかれば消滅してエネルギー（γ線）に変わります。[4] 電子はあらゆる物質に含まれていますので、人体中では、陽電子が放出された瞬間にγ線に変わる、と考えてもよいです。そして、運動量保存則から、γ線は同じエネルギーのもの2本が、正反対の方向に放出されます。ですから、トレイサーを服用した人の周囲をγ線の検出器で囲んでおくと、1回の崩壊で、ある2箇所の検出器が反応することになり、トレイサーはその直線状に存在することになります。そして、どの方向にも同じ確率で放出されるので、複数回の崩壊を検出すると、それらの直線の交点上

4　詳しくは、拙著『ニュートリノ』（イースト・プレス）を是非ご参照ください！

PETの原理

ほとんど止まっていると
みなしてよい電子と陽電子が
対消滅した場合、

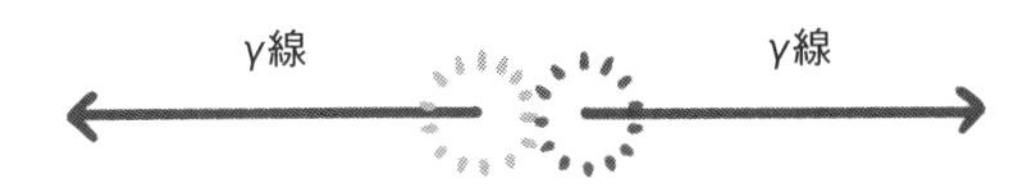

運動量保存則から、
発生するγ線は、
同じエネルギーのもの2本で、
しかも、正反対の方向に飛ぶ

それを応用すれば…

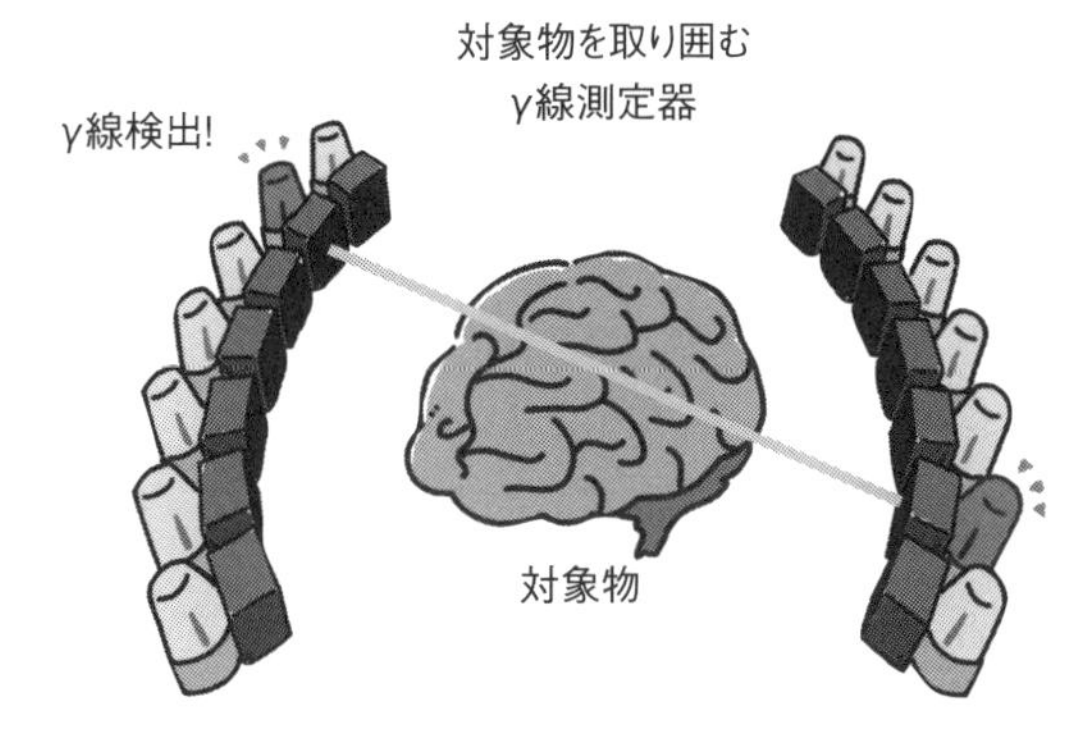

同時に信号が出た
測定器を結ぶ線上に
発生源がある

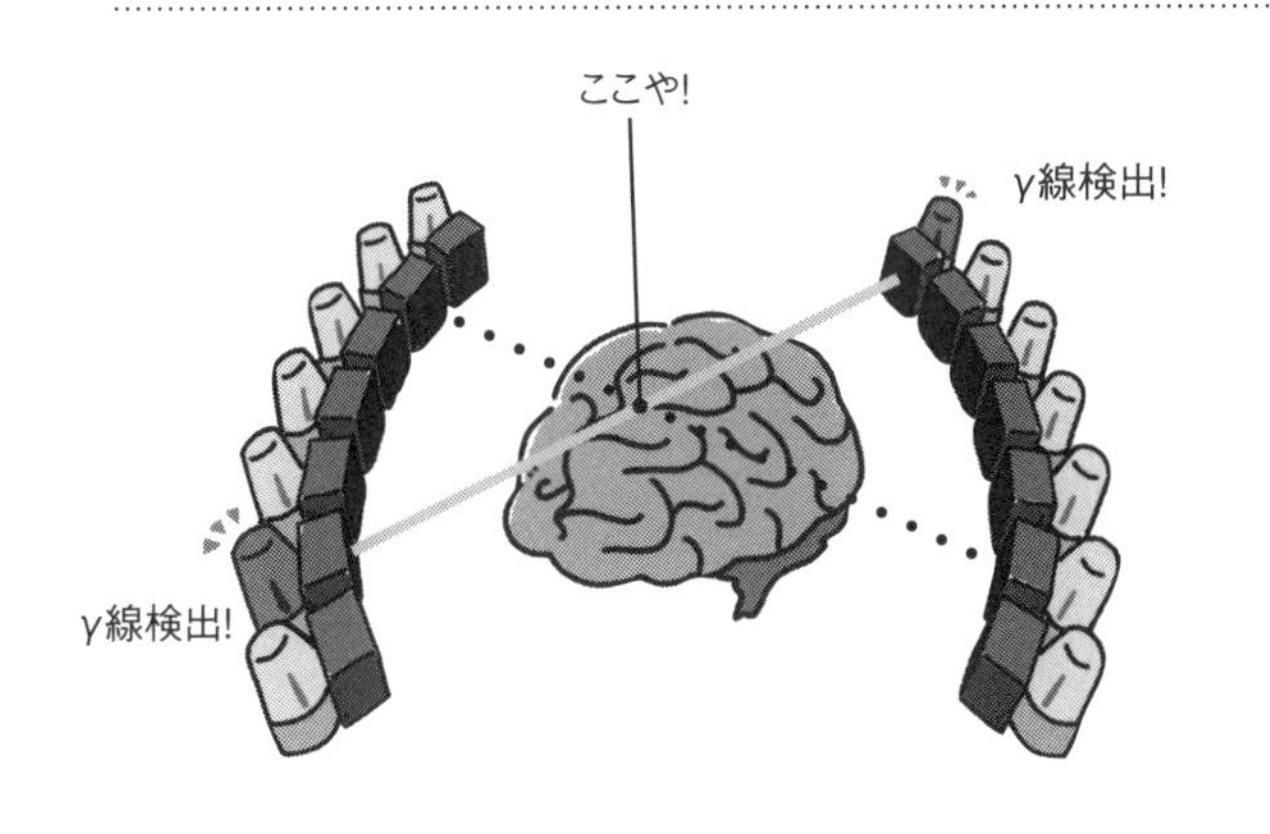

複数の信号が出れば、
その交点上に発生源がある

にトレイサーが存在することになります。

たとえば、ある状態のときの脳の活動場所を調べたいとします。そのときに糖分が多く消費される場所を調べたい場合にはフッ素18をブドウ糖に類似した物質に結合させたものを、酸素が多く消費される場所を調べたい場合には酸素15を含む水や酸素を、それぞれ投与します。そしてこの方法で特定されたγ線の発生場所が、それぞれの物質が多く消費される場所だ、とわかるのです。

γ線滅菌

秋葉UDXのトイレに「注射針を捨てないで」という注意書きが貼ってあります。都民の方々は慣れているでしょうから何とも思わないのでしょうが、我々田舎の人間からすると「みんなそんなにここで薬を打っているのか……ごくり」とちょっとどきどきしたりします。注射針がごみの中に混じり、それに気づかぬまま掃除の人がごみを回収したときに、誤って注射針を指などに刺してしまうと、重大な病気に感染してしまうかも知れません。人間の皮膚は、多少細菌が附着しても問題ないほどに頑丈ですが、これが、皮膚の下、体内になると話は別です。そして、注射針は、体内に直接刺すものですから、感染にはとても気を遣います。

僕は身体が無駄に頑丈なのが唯一の取り柄のような人間ですので、病気で病院に行ったことがありません（怪我では行きますが）。そういう人間でも、年に2回は、注射針を刺すことがあります。健康診断です。僕は放射線業務従事者ですので、通常の健康診断以外にも放射線業務従事者専用の健康診断も受けますので、年2回なのです。UDXのトイレで薬を打ったりしないみなさんでも、年1回は検査のために注射針を刺しているのではないでしょうか。

検査に用いる注射器は、感染などを起こさぬように使い捨てで、看護婦さんは使用直前に袋を破って取り出しますが、みなさんは、この注射針はちゃんと滅菌されているのだろうな……と疑ったことはありませんか。もちろん、ちゃんと滅菌されているはずです。

滅菌処理というと、みなさんの家庭でも乳児用の哺乳瓶などを煮沸したりするので、あのようなものを想像されるかも知れません。あれだと、煮沸後に乾燥させたりする必要がありますので、その間にまた細菌が附着して……などといらぬ心配をしたりする人もいるかも知れません。注射針を袋に詰めるには、よく乾燥させないといけませんからね。薬品を用いた滅菌でも、処理後には、その薬品をよくよく洗浄して落とさないといけませんので、その洗浄の工程も気になります。

でも、そのような心配は必要ありません。なぜなら、注射器は、袋に詰めたまま滅菌処理をしているからです。

どうやって？

袋に入ったまま、濡らす必要もなく、確実に滅菌できる方法があります。本書をここまで読んでくださったみなさまには、もうなにかおわかりでしょう。

γ線を照射するのです。

γ線照射による滅菌であれば、注射器の製造工程になんら手を加えることもなしに、梱包が終わった後で、袋の外から照射し、そのまま何の処理もせずに出荷できます。袋は開けないですから、照射後に細菌が入る恐れもありません。乾燥の必要も、附着した薬品などを取り除く必要も、いっさいありません。下手に加熱してプラスティック部品を傷めてしまうこともありません。[5] 放射性物質から出てくるγ線は、中性子と違って、注射器の材質を放射化させることもありません。とても素性のよい滅菌方法だと言えます。

5　ただしプラスティックなどの有機化合物は放射線に弱いので、放射線損傷が起こるほどの量の放射線は照射しないようにします。

食品への照射

みなさん、じゃがいもはお好きですか。蒸したじゃがいもを塩とバターだけで喰べると、まさに「欧州戦線」て感じで、とてもよいですよね！　間違ってもアメリカ人のようにケチャップをつけるような無粋なことはしたくないものです。

そのじゃがいもは、日本の欧州とも言うべき北海道で、その8割が生産されているそうです。ところが、日本国内では、北海道は東京から遠く、みなさんの家庭の食卓に上るまでの間に、その品質管理が大変です。特に、芽にはソラニンなどの毒性物質が多く含まれるため、芽が出ないように管理しなければなりません。みなさんも、芽が出たじゃがいもは買いませんよね。

そのため、じゃがいもの一部には、芽が出ないように、ある処理がされています。それがγ線照射です。γ線を照射することで、芽の部分の組織を破壊し、細胞分裂を阻害するのです。[6]

食品の品質管理や、殺菌、殺虫を目的として、世界中でγ線照射が行われています。薬品による殺菌や殺虫に比べて、食品に対する安全性が格段に高いからです。世界では、香辛料への照射が多く行われ、アメリカでは、肉や、豚肉、鶏肉、青果物に対しても照射が行われています。肉に対する照射は、主にO－157対策だそうです。

いっぽう、日本では、放射線に対するアレルギーが強い人が多いために、じゃがいもにしか照射はされていません。

この工程で使用されるγ線のエネルギー領域では、食品が放射化したり変質したりすることがないのは明らかですが、食品であるために慎重に慎重を重ね、照射後の食品の検査も充分に行われています。

6　じゃがいもに照射する様子が、環境科学技術研究所のHPに載っています。
http://www.ies.or.jp/publicity_j/mini_hyakka/21/mini21.html

年代測定

みなさんは歴史には興味がありますでしょうか。僕はとても興味があります。現在この社会はなぜこのような状態になっているのか、その答えがそこにあるからです。

歴史の研究では、文書の研究のほかに、当時使われていた物品の研究もとても大切で、そこで重要な役割を果たすのが年代測定です。歴史的遺物を説明するときに、よく「これは○○年前のものです」なんてさらりと言ってのけたりしますが、どうやってそれがわかったのでしょうか。その年代測定のひとつが、放射線を利用した方法なのです。

地球上の生物は、炭素化合物からできています。ですからその身体の中にはかならず炭素が含まれています。その炭素の同位体に、炭素14というものがあります。これは、β線を出す放射性同位体で、半減期は5730年です。この炭素14は、宇宙線と大気中の窒素との反応によって常時つくられ、二酸化炭素の形で大気中にある一定濃度で存在しています。植物は光合成を行うときに大気から二酸化炭素を取り込みますから、植物の身体の中にも一定濃度の炭素14が含まれています。動物の身体の中にも、食物連鎖によって一定濃度の炭素14が取り込まれます。光合成にせよ、食物連鎖にせよ、生きている限りは続きますので、生物は、生涯、炭素14を取り込み続けることになります。そしてもちろん排出もしますから、そのバランスによって、生物ごとに、ある一定の割合で体内に炭素14が含まれていることになります。炭素全体に対する炭素14の割合は、自然界を調べればわかりますから、あとはその生物の身体に含まれる全炭素量がわかれば、その生物に含まれる炭素14の量（あるいは、割合）もわかります。

ところが、その生物が死ぬと、それ以上炭素14を取り込むことはなくなりますから、あとは

β崩壊によって減っていくいっぽうです。そこで、生物の死骸（たとえば木造建築の木材）からサンプルを採り出し、その中の全炭素量と、炭素14から放出されるβ線の放射能とを測定すれば、生きていたときから比べて、つまり自然界での全炭素に対する炭素14の割合から比べて、どれくらい減っているかで、何年前にその生物が死んだのか（木造建築であれば木材が切り出されたのはいつか）がわかるのです。

タイヤ

医学にも歴史にもじゃがいもにも興味がない人でも、車には乗るでしょう。自分で運転しない人でも、タクシーには乗るでしょうし、そもそもみなさんが普段の生活で使っている物品のほとんどは、トラックによって運ばれたものです。意識せずとも我々が日々深くお世話になっている車を、文字どおり足もとから支えているのが、タイヤです。

僕は1か月に1~2回は神戸に行くのですが、新神戸駅でホームから改札へと降りるときに、毎回、住友ゴムのこんな広告を目にします。

この広告には、最初の国産タイヤ（右）と、現代のタイヤ（中央）の画像が載っているのですが、両者を比べてお気づきの点はありますでしょうか。古いタイヤはドーナッツ形をしていて、接地面が丸くなっていますが、現代のタイヤは接地面が平らになっていますね。タイヤの仕事はしっかりと地面に喰いつくことですから、当然ながら接地面が広い平らな形状のほうが性能はよいのですが、タイヤ

は風船のように空気を入れて膨らませますから、本来は丸くなるのが自然で、平らにするにはそれなりの技術が必要です。このような形状を保ちつつ強度を確保するために、現代のダイヤは、カーカス、ベルト、トレッドという3層構造になっています。トレッドが地面に喰いつく層、つまり我々が目にしている部分で、カーカスとベルトが強度を保つ補強層です。このカーカスを構成する材料には、架橋と呼ばれる処理が施されています。分子の構造の途中に、まさに橋を架けるが如く、別の分子を結合してやることで、材料の強度を上げてやるわけです。

その架橋を行うときに、分子の化学反応を起こしやすくするために、放射線（β線）を照射して、放射線が当たった部分を活性化してやります。第5章で、活性化した分子、ラディカルが、DNAを攻撃する話をしましたが、まさにこの攻撃によって、分子の反応を起こりやすくするわけです。

架橋

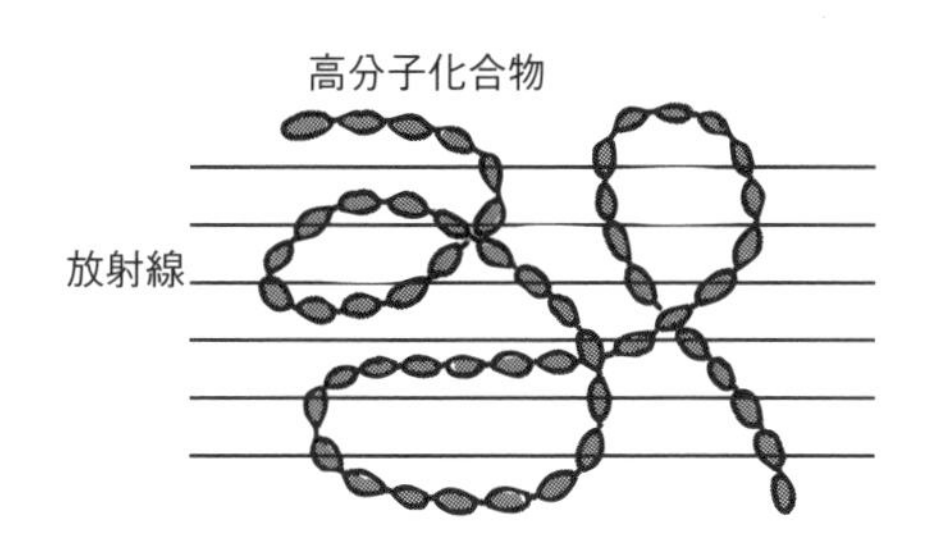

高分子化合物に
放射線を照射すると、

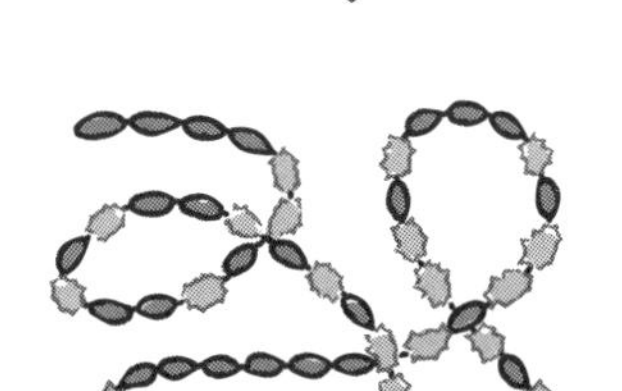

放射線が当たったところが
ラディカルとなり、活性化され、
化学反応が起きやすくなる

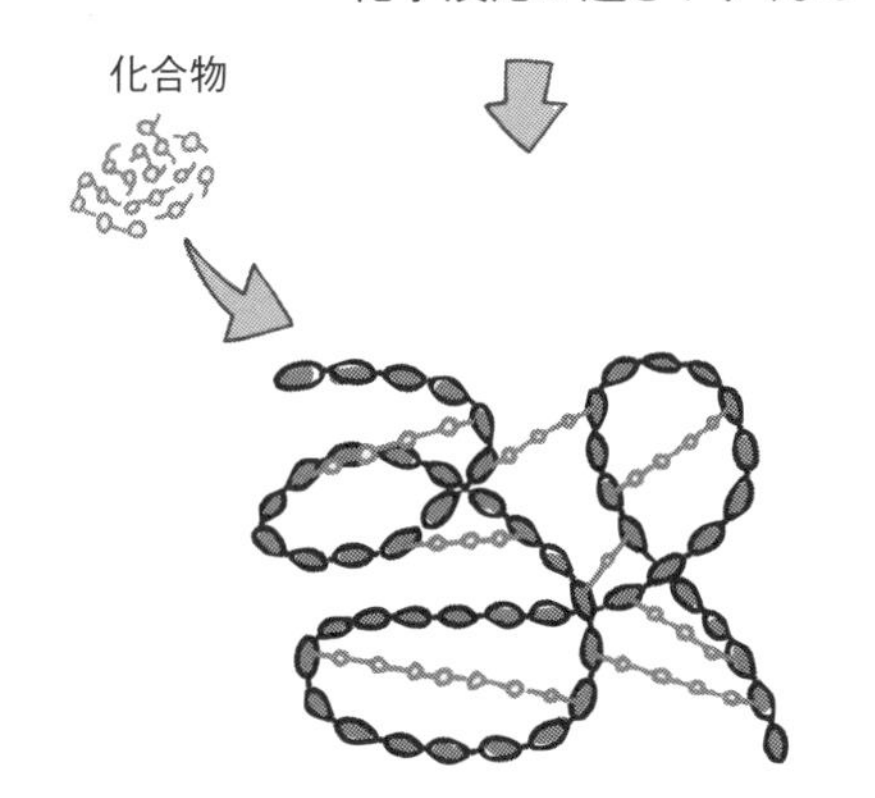

そこに別の化合物を添加することで、
「橋わたし」の構造をつくり、
高分子化合物を強化する

現代では、ほとんどのタイヤが、この放射線照射の工程を経てつくられています。厄介だという印象がある放射線も、意外なところで、我々の生活になくてはならないものとなっている、その一例です。

第９章まとめ

◎放射線は我々の生活のさまざまな場面で広く利用されており、今やそれ無しでは成り立たなくなっている
◎放射線の利用は、他の放射線以外のあらゆるものと同様、効果とリスクを天秤にかけて判断する

第10章

それぞれの放射性物質について考えよう

本章では、各放射性同位体ごとの特徴や半減期などの値についてまとめておきます。数値の引用は、半減期と放射線のエネルギーが[1]、実効線量係数が[2]、濃度限界（法律による排出規制）が[3]です。

各節に載せた図は、崩壊の様子をイラスト化したものです。[4]放射性同位体が崩壊してどの同位体に変化し、どんな放射線を出すのか、を描いています。

❶が半減期で、❷の数値がその崩壊が起こる確率です。崩壊のしかたは、同位体によってはとても多い場合がありますので、主なものだけを描いてあります。

❸の数値が比放射能です。❹の数値が放射線のエネルギーです。

崩壊後の同位体から「γ」とある矢印が延びているのは、その状態では不安定で、安定するためにγ線を放出することを意味しています。

γ線を放出すると下の状態になる場合には、矢印でつないであります❺。安定した（放射線を出さない）状態になった同位体は、黒で描いてあります。また、ニュートリノは省略してあります。

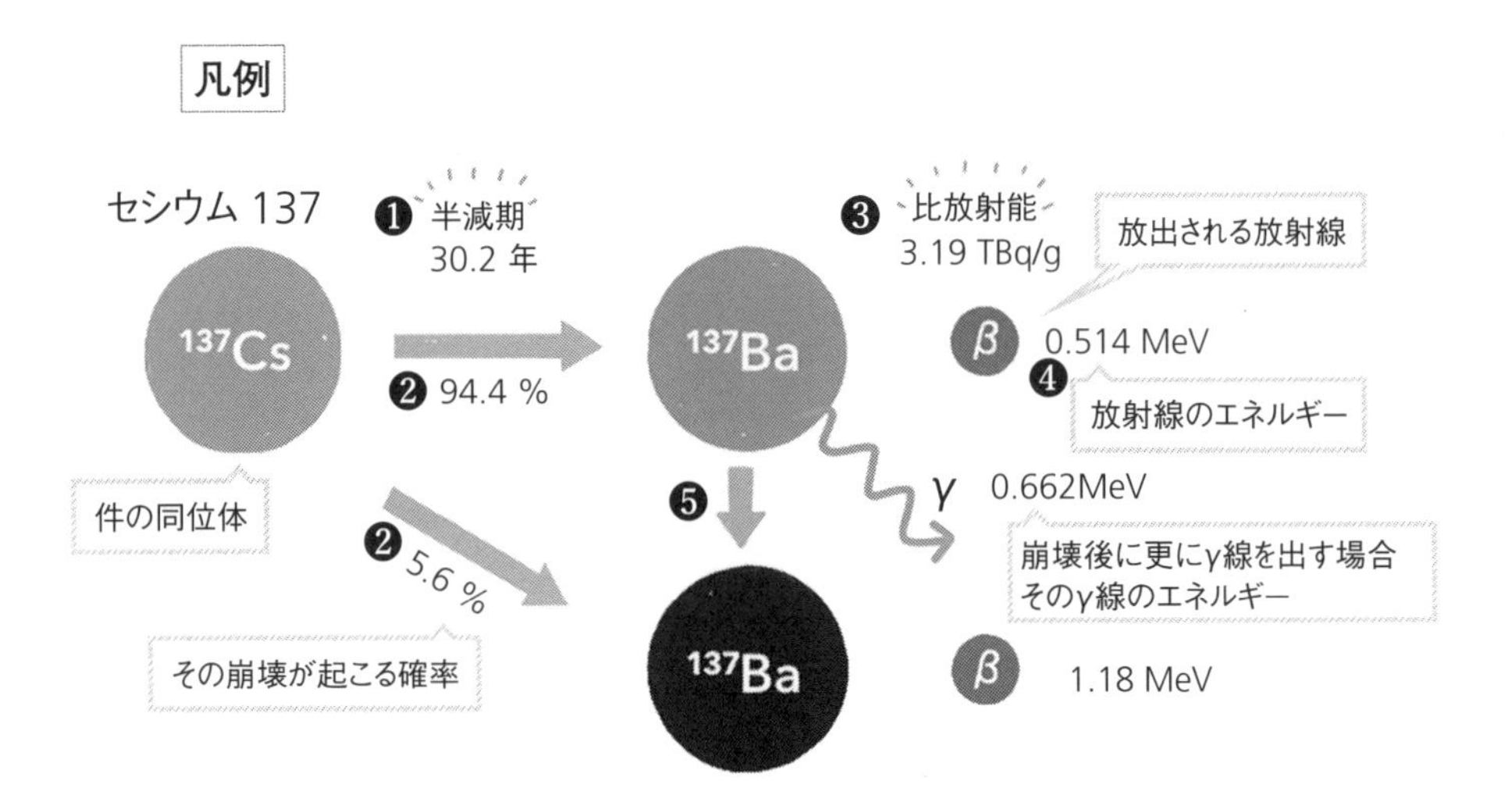

α線を出す放射性同位体

放射線は、不安定な原子核が崩壊して安定な状態へと近づいていく際に放出されるものでした。その放射線の放出のしかたは第2章でお話ししたとおりですが、α崩壊やβ崩壊のときには、原子核が別のものに変わってしまっています。崩壊前の原子核を親核種、崩壊後の原子核を娘核種と呼びます。娘の段階で安定しないと、その娘は自分が親となって崩壊し、さらにその娘を産みます。このような親娘の関係を系統図にすると、放射性同位体の「家系図」ができあがります。これを「崩壊系列」と呼んでいます。

これも第2章でお話ししたとおり、α崩壊の場合、原子番号は2つ、質量数は4つ、それぞれ減っていきます。ひとつの家系では、質量数は4ずつ飛び飛びで減っていくことになるわけです。そのため、これらの家系には、質量数が、「４の倍数」の家系、「４の倍数＋１」の家系、「４の倍数＋２」の家系、「４の倍数＋３」の家系、の４つがあり、それぞれ、「トリウム系列」、「ネプツニウム系列」、「ウラン系列」、「アクチニウム系列」と呼ばれています。

本章では、まず、もっとも有名な家系である「ウラン系列」の一族について見ていきましょう。

ウラン２３８（^{238}U）

「ウラン系列」という名前がついているのは、その家系の祖先がウラン（２３８）だからです。この家系のすべての同位体の母、ウラン２３８について見てみましょう。

1 『アイソトープ手帳 第11版』、日本アイソトープ協会（２０１１）

2 ICRP Publication 119 ここには、「摂取」に関して、体内での動きが異なる3つのモデルについてそれぞれ値が載っているのですが、この本では、そのうち、最も大きな値を示すモデル（sモデル、slowモデル）を載せています。

3 平成十二年科学技術庁告示第五号（放射線を放出する同位元素の数量等）別表第1

4 本来は、「壊変図式」という、崩壊の様子を表わした図があるのですが、一般の方は見慣れないと思い、このように新たにイラストを起こしてみました。余計にわかりにくくなってしまっていたとしたら、すみません。

実効線量係数で、吸入が摂取より2けたほど大きくなっているのは、α線を放出する放射性同位体の特徴です。粉塵を吸い込むことで、肺の中に留まり、肺組織を攻撃します。肺は行き止まりになっていますから、そこから出て行きにくいのです。

ウラン238がすべての母である理由は、地球上に豊富に存在しているからです。こういった大きな質量数をもつ同位体は、恒星（太陽系で言えば、太陽のひとつ前の世代の恒星）が死ぬときの反応（超新星など）によってつくられます。そのときにはあらゆる種類の同位体がつくられるのですが、短い寿命のものはどんどん崩壊してなくなっていきます。それらが集まって惑星をつくり、それから50億年たった今でも豊富に残っているということは、それだけ寿命が長いことを意味しています。

たとえば地球上のウランの同位体存在比は、ウラン238が99．3%、ウラン235が0.7%ですが、そのような比率となったのは、それぞれ、45億年と7億年という半減期の違いによるものです。半減期が短

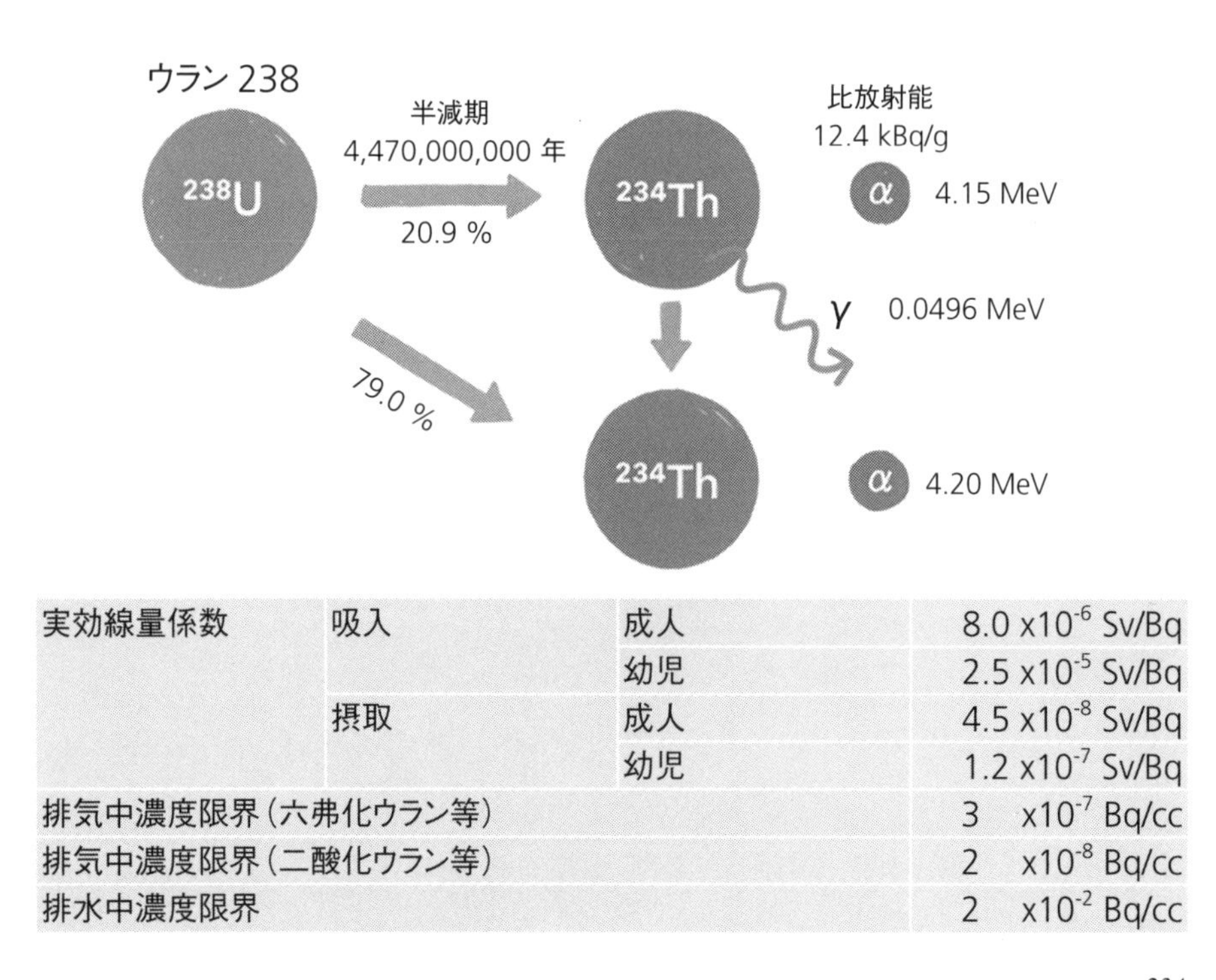

実効線量係数	吸入	成人	8.0 x10^{-6} Sv/Bq
		幼児	2.5 x10^{-5} Sv/Bq
	摂取	成人	4.5 x10^{-8} Sv/Bq
		幼児	1.2 x10^{-7} Sv/Bq
排気中濃度限界（六弗化ウラン等）			3 x10^{-7} Bq/cc
排気中濃度限界（二酸化ウラン等）			2 x10^{-8} Bq/cc
排水中濃度限界			2 x10^{-2} Bq/cc

いウラン２３５のほうが早く壊れてしまい、現在まで残った数が少なくなってしまった、ということです。ウラン２３８がすべての母となって放射性同位体をつくり続けていられるのは、この地球自体と同じくらいに長い寿命のおかげです。45億年という半減期は、これから本章で紹介するほかの放射性同位体と比べて、けた違いに長いと感じることでしょう。

このような長寿命の同位体が祖先であるため、ウラン２３８の子孫たちは安定した供給元をもつことになります。そのため、自身の半減期が短いものでも、常にウラン２３８からつくられ続け、一定の量が地球上に存在します。

ウラン２３８は花崗岩に多く含まれ、したがって、その娘たち（放射性同位体）が多く含まれるのも花崗岩ということになります。第６章でお話ししたとおりです。他の鉱物資源同様、地上には偏って存在しています。ウランの産出量では、カザフスタン、カナダ、オーストラリアの順に多く[5]、埋蔵量では、オーストラリア、カザフスタン、ロシアの順です[6]。ただし、埋蔵量が他国に充分に把握されていない北朝鮮は、相当量の埋蔵量を有すると考えられており、一説によると、世界最多、それも、他のすべての国の埋蔵量を合わせたものぐらいあるとさえ言われています。

日本でも岡山県の人形峠で試掘したことがありましたが、結局はウランを輸入する方針となったために、現在では採掘は行われていません[7]。

ウラン２３５は天然資源として利用できるほとんど唯一の核分裂物質であるため、核兵器の製造や原子力産業には欠かせないものですが、ウラン２３８は、主に、そのウラン２３５を抽出するために一緒に採掘されます。濃縮によってウラン２３５を抽出した後のウラン２３８は、

5『The Nuclear Fuel Report』, World Nuclear Association
２０１５年の採掘量。

6『Uranium 2014 : Resources, Production and Demand』, OECD NEA & IAEA
２０１３年１月１日の時点。採掘単価がウラン換算１kg当たり１３０ＵＳ＄以下のもの。

7　かつて採掘が行われていた坑道は、現在公開されていますので、興味のある方は見学に行ってみるのもよいでしょう。

https://www.jaea.go.jp/04/zningyo/2-11.html

ではまったくの廃棄物あつかいなのかというと、ちゃんと利用方法があります。

ひとつは、やはり原子力産業での利用で、中性子を吸収させることでプルトニウム239を製造します。詳しくはプルトニウム239のところに書いておきます。

ふたつめは、核兵器への利用です。ウラン238は、一般的な原子炉内の中性子のエネルギーでは核分裂を起こしませんが、核融合反応で発生するような高速の中性子を吸収すると、核分裂を起こします。そのため、核兵器に組み込むことで、その核出力の一端を担います。このあたりの話は本書の範囲を超えますので、詳しくは拙著『核兵器』(明幸堂)をご覧ください。

みっつめは、放射性同位体としての利用ではなく、その物性を利用した方法です。

現代の戦車の砲弾は、従来の砲弾とはまったく異なるメカニズムで装甲を破るため、その弾芯(侵徹体)は特殊な形状をしています。ここでは詳しくは話しませんが、その材質は、比重が大きいことが重視されます。そこで、砲弾のように使い捨てしてもよいくらいの価格で手に入るもので比重が最大級の材質ということで、ウラン合金が使われているのです。みなさんも、「劣化ウラン弾」という言葉を聞いたことがあるかもしれません。「劣化」の意味するところは、天然ウランの中からウラン235を抽出し、ウラン235の濃度が少なくなった、ということなのであって、原子力産業的には「劣化」でも、物性的に「劣化」しているわけではありません。ですので、僕は、砲弾として利用しているものを「劣化ウラン」と呼ぶのは適切ではないと思っています。

ウラン238は半減期がきわめて長い、つまり比放射能が低いのですが、それでも、砲弾のように相手に撃ち込んで使い捨てるものに放射性物質を用いることは、倫理的に問題があります。特に、現代の戦車砲弾は、大雑把に言うと、弾芯が装甲を削り取りながら自らも削れていくことで貫徹しますので、使用後は塊ではなく細かく分かれてしまいます。α線を放出する放射性同位体は、内部被曝が問題となることはお話ししたとおりですから、これは問題です。
　そのため、ほとんどの国では戦車砲弾にウラン合金の代わりにタングステン合金を用いています。ただ、貫徹力ではウラン合金のほうが大きく、しかもウラン合金は貫徹した後の焼夷効果もあり、砲弾としては理想的であるために、ロシアやアメリカはウラン合金製の砲弾を使っています。国内戦を前提とするドイツや日本がタングステン合金弾を使用し、外国でしか戦わない、つまり国内ではなく他国に砲弾を捨ててくることが前提のアメリカがウラン合金弾を使用していることは、とてもわかりやすいことだと思います。ただ、使い捨てではない用途として、アメリカでは戦車の装甲にもウラン合金を使用しています。

　ところでウランという名前は、日本人であれば、「鉄腕アトム」に登場した、アトムの妹であるウランちゃんを思い浮かべる人も多いかも知れません。語源としては、ローマ神話における天空の神 Uranus（ギリシア神話の Ουρανός に相当）に由来します。

ラジウム226（^{226}Ra）

　ウラン２３８がα崩壊してトリウム２３４となり、それが2回のβ崩壊を経てウラン２３４となり、そこから2回のα崩壊を経てラジウム２２６となります。

　ラジウムは、ある意味、放射性同位体の象徴的存在です。Radiumという名前自体が、放射線（radiation）のラテン語radiusから由来し

$$^{238}\mathrm{U} \rightarrow {}^{234}\mathrm{Th} + {}^{4}\mathrm{He}$$

$$^{234}\mathrm{Th} \rightarrow {}^{234}\mathrm{Pa} + e^{-}$$

$$^{234}\mathrm{Pa} \rightarrow {}^{234}\mathrm{U} + e^{-}$$

$$^{234}\mathrm{U} \rightarrow {}^{230}\mathrm{Th} + {}^{4}\mathrm{He}$$

$$^{230}\mathrm{Th} \rightarrow {}^{226}\mathrm{Ra} + {}^{4}\mathrm{He}$$

（ニュートリノは省略）

ていることもそれを如実に表わしています。また、放射能の単位は現在ではBqですが、大昔はCi（キュリー）という単位が使われており、このCiは、ラジウムの比放射能をもとにつくられたものです。それくらい、初期の放射線の研究において中心的役割を果たしたものです。

そして、Ciという単位にも使われているように、ラジウムの研究でもっとも有名なのは、その発見者でもあるマリア・スクウォドフスカ・キュリーでしょう。放射能と放射性同位体の概念を考え出したのも彼女です。ノーベル物理学賞と化学賞の両方を受賞した唯一の学者で、フランスを除くあらゆるヨーロッパの国々から100を超える称号を得ました。が、肝心の本国フランスからは、女性であることと外国出身であることを理由に冷遇され、これだけ偉大な学者であるにもかかわらず、生活は苦しかったそうです。それでもフランスのために全力で貢献し、第1次世界大戦では、自ら資金集めを行ってX線撮影設備を調達し、戦傷者の治療に計り知れない貢献をしました。戦闘によって体内に喰い

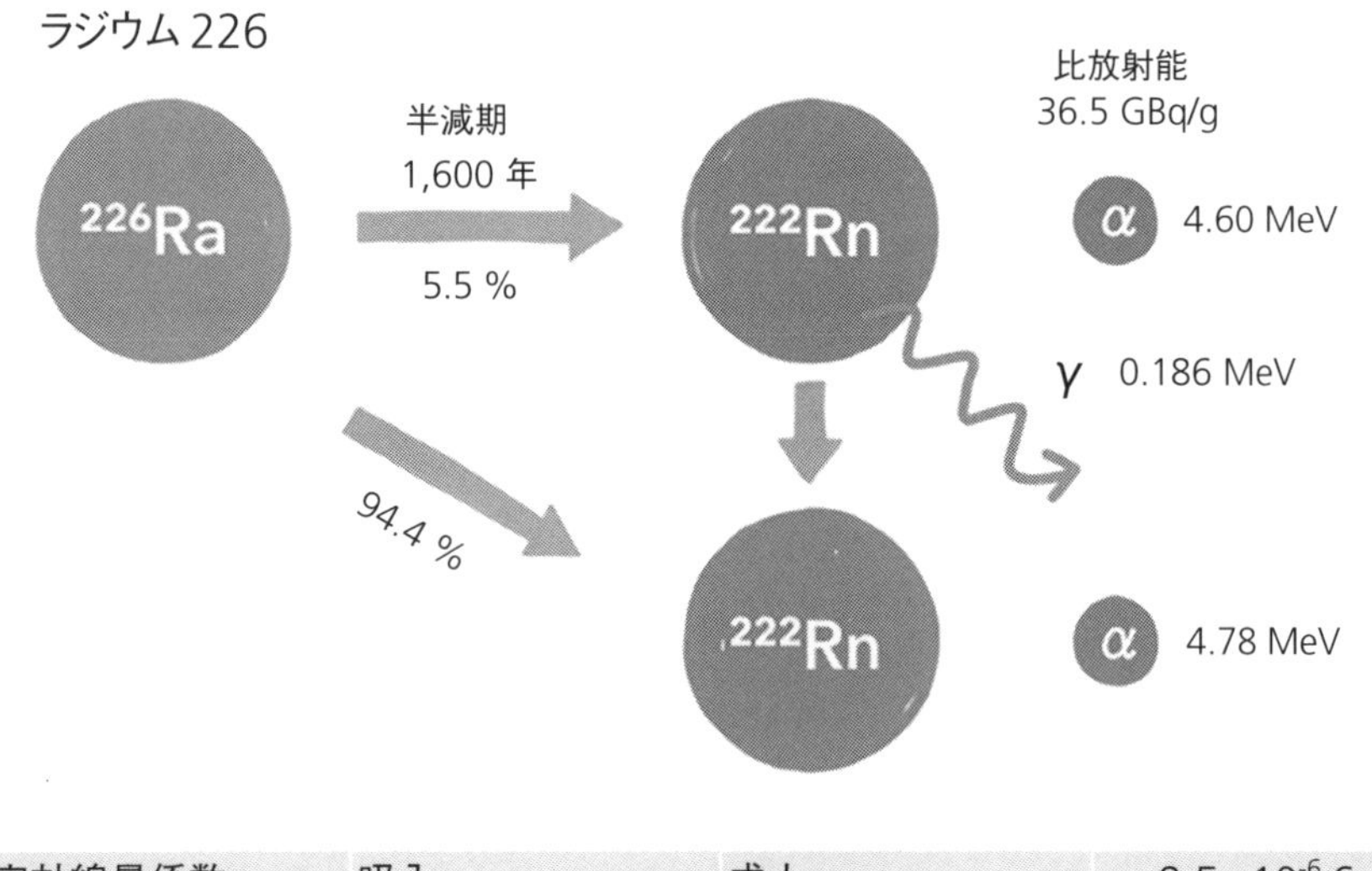

実効線量係数	吸入	成人	9.5 x10^{-6} Sv/Bq
		幼児	2.9 x10^{-5} Sv/Bq
	摂取	成人	2.8 x10^{-7} Sv/Bq
		幼児	9.6 x10^{-7} Sv/Bq
排気中濃度限界			4 x10^{-8} Bq/cc
排水中濃度限界			2 x10^{-3} Bq/cc

込んだ破片や弾丸を発見するのに、X線撮影は絶大な威力を発揮したからです。学者が、自らの専門知識を活用して積極的に社会に貢献した、きわめて偉大なる先例です。

ラジウムの同位体はたくさんありますが、1日を超える半減期を持つものは5つ、そのうち1年を超える半減期を持つものは2つで、ラジウム226は最長の1600年の半減期を持ちます。

ラジウム226と言えば、2011年に、世田谷区の民家の床下から、ラジウム226入りの容器が発見された事件を憶えておられる方がいるかもしれません。これは、福島第一原子力発電所事故後に、道路などの一般区域の放射線量を測定していたときに、偶然発見されたものです。なぜ普通の民家に放射性物質が……と思われたかも知れませんが、ラジウム226は、かつては、夜光塗料として時計の文字盤などに使われていたのです。アメリカの時計工場でこの作業をしていた人たちが内部被曝による健康被害で訴訟を起こしたこともあります。この民家に数十年住んでおられた方が知らなかった、つまりその方が引っ越されるよりも前、数十年以上前からあったということですから、相当古いもので、放射性物質の管理が今ほど厳しくなかった時代のものだったのでしょう。

ところで、ここまでよくこの本を読んでくださっている方は、α線を放出するラジウム226が床下にあったにもかかわらず、なぜ検知されたのか、不思議に思われるかも知れません。α線の飛程では、容器の外に出ることもできませんからね。それは、先ほどの崩壊の図をよくご覧いただけるとわかります。安定するまでに、α線以外にも、γ線も放出しているからです。このγ線が検出され、発見につながったのです。第9章で、ラジウムを管に入れて膣内に挿入する子宮癌治療の話をしましたが、そこで「α線やβ線を管の壁で遮蔽し、γ線だけを人体に照射するため」と書いたとおり、治療に使うのはこの余分に出てくるγ線なのです。

ラジウム226自体は、他にさまざまな放射性同位体が利用されるようになった現代ではほとんど利用されることがありませんが、ラドン222の直接の親ですので、そういう意味では重要です。

ラドン222（^{222}Rn）

ラジウム226がα崩壊してラドン222となります。

ラドンのような希ガスには、実効線量係数はありません。体内に取り込まれるというよりも、たとえば肺の中に滞留した空気に含まれるラドンが、そこから肺組織を攻撃するからです。

ラドンも、放射性同位体としては重要な立場にあります。Radonという名前も、ラジウムと同じく、radiusから取られています。発見当初は、ラドン219とラドン220はラドン222と別の元素だと考えられていたために、ラドン219はアクチノン、ラドン220はトロン、と呼ばれていました。

ラドンの問題は、第6章でお話ししたとおり、これが常温で気体だということです。ウランから始まって、その中間段階で

$$^{226}Ra \rightarrow {}^{222}Rn + {}^{4}He$$

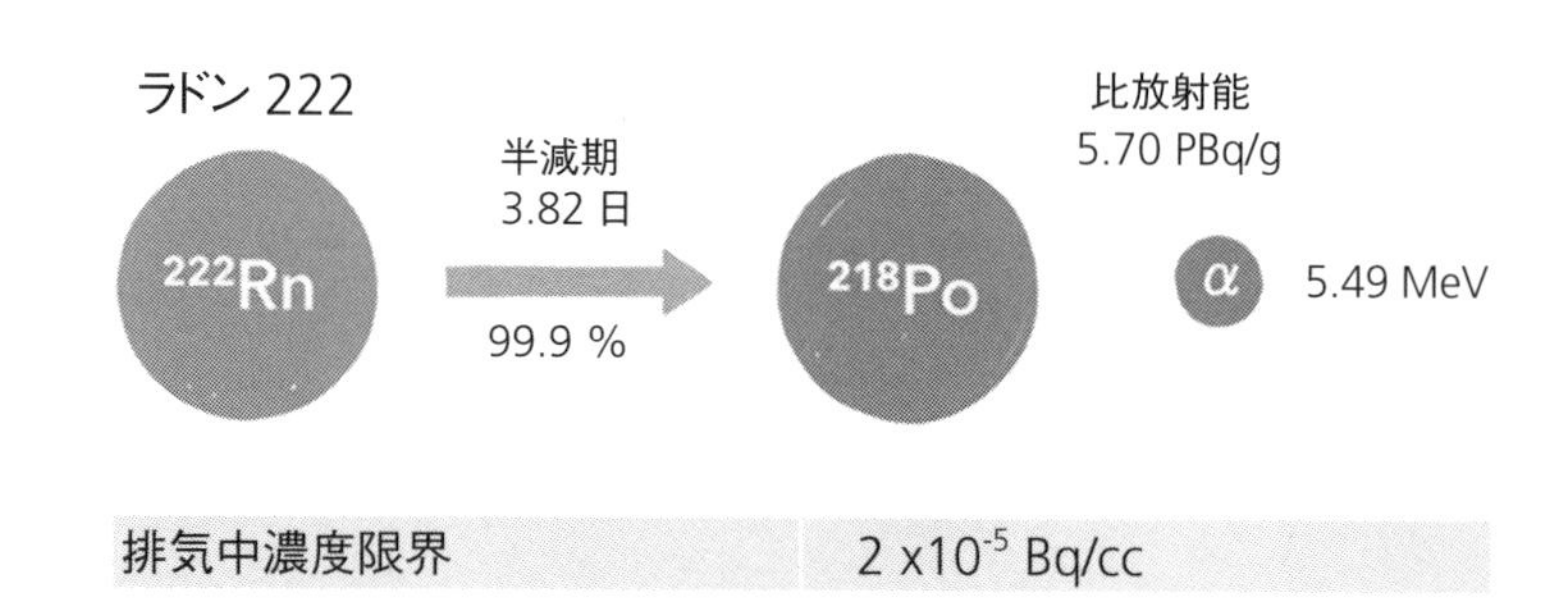

排気中濃度限界	2×10^{-5} Bq/cc

あるトリウムもプロトアクチニウムもラジウムも固体で、鉱石の中に閉じ込められていますが、ラドンになったとたん、気体となって、空気中に飛び出すのです。内部被曝の観点からは、固体は気をつければ摂取を抑えることが可能ですが、気体は簡単に吸入してしまいます。第6章で紹介した年間被曝量の世界平均のじつに半分がラドンの吸入によるものであるのも、誰もが常に吸っている空気の中に、ラドンが含まれているからです。ラドンは無色無臭ですので、五感でその存在を知ることはできません。

気体であるがゆえに吸入を防ぐことがむずかしいラドンも、気体であるがゆえに減らすことは簡単です。換気に気を配ればよいのです。岩石、特に花崗岩が含まれる洞窟や、石づくりの建造物、そういったところではラドンが出ている可能性が高いですから、空気が澱まぬように、換気をよくすることが重要です。ラドンの比重は空気よりはるかに大きいので、室内でも下のほうに溜まりやすいですから、その点も考慮して換気するとよいでしょう。

第6章で、ラドンによる被曝は、喫煙の次に多くの肺癌を引き起こしている[8]、という話をしましたが、ひとつ具体的な研究結果を紹介しておきますと、ラドン濃度が150Bq/m³になると、肺癌のリスクが24%上がるそうです。[9]「人工放射線が問題なのであって、自然放射線は問題がない」などということがまったく荒唐無稽であることがわかるでしょう。

8 http://www.who.int/mediacentre/factsheets/fs291/en/

9『Meta-analysis of residential exposure to radon gas and lung cancer』, *Bulletin of the World Health Organization*, **81**, 732-738 (2003)

ポロニウム210（^{210}Po）

ラドン222が2回α崩壊して鉛214になり、それが2回β崩壊してポロニウム214になります。さらにそれがα崩壊して鉛210になったあと、2回β崩壊してポロニウム210となります。

ポロニウムは第1章でもお話しした、ある意味とても有名な放射性同位体です。ポロニウムが暗殺に使われる理由のひとつは、その巨大な比放射能によるものです。比放射能167TBq／gと、摂取による実効線量係数1.2×10^{-6}Sv／Bqをかけると、1g摂取するごとの被曝量（実効線量）2.0×10^{8}Sv／gが出ます。放射線による致死量（第5章）を7Svとすると、わずか35ng（0.000000035g）でその値に達します。mgでもμgでもなく、ngです。どうですか、寿司を食べるのが恐ろしくなってきませんか。

ふたつめは、その検知のむずかしさです。崩壊の様子を示した図を見ると、他の放射性同位体が、ラジウムのところでお話ししたように、ある確率ではγ線を出すような崩壊をし、そのγ線から放射性物質の存在を容易に検知できるのに対して、ポロニウムはほぼ100%の確率でγ線を出さない崩壊をします（γ線を出す確率は0.001%）。第4章でお話ししたように、ポロニウム210から出るα線は空気中で4cmの飛程しかありませんから、α線しか出ない放射性同位体だと、検知はとてもむずかしいのです。

$$^{222}Rn \rightarrow {}^{218}Po + {}^{4}He$$

$$^{218}Po \rightarrow {}^{214}Pb + {}^{4}He$$

$$^{214}Pb \rightarrow {}^{214}Bi + e^{-}$$

$$^{214}Bi \rightarrow {}^{214}Po + e^{-}$$

$$^{214}Po \rightarrow {}^{210}Pb + {}^{4}He$$

$$^{210}Pb \rightarrow {}^{210}Bi + e^{-}$$

$$^{210}Bi \rightarrow {}^{210}Po + e^{-}$$

喫煙によってポロニウム210を吸入してしまうことも、第1章と第6章でお話ししたとおりです。[10] これは、空気中を漂うラドン222が、崩壊してポロニウム218となってタバコの葉に附着し、本節の最初にお話しした過程を経て、ポロニウム210となるものです。ラドン222は気体ですのでどこからでも飛んで来ますが、タバコの肥料にリン鉱石が含まれている場合、そこにウラン238一族の同位体が比較的多く含まれている可能性が高いですから、足もとがラドン222の供給源になっていることもあります。

ポロニウム210の用途として欠かせないのが、初期の核分裂兵器の起爆剤(イニシエイター)です。ポロニウム210とベリリウム9を薄い金属箔やメッキなどを隔てて設置しておき、起爆のタイミングでその箔が破れると、ポロニウム210から出たα線が、ベリリウム9と☞という反応を起こし、中性子が発生します。この中性子が、核分裂兵器のコアの連鎖反応を引き起こすのです。ただし、これだと、ポロニウム210の半減期が138日と短いことが問題です。太平洋戦争のころのように製造してすぐに使用する場合はよいのですが、冷戦期の核兵器のように何十年も使用せずに保管す

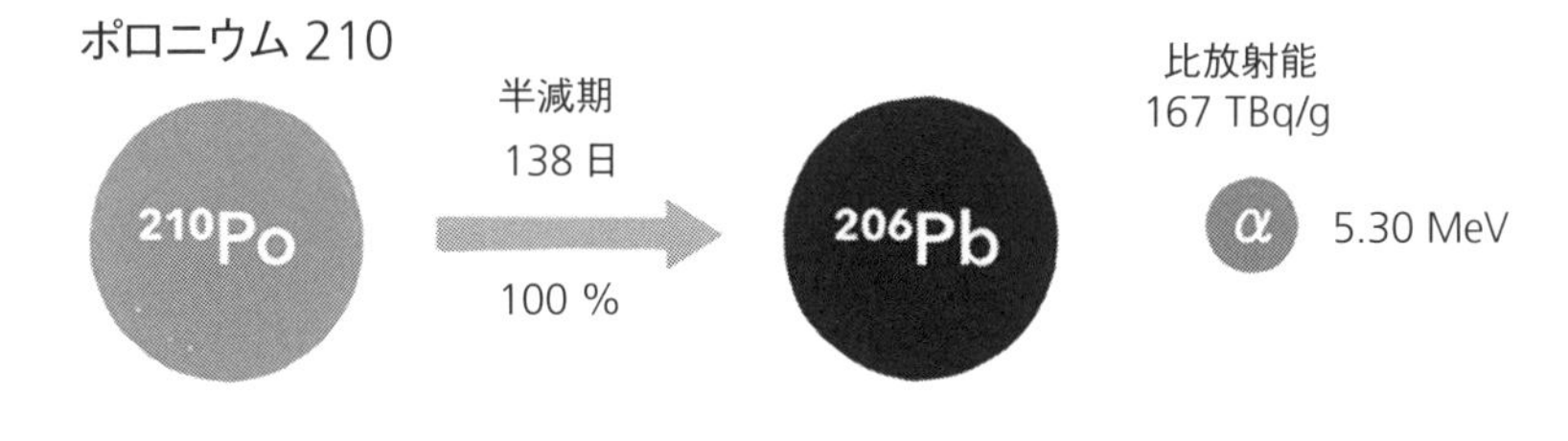

実効線量係数	吸入	成人	4.3 x10^{-6} Sv/Bq
		幼児	1.4 x10^{-5} Sv/Bq
	摂取	成人	1.2 x10^{-6} Sv/Bq
		幼児	8.8 x10^{-6} Sv/Bq
排気中濃度限界(酸化物、水酸化物、硝酸塩)			4 x10^{-8} Bq/cc
排気中濃度限界(それ以外)			2 x10^{-7} Bq/cc
排水中濃度限界			6 x10^{-4} Bq/cc

るものには向いていません。そこで、現代のイニシエイターには、まったく別のメカニズムが使われています。[11]

Poloniumの語源は、こちらも第1章でお話ししたとおり、発見者のマリア・キュリーの出身地であるポーランドPolamdです。

ウラン238の娘たちはここまでにして、以降は、それ以外のα線を出す放射性同位体についてお話ししましょう。

プルトニウム239（^{239}Pu）

プルトニウム239は、資源として利用できるほど地球上には存在していません。そこで、人工的に製造することになります。

プルトニウム239は、原子炉内でウラン238に中性子を吸収させてつくります。中性子を吸収したウラン238は、まず、ウラン239となります。ウラン239は半減期23分でβ崩壊してネプツニウム239となり、さらにネプツニウム239は半減期2.4日でβ崩壊してプルトニウム239になります。

$$^{238}U + n \rightarrow {}^{239}U$$

$$^{239}U \rightarrow {}^{239}Np + e^-$$

$$^{239}Np \rightarrow {}^{239}Pu + e^-$$

（ニュートリノは省略）

プルトニウム239は、人工的に製造する核燃料物質の代表です。ウラン235を抽出したあとの「残りかす」であるウラン238を原料として使えることも有用な上に、ウラン235よりも核分裂を起こしやすいために、核兵器の分野ではより重要になってきます。純度100%

で球形の場合、核爆発を起こす臨界質量は、ウラン235が50kg程度なのに対して、プルトニウム239はわずか10kg程度です。[12] さらに反射体で覆ったりすることで、3kg以下にすることも可能です。[13]

ただ、原子炉では、生成されたプルトニウム239がさらに中性子を吸収してプルトニウム240になり、それが核兵器としての核反応を妨げますので、核兵器用のプルトニウムを製造したい場合には、プルトニウム240の割合を低く抑えるために特別な工夫が必要です。[14]

プルトニウムと言えば、日本原子力研究開発機構の大洗研究所で、保管中の容器が破裂して、作業員がその中のプルトニウムを吸入してしまった被曝事故がありました。プルトニウムが体内に入ってしまった場合には、どのように対処すればよいのでしょうか。

プルトニウムは腸からの吸収効率がとても低いので、摂取よりも吸入が問題になります。吸入し、それが「行き止まり」の肺胞にまで達した場合には、これはかなり問題になります。

不溶性の化合物の形で吸入した場合、プルトニウムは肺胞に留まり、そこから肺組織を攻撃します。これを取り除くには、肺洗浄を行います。文字どおり食塩水を肺の中に入れて洗浄するのです。もちろん患者の負担は大きいです。

可溶性の化合物の形で吸入した場合、プルトニウムの一部は血液中に取り込まれて体内に入ります。体内を循環したのち、肝臓と骨に溜まりやすいことが知られています。これを取り除くことは容易ではありませんが、比較的効果的なのは、第6章でもお話ししたキレート剤を用いる方法で、ジエチレントリアミン五酢酸（DTPA）が最適なキレート剤です。

Plutoniumという名前は、ローマ神話における冥界の神Pluto（ギリシア神話のἍιδηςに相

10『喫煙者の実効線量評価―タバコに含まれる自然起源放射性核種―』, *RADIOISOTOPES*, **59**, 733-739 (2010)

11 現在の核分裂兵器のイニシエイターには、デューテリウムとトリチウムの核融合反応を利用した中性子発生管が使われています。

12『Nuclear Safety Guide』, *U.S. Nuclear Regulatory Commission*, **TID-7016** Revision 2 (1978)

13『Critical Parameters of Spherical Systems of Alpha-Phase Plutomium Reflected by Berillium』, *University of California Radiation Laboratory Repot*, **UCRL-5349** (1958)

14『核兵器』（明幸堂）に詳しく記述してありますので、そちらをご覧ください！ 先ほどの中性子発生管についても載せてあります。

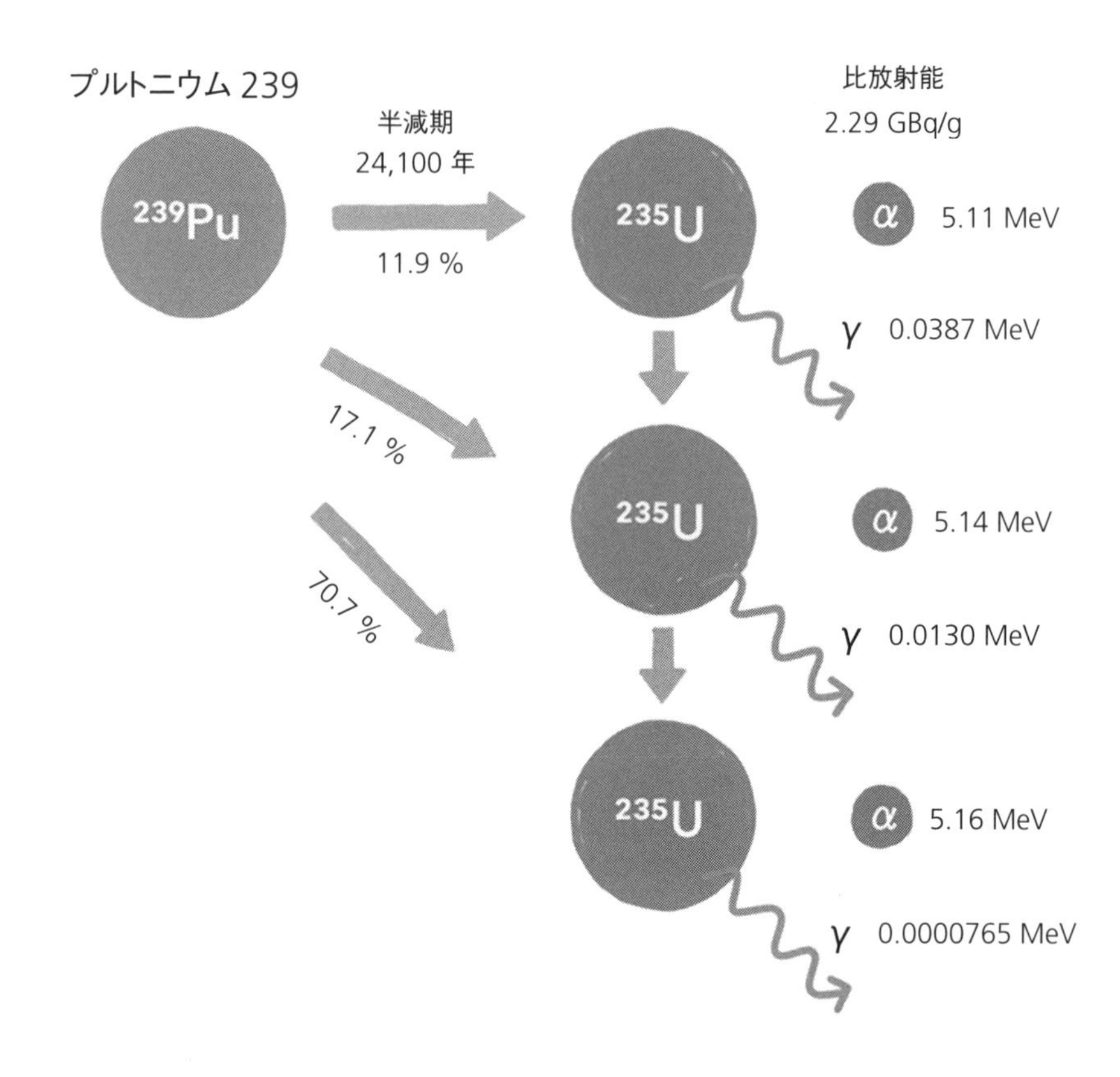

実効線量係数	吸入	成人	1.6 x10^{-5} Sv/Bq
		幼児	3.9 x10^{-5} Sv/Bq
	摂取	成人	2.5 x10^{-7} Sv/Bq
		幼児	4.2 x10^{-7} Sv/Bq
排気中濃度限界（不溶性酸化物）			8 x10^{-9} Bq/cc
排気中濃度限界（それ以外）			3 x10^{-9} Bq/cc
排水中濃度限界			4 x10^{-3} Bq/cc

当）に由来します。原子番号の順に、ウラン、ネプツニウム、プルトニウムと並んでいますが、これは、それぞれの語源であるウラヌス、ネプチューン（海の神、ギリシア神話のΠοσειδῶνに相当）、プルートゥが、太陽系の惑星である天王星、海王星、冥王星の語源ともなっており、元素名もその惑星の順で名づけたものです。それにしても、プルトニウムが核兵器のコアの主たる材料となっていることを鑑みれば、それが「冥界の神」と名づけられているのは、とても示唆的ではありませんか。

プルトニウム２３８（^{238}Pu）

プルトニウム２３８は、プルトニウム２３９と質量数わずかひとつ違いの同位体ですが、似て非なるものです。そもそも、つくり方からして違います。まず原子炉内の使用済み核燃料からネプツニウム２３７を抽出し、それに中性子を吸収させてネプツニウム２３８とします。ネプツニウム２３８は２日の半減期でβ崩壊し、プルトニウム２３８になります。

用途も、プルトニウム２３９とはまったく違います。核燃料として用いるのではなく、放射性同位体熱電子発電機（Radioisotope Thermoelectric Generator、ＲＴＧ）の熱源として用いるのです。

この原理は、ゼーベック効果という、温度差が電圧に変換される効果を利用したものです。２種類の金属（または半導体）を２箇所で接触させます。その２つの接触点に温度差があると、その間に電圧が生じる現象です。用途的には、温度を測定する熱電対がもっとも広く使われています。これの逆の効果（２つの接触点に電圧を加えると温度差ができる）を利用したものが、電子部品の冷却などにも使われているペルチェ素子です。ＰＣを自分で組み立てる人で

$$^{237}Np + n \rightarrow {}^{238}Np$$

$$^{238}Np \rightarrow {}^{238}Pu + e^-$$

（ニュートリノは省略）

あれば、CPUの冷却用に組み込んだりしたことがあるかも知れません。僕は半導体レーザーの温度安定化に使っていました。

これを利用して電圧を生み出すには、この接触点の片方に熱を供給し続ける熱源が必要です。その熱源として、放射性同位体の崩壊熱を利用しよう、というものです。第3章の最後のほうに、崩壊熱が意外に大きなことをお話ししましたが、それを積極的に利用したのがこの方法です。

みなさんがふだん使っている化学電池は、寿命が意外に短いでしょう。携帯電話の電池など、毎日充電しなければなりません。ところが、世の中には、そうそう簡単に電池を入れ替えたり充電したりできない環境でも、電池の需要はあるのです。たとえば、人工衛星に積む電子機器の動力源です。こういったものには、数年単位の寿命の電池が必要とされます。化学電池ではちょっとむずかしい長い期間ですが、放射性同位体を利用した電池であれば、その半減期が数十年を超えるものを選んでやれば、その間安定して電力を供給できます。第3章でお話ししたとおり、半減期は「温度や圧力といった環境ではいっさ

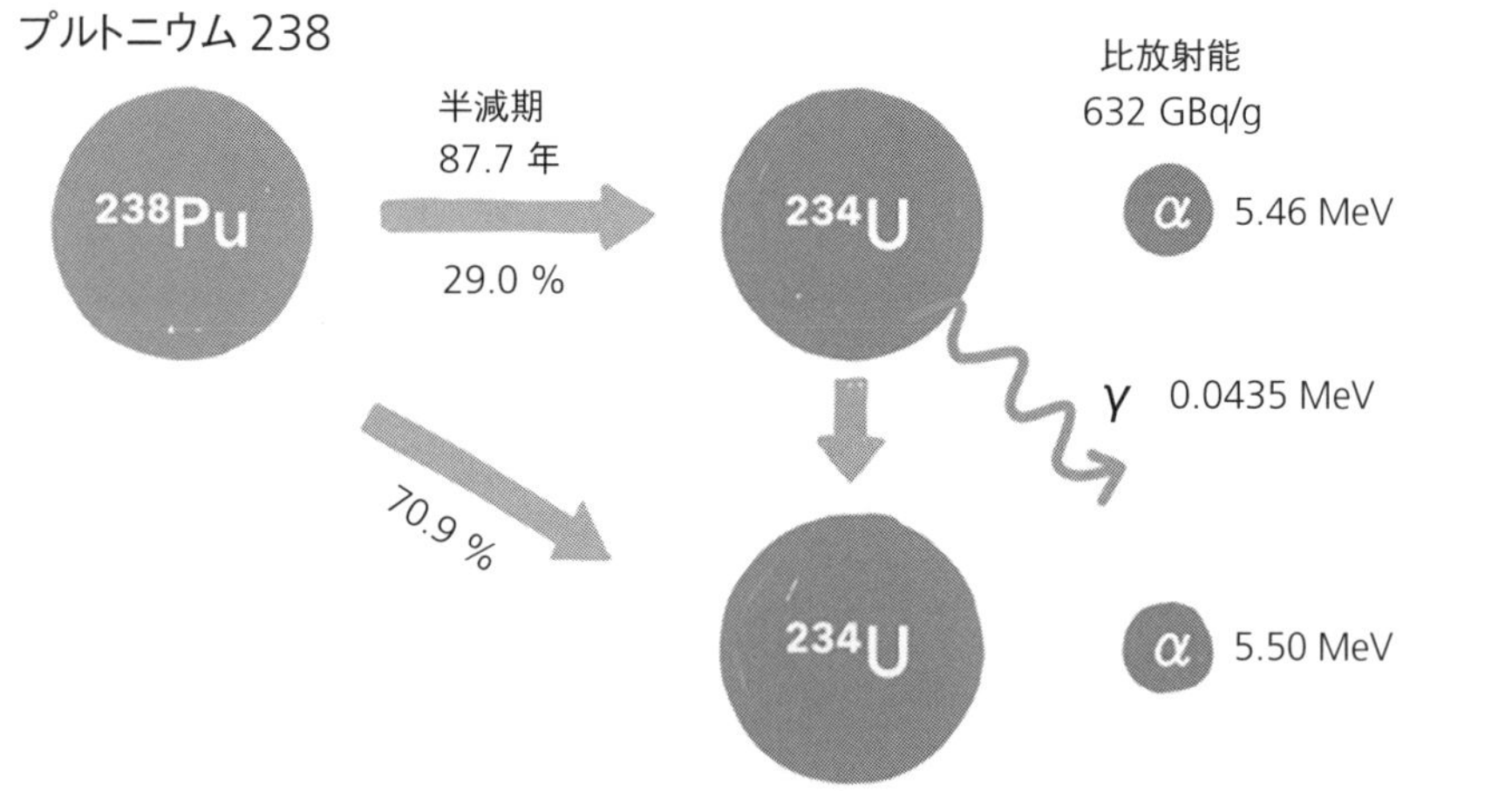

プルトニウム 238

比放射能
632 GBq/g

^{238}Pu
半減期
87.7 年
29.0 %
^{234}U
α 5.46 MeV
γ 0.0435 MeV
70.9 %
^{234}U
α 5.50 MeV

実効線量係数	吸入	成人	1.6×10^{-5} Sv/Bq
		幼児	4.0×10^{-5} Sv/Bq
	摂取	成人	2.3×10^{-7} Sv/Bq
		幼児	4.0×10^{-7} Sv/Bq
排気中濃度限界（不溶性酸化物）			8×10^{-9} Bq/cc
排気中濃度限界（それ以外）			3×10^{-9} Bq/cc
排水中濃度限界			4×10^{-3} Bq/cc

い変化しない」のですから。

第3章の内容をもう少し思い出してください。半減期と比放射能は反比例の関係にありましたよね。ということは、「長く保つ」ことと、「大きな熱を放出する」ということは相反することで、結局は、使用目的を考えて、バランスのよいものを選ぶことになります。ポロニウム210だと熱量は大きいが寿命が短く、ウラン238だと寿命は長いが熱量は小さいのです。その絶妙なバランスということで、半減期88年のプルトニウム238が選ばれています。

第3章でのポロニウム210の場合と同様に計算すると、0.55W／gの熱を放出することになります。1kgだと550Wです。熱から電気への変換効率を考えても、電池の源としては充分な出力です。実際、これをkg単位で塊にすると、そのエネルギーで赤熱するぐらいです。

このプルトニウム238を利用した電池は、かつて、心臓のペイスメイカーにも内蔵されていた時代がありました。一般人が個人的に所有できる唯一のプルトニウムです。現在では、リチウム電池（充電式でないほう）に取って替わられています。ペイスメイカーはそれほどの電力を消費しないからです。人工衛星用の電池としては、今もプルトニウム238を使った電池が活躍しています。

アメリシウム241（^{241}Am）

原子炉の中でウラン238が中性子を吸収して段階を踏んでプルトニウム239になるという話をしましたが、それをそのまま原子炉に入れたままにして運転を続けると、やがてその一部はさらに中性子を吸収してプルトニウム240となります。それがさらに中性子を吸収すると、プルトニウム241になります。このプルトニウム241は半

$$^{239}\mathrm{Pu} + \mathrm{n} \rightarrow {}^{240}\mathrm{Pu}$$

$$^{240}\mathrm{Pu} + \mathrm{n} \rightarrow {}^{241}\mathrm{Pu}$$

$$^{241}\mathrm{Pu} \rightarrow {}^{241}\mathrm{Am} + \mathrm{e}^-$$

（ニュートリノは省略）

減期14．3年でβ崩壊を起こしてアメリシウム２４１になります。

Americiumの名前は、その響きからすぐにわかるように、アメリカからとられています。アメリカでの最大手のスーパーマーケットはウォルマートですが、このアメリシウムは、「ウォルマートでも買える放射性物質」とでも呼ぶべきものです。ただし「アメリシウム２４１」と札が貼られて売られているわけではありません。ウォルマートで売っているのは煙感知器で、その中にアメリシウム２４１が使われているのです。

この感知器は、イオン化式煙感知器と呼ばれています。イオン化式、つまり電離式です。放射線が空気分子を電離することは第4章でお話ししましたし、その電離されたイオンを測定することで放射線量を測定するものとして第7章で電離箱をご紹介しました。その電離箱を応用したものが、このイオン化式煙感知器です。

感知器のコアは、放射性物質を中に入れた電離箱です。放射性物質が内蔵されているわけですから、この電離箱は常に放射線を検出し続けていることになります。その電離箱には、穴が開いています。この穴から中に煙が入ると、α線は煙に遮られ、電離する空気分子の量が減ってしまいます。電離箱は放射線量を電流に変えて検出するわけですから、電流が減れば警報を鳴らすようにしておけばよいわけです。

ところが、そのままだとうまく使えません。放射性物質は放射線を出すことで減っていくわけですから、煙がなくとも、放射線量、つまり電離量は自然に減っていくからです。そこで、密閉されているということ以外は同じ構造の電離箱を電気的につなぎ、その信号の比を見るのです。そうすれば、密閉されたほうも煙が入ってくるほうも同じ割合で放射線量は減っていき

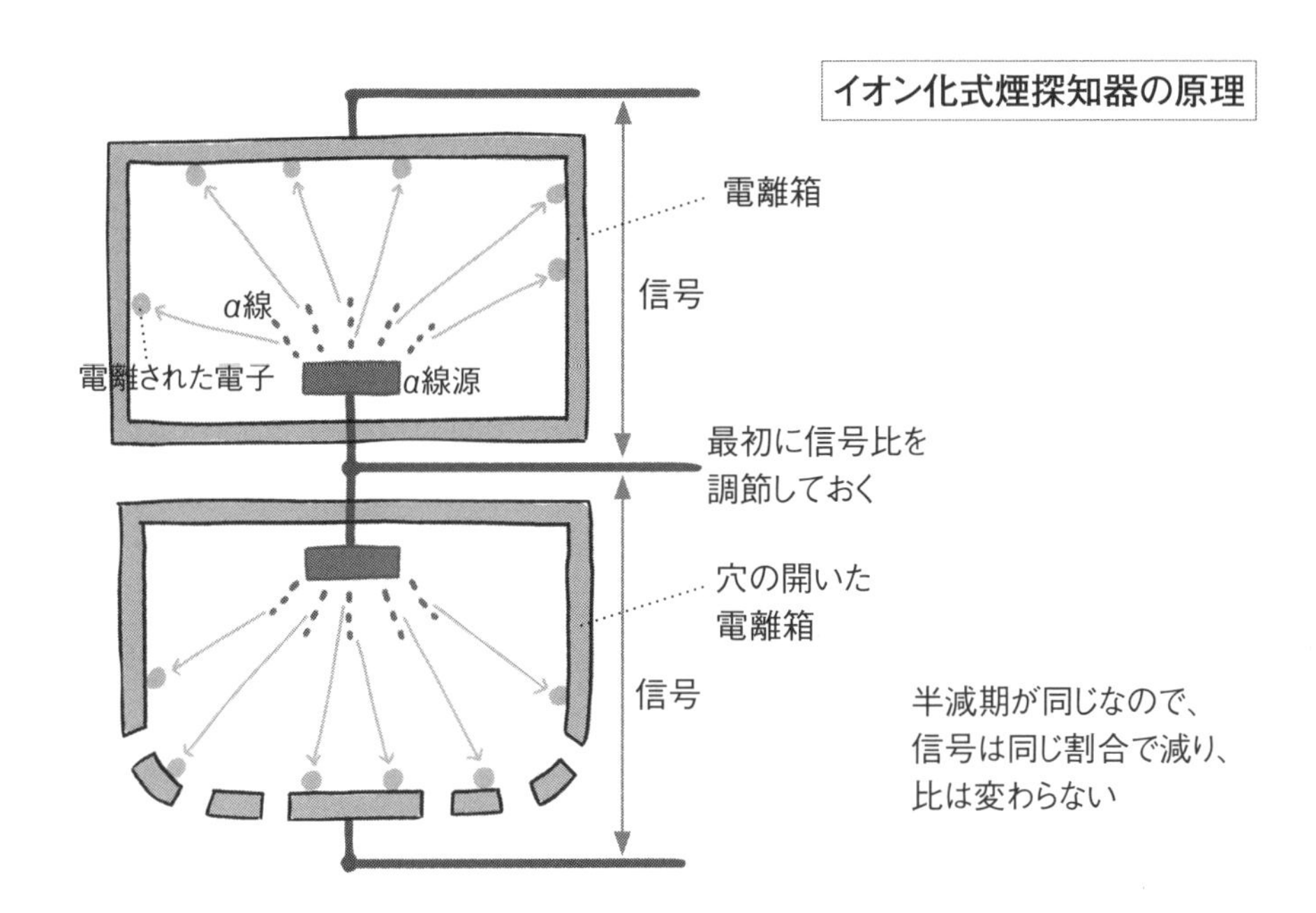
イオン化式煙探知器の原理
電離箱
信号
α線
電離された電子
α線源
最初に信号比を
調節しておく
穴の開いた
電離箱
信号
半減期が同じなので、
信号は同じ割合で減り、
比は変わらない

穴の開いた電離箱に
煙が入ると…

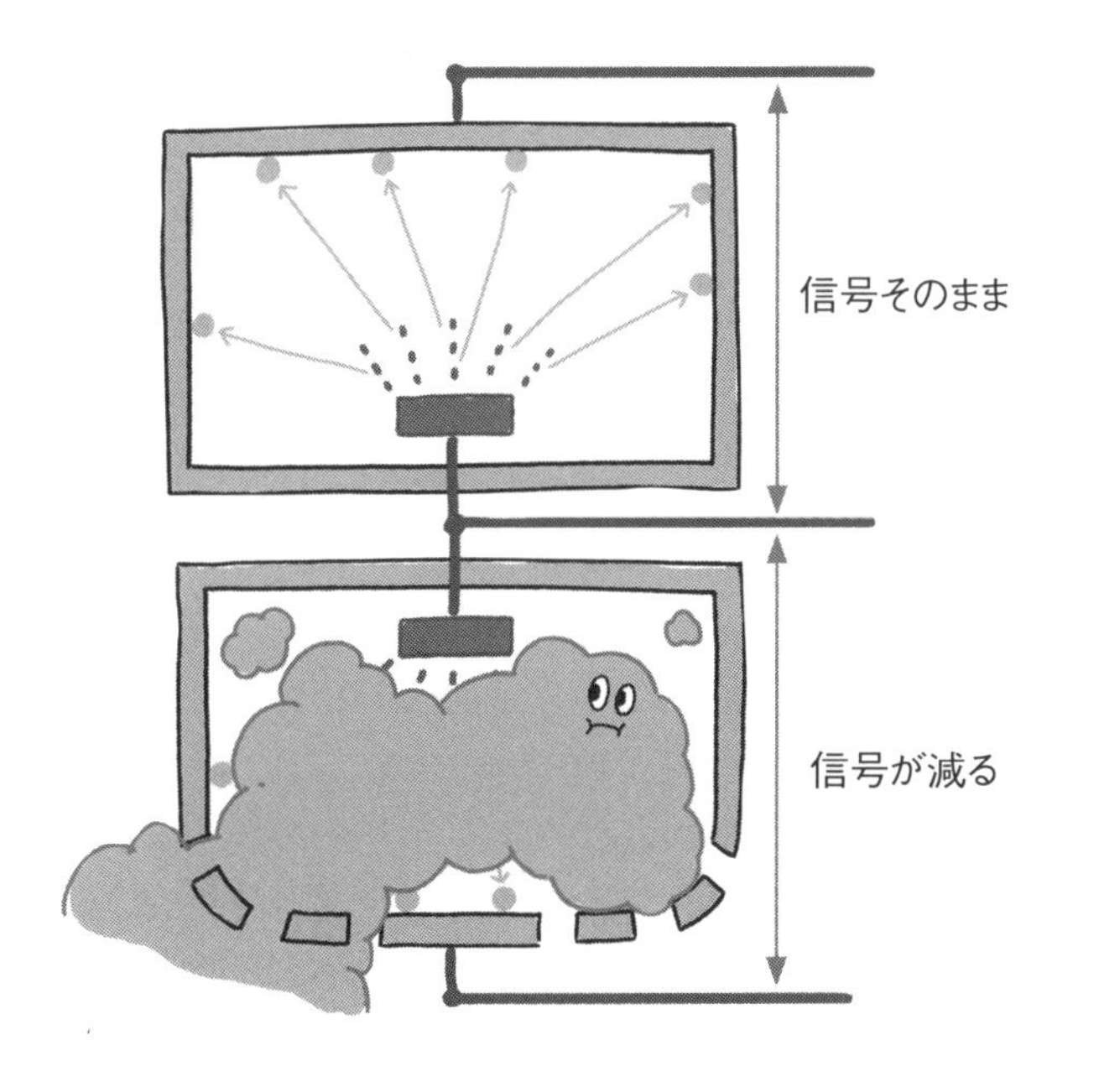
信号そのまま
穴が開いていないほうの
電離箱はそのまま
α線は飛程が短いので、
煙に遮られ、
電離できる量が減る
信号が減る
信号のバランスが崩れ、
異常を感知する

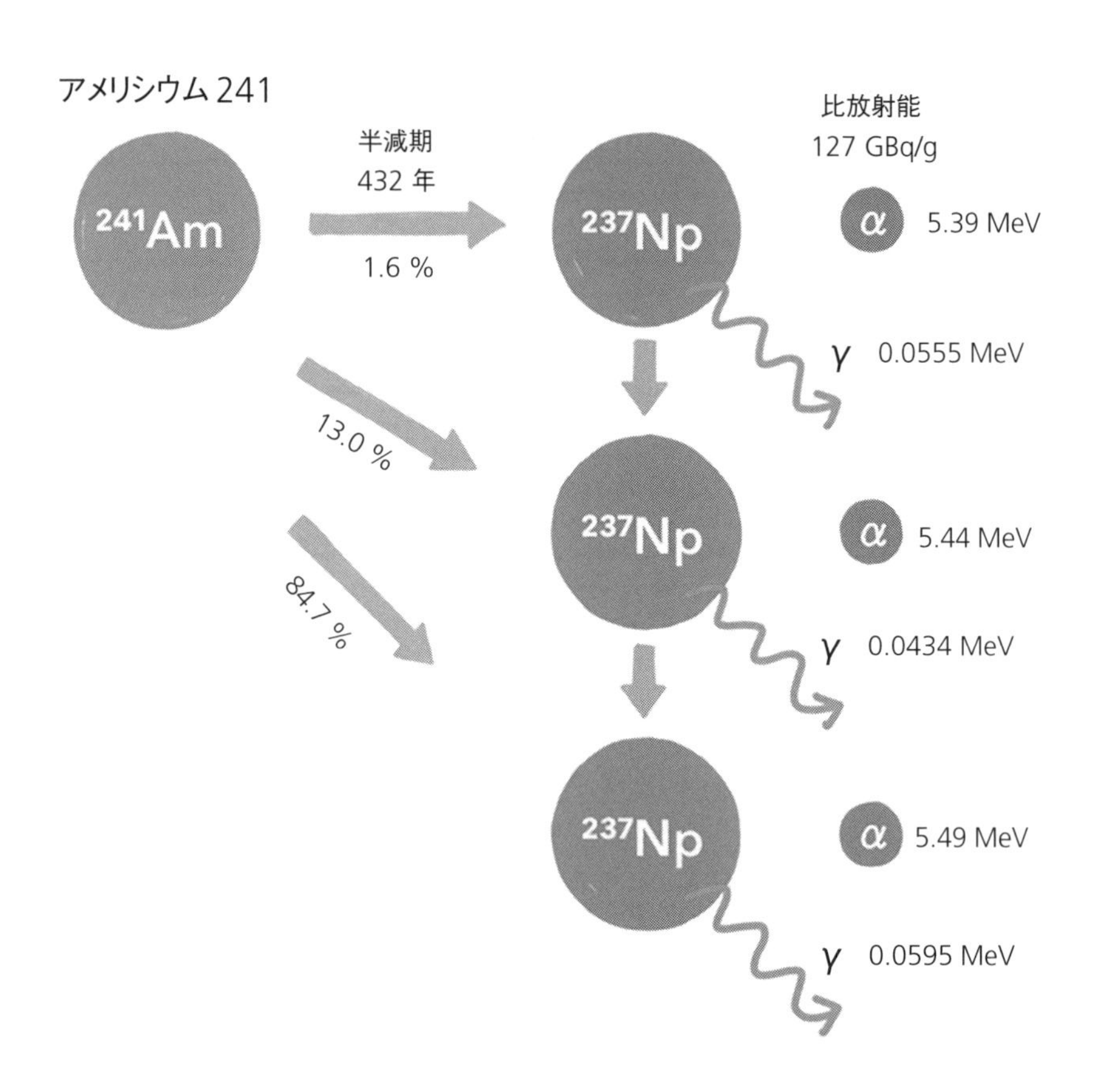

実効線量係数	吸入	成人	1.6 x10^{-5} Sv/Bq
		幼児	4.0 x10^{-5} Sv/Bq
	摂取	成人	2.0 x10^{-7} Sv/Bq
		幼児	3.7 x10^{-7} Sv/Bq
排気中濃度限界			3 x10^{-9} Bq/cc
排水中濃度限界			5 x10^{-3} Bq/cc

ますから、煙が入ることで自然減少分よりも余計に減った分だけを検出できます。

この放射性物質に、アメリシウム２４１が使われています。現在、日本では放射性物質を使わない方式の煙感知器が使われていますが、欧米ではまだまだこのイオン化式煙感知器が多く使われています。

１９７４年、ハンフォード（アメリカの核施設）にて、アメリシウム２４１による被曝事故が起こりました。[15] この事故では、アメリシウム２４１を吸着したイオン交換樹脂の容器が破裂し、その破片が作業者の顔面に刺さったために、その傷口から大量にアメリシウム２４１が体内に取り込まれたという、極めて特殊な事故です。このときの対処としては、傷口の洗浄のほか、体内に取り込まれてしまった分に対しては、プルトニウムのところにも登場したキレート剤、ジエチレントリアミン五酢酸（ＤＴＰＡ）が投与されました。なんと1年半もの間、投与を続けたそうです。その効果があり、当時の許容量の1万倍もの量を取り込んだにもかかわらず、急性障害を防ぐことができたのでした。

カリフォルニウム２５２（^{252}Cf）

カリフォルニウムも天然資源として存在せず、人工的につくることになるのですが、これをつくるのは相当たいへんです。天然資源でもっとも質量数が大きなものは、これまでお話ししたとおりウラン２３８で、だからこそすべての母たりえるのですが、それより質量数が大きなものは、これに中性子をくっつけていってつくり出すことになります。第1章でも本章でもお話しした、現代の錬金術ですね。プルトニウム２３９やアメリシウム２４１のような、ウラン

15『Investigation of the Chemical Explosion of Anion Exchange Resin Colum and Resulting Americium Contamination of Personel in the 242-Z Bulding』, *Richland Operation Office* (1976)

２３８とほとんど同じ質量数のものはそれほどむずかしくないのですが、２５２という質量数は、２３８よりはるか先にあります。中性子をひとつずつ時間をかけてくっつけていくので、とても遠い道程です。しかも、途中の生成物は、とても寿命が短いものも多く、どんどん壊れていきますから、その壊れる分も見込んでたくさんつくらねばなりません。ですから、カリフォルニウム２５２は、１ｇあたり何十億円もするほど高価です。僕はもちろん買ったことはありませんが。

　ウラン２３８からスタートしてカリフォルニウム２５２へと至る経路をいちおう書いておきます。

　どうですか、気が遠くなる道程でしょう。このような手間をかけてなお求められるのは、カリフォルニウ

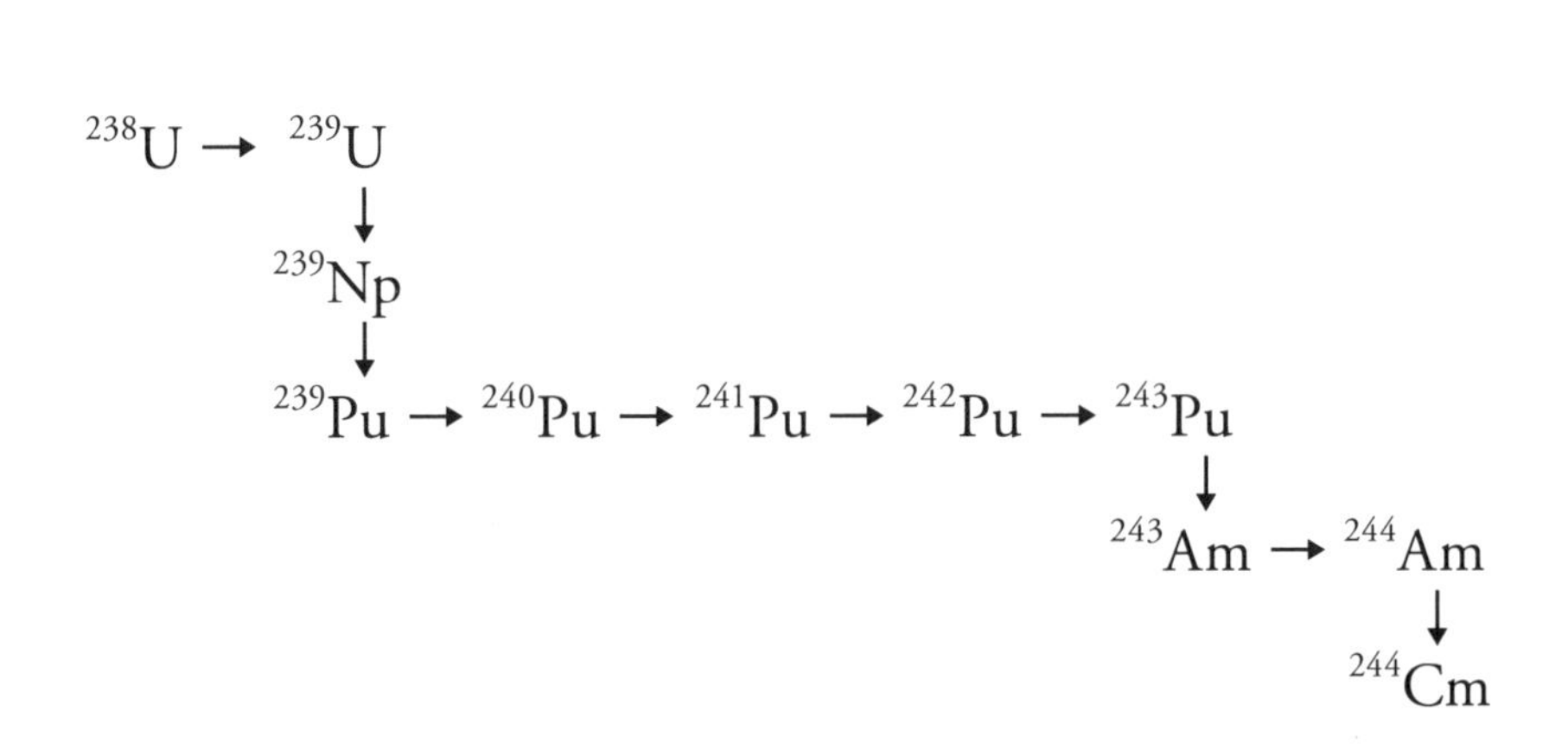

$\rightarrow {}^{245}Cm \rightarrow {}^{246}Cm \rightarrow {}^{247}Cm \rightarrow {}^{248}Cm \rightarrow {}^{249}Cm$

${}^{249}Cm \rightarrow {}^{249}Bk \rightarrow {}^{250}Bk$

${}^{249}Bk \rightarrow {}^{249}Cf \rightarrow {}^{250}Cf$, ${}^{250}Bk \rightarrow {}^{250}Cf$

$\rightarrow {}^{251}Cf \rightarrow {}^{252}Cf$

ム252がある重要な性質をもっているからです。

　下の崩壊の図が、他の放射性同位体のものと大きく異なることがおわかりになるでしょうか。それは、「自発的核分裂」というものが入っているからです。自発的核分裂は、外から中性子を吸収しなくても、その原子核が勝手に分裂してしまう現象のことです。じつはウラン以上の巨大な質量数をもつ同位体は、ある確率で自発的核分裂を起こします。しかし本章の図では、基本的に1%以上の確率で起こるものだけを描きましたので、他の同位体のところには描かれていません。カリフォルニウム252だけに自発的

カリフォルニウム 252

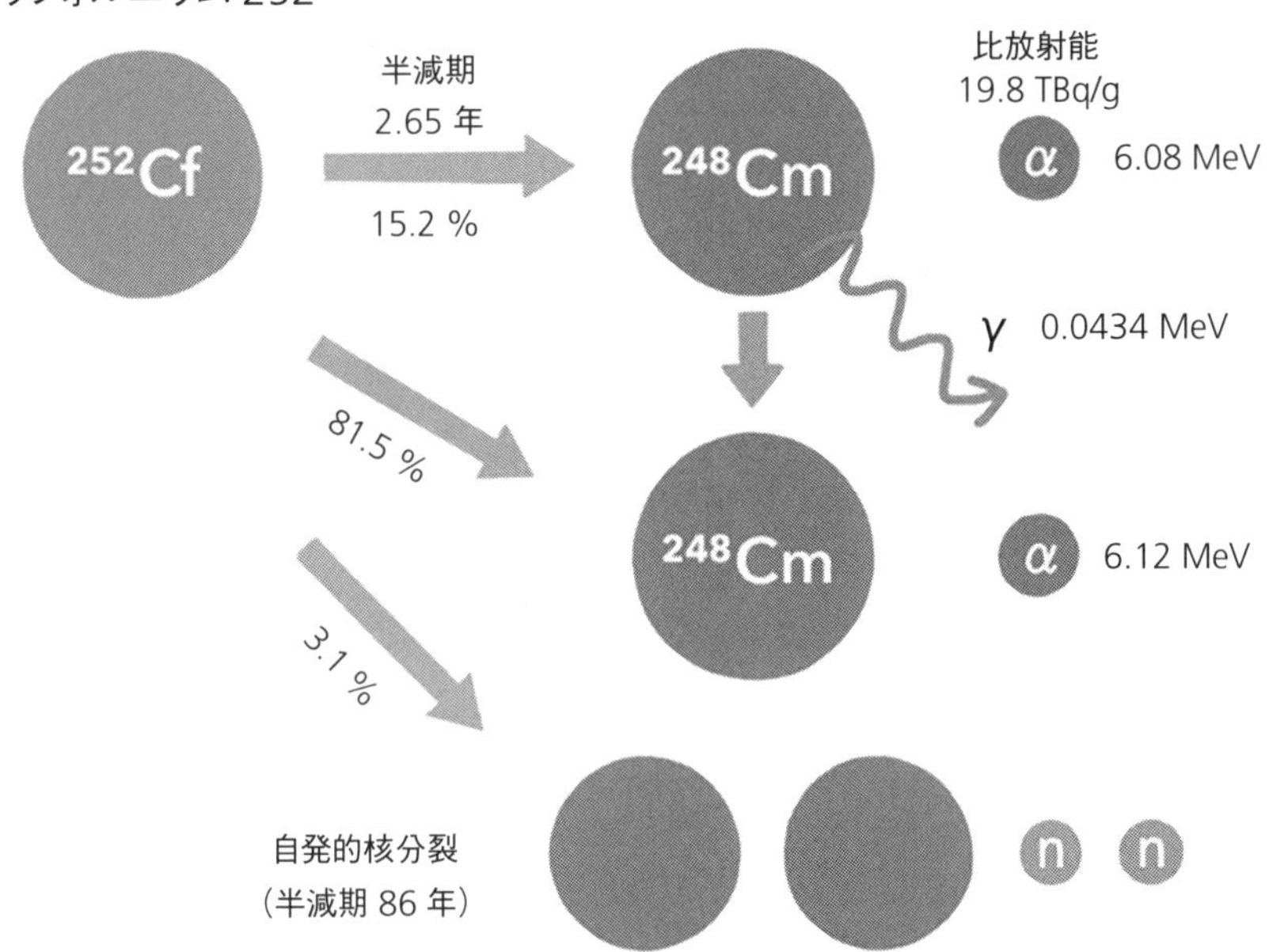

※一番下の反応は核分裂であり、核分裂は 258 ページの「β線を出す放射性同位体」のところでも書いてありますように、核分裂によってどのような原子核が生じるかは、とてもたくさんのパターンがありますので、この図では、生成した原子核の記号を特に書いてありません

実効線量係数	吸入	成人	2.0 x10^{-5} Sv/Bq
		幼児	8.7 x10^{-5} Sv/Bq
	摂取	成人	9.0 x10^{-8} Sv/Bq
		幼児	5.1 x10^{-7} Sv/Bq
排気中濃度限界			6 x10^{-9} Bq/cc
排水中濃度限界			7 x10^{-3} Bq/cc

核分裂が描かれているのは、それだけ高い頻度で起こることを意味しています。これまで話題に上がった同位体の、1gあたり、1秒あたりの自発的核分裂の頻度を下に並べてみます。[16]

どうですか、カリフォルニウム252が突出していることがわかるでしょう。

核兵器や原子炉に用いる核燃料は、人間が望むタイミングで核分裂を起こしてくれないと困ります。ですから、外部から中性子を与えられたときに核分裂を起こし、そうでない場合に、つまり自発的に核分裂を起こすことは、できるだけないほうがよいのです。その点では、ウラン235がいかに優秀な核燃料であるかがわかります。そして、プルトニウム239のところで、プルトニウム240が混ざる量が多くなると望ましくないということをお話ししたのも、プルトニウム240の自発的核分裂の頻度が高いからです。

しかし、そんなプルトニウム240など問題にならないほどの頻度で自発的に核分裂を起こすのが、カリフォルニウム252なのです。

ですから、カリフォルニウム252は、核燃料としてはまったく使えないことになります。

ところが、捨てる神あれば拾う神あり、です。そんなカリフォルニウム252でも、逆にその自発的核分裂の頻度が圧倒的に高いことを利用して、あることに利用されています。それが中性子源としての利用です。

もう一度崩壊の様子を表わした図をご覧いただくと、原子核が分裂していると同時に、中性子も発生していることがわかります。核分裂の破片として、原子核だけ

自発的核分裂の頻度

^{235}U	0.0000056	Bq/g
^{238}U	0.0068	Bq/g
^{238}Pu	1,170	Bq/g
^{239}Pu	0.007	Bq/g
^{240}Pu	482	Bq/g
^{241}Am	0.46	Bq/g
^{252}Cf	610,000,000,000	Bq/g

でなく、中性子も出て来るのです。第8章のＪＣＯ臨界事故の話のところで、駆け足ではありましたが簡単に連鎖反応についてお話ししましたが、そこでも、核分裂の際に中性子が飛び出すことをご説明しました。つまり、カリフォルニウム２５２は、核分裂のエネルギーを利用するのではなく、核分裂によって生じる中性子を利用するのです。

カリフォルニウム２５２の中性子源としての利用は、ひとつには非破壊検査への利用があります。X線撮影と同様にして、透過しやすいしにくいの違いを利用して、中身を調べるものです。中性子と物質との反応はX線のそれとはまったく違った様相を呈しますので、それを積極的に利用して、X線ではわかりにくいものを調べることができます。

そしてなんと言っても、原子炉の反応を開始させるイニシエイターとしての役割が重要です。イニシエイターについてはポロニウムのところでも触れましたが、連鎖反応を起こすための最初の中性子を発生させる中性子源のことです。

Californium の語源は、それを発見した物理学者たちが所属していたカリフォルニア大学バークリー校です。この大学は物理学の分野ではアメリカ三大名門大学とも言うべきところ（残りふたつは、プリンストン大学とマサチューセッツ工科大学）で、バークリーから取られた元素名バークリウムまであるほどです。マンハッタン計画のリーダーにしてロスアラモス国立研究所初代所長であるユリウス・ロベルト・オッペンハイマーや、このカリフォルニウムをはじめ10個もの元素を発見したグレン・セオドア・シーボーグもここで教鞭をとっていました。本章で紹介した元素では、プルトニウムとアメリシウムとカリフォルニウムがシーボーグによる発見です。

16『Spontaneous Fission Half-Lives for Ground-State Nuclides』, *Pure and Applied Chemistry*, **72**, No.8, 1525 (2000) のデータより、著者が計算

β線を出す放射性同位体

α線の次はβ線を放出する放射性同位体を見ていきましょう。

まずは原子炉の燃え残りからです。ウラン235やプルトニウム239は、原子核が分裂する「核分裂」という現象を起こすことで、エネルギーを生み出しています。つまり、原子炉が運転されると、ウラン235やプルトニウム239が分裂してできた「破片」の原子核がつくられていくのです。

左の図は、ウラン235が0.025eVのエネルギーの中性子（一般的な原子炉内での中性子）を吸収して核分裂したときの「破片」、つまりウラン235から新たに生まれた原子核の生成率を表わしたものです。[17] ちょうど半分（質量数118）のところは谷間になっていて、真っ二つに割れるというよりも、大きめの破片と小さめの破片とに分裂する様子がわかるかと思います。生成物の収率、ということからもわかりますように、どの原子核に分かれるかはまさに確率的で、実際の原子炉の中では、このすべての種類の原子核が新たに生まれていることになります。

ここで、第1章の最後のほうの、安定な原子核での陽子と中性子の数の比率についての話を思い出してください。「小さな原子核では、陽子と中性子はほぼ同じ数だが、強い力は隣り合う核子同士にしか働かないために、大きな原子核ほど、中性子を多めに必要とする」という話でした。つまり、ウラン235やプルトニウム239といった巨大な原子核では、中性子がかなり多めに入っているのですが、それが半分くらいの大きさの原子核に分かれると、中性子は

17 JAEA Nuclear Data Center の JENDL-4.0 のデータより、著者がグラフ作成

それほど必要でないので、「中性子が多すぎる原子核」となってしまうのです。その原子核がどうなるのかは、第2章でお話ししたとおりです。β崩壊によって中性子を陽子に変え、陽子と中性子のバランスをよくしようとします。ですから、結局のところ、核分裂によってつくられたものは、β線を出す放射性同位体になる、ということです。これが、原子炉がその運転によって放射性物質を生み出す仕組みです。

我々は、自分たちの快適な生活や豊かな暮らしの代償に放射性物質を生み出している、ということも、決して忘れてはなりません。

では、ここからは、まず核分裂によって生み出された放射性同位体から始めましょう。

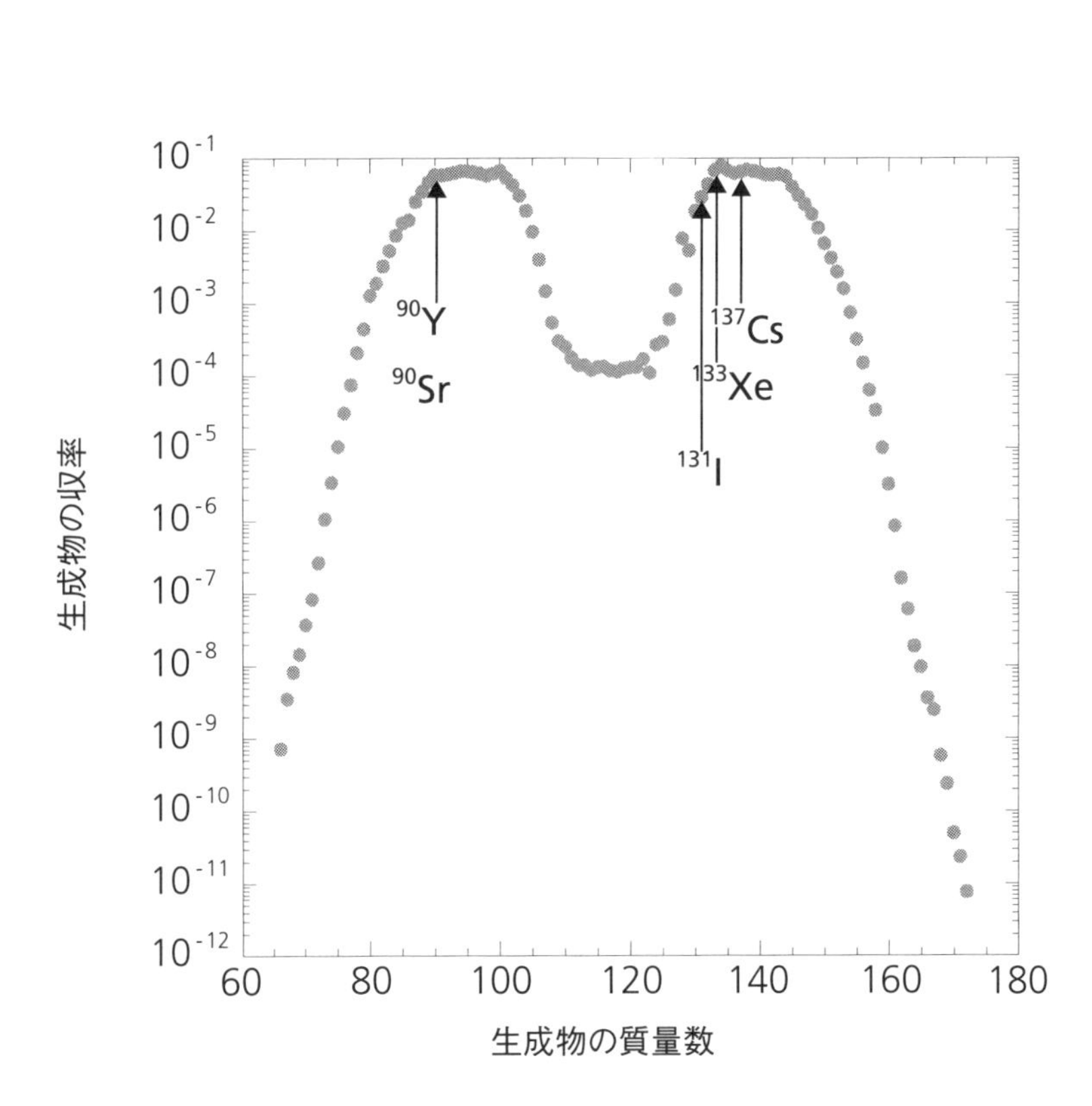

セシウム137（^{137}Cs）

福島第一原子力発電所事故によって一躍有名となった放射性同位体のひとつが、このセシウム137です。セシウムは、セシウム133のみが安定した同位体で、それ以外の同位体はもともと地球上にはほとんどありませんので、人類が核分裂を起こさなければ、そしてそれが外に漏れなければ、みなさんが出逢うこともなかったものです。でも、福島第一原子力発電所事故以前には環境中にまったくなかったのかというと、そうではありません。国連の安全保障理事会の常任理事国が、盛んに大気内核実験を行っていた時期があるからです。その時期に地上にばらまかれたセシウム137が、今もたくさん残っています。

セシウムは、化学的には、アルカリ金属に属するため、それらと非常によく似た性質を持っています。アルカリ金属と言えば、ナトリウムやカリウムがそうですが、どちらも我々の身体に欠かせない元素です。それらと同じ仲間であるために、体内での挙動も似ています。アルカリ金属はとても水に溶けやすいので、腸からの吸収率もとても高いのが特徴で、いっぽうで、まさにその溶けやすさから、体外にも排出されやすくなっています。ですから、第5章でお話ししたとおり、30年という物理学的半減期よりも、生物学的半減期のほうがはるかに短いです。[18]

水に溶けやすいことから、環境中に存在する場合でも、水とともに移動しやすいです。第7章で、福島第一原子力発電所事故直後には、我々の研究施設内の道路の表面でもたくさん検出されたことをお話ししましたが、それも、間もなく検出されなくなりました。特に除染もなにもしていないにもかかわらず、です。つまり、雨に流されてしまったということを意味してい

18 セシウム137の生物学的半減期は、成人で110日程度（ICRP Publication 30）、10歳児で50日程度(ICRP Publication 67)です。

ます。もちろんこれも第6章でお話ししたとおり、なくなってしまったわけではなく、排水溝から川へ、そして海へと流されてしまっただけです。

　このことから、吸入よりも経口摂取に気をつけるべき放射性同位体です。食事の前によくよく手を洗いましょう。たったそれだけのことを怠ったために生死を分けた例を、第8章でお話ししました。

　セシウム137が体内に入ってしまった場合の除去方法は、第6章でお話ししたイオン交換体を投与するものが有効です。セシウムの場合はヘキサシアノ鉄（II）酸鉄（通称プルシアンブルー）を投与し、それがセシウムを捕らえることを利用し、それごと体外に排出させます。第8章のゴイアニア事故でも、内部被曝が疑われる人には、プルシアンブルーが投与されました。

caesium（ラテン語、英語ではcesium）の語源は、ラテン語のcaesiusで、青みがかった灰色のことだそうです。これは、発光スペクトル（軌道上電子からの光であって、γ線ではありませんよ、念のため）の輝線が青いことがその由来だそうです。

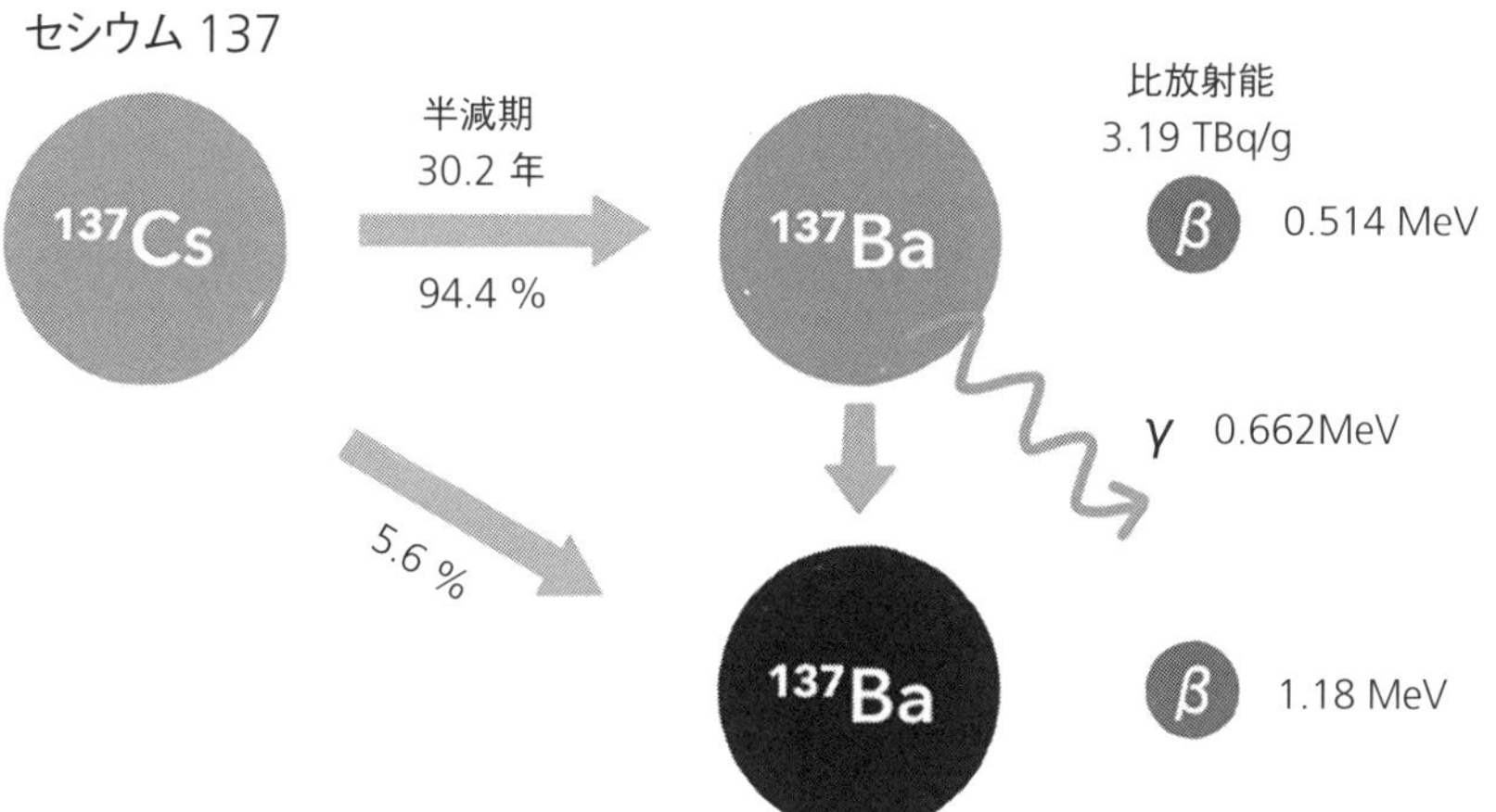

実効線量係数	吸入	成人	3.9×10^{-8} Sv/Bq
		幼児	1.0×10^{-7} Sv/Bq
	摂取	成人	1.3×10^{-8} Sv/Bq
		幼児	1.2×10^{-8} Sv/Bq
排気中濃度限界			3×10^{-5} Bq/cc
排水中濃度限界			9×10^{-2} Bq/cc

キセノン１３３（^{133}Xe）

キセノン１３３も核分裂生成物ですが、他の生成物と違うのは、これが気体であるということです。

地上核実験を行っていたおおらかな時代と違い、現在はそれが禁じられ、核実験は地下の実験施設で行われます。そのため、核分裂生成物は実験施設に閉じ込められますが、気体を閉じ込めるのはとても難しいので、これだけは地上に漏れ出します。そして、一旦地上に漏れ出した気体は、気流に乗って広範囲に拡散されますから、その実験場から離れた場所でも観測されることがあります。北朝鮮が核兵器実験を行ったかどうかを判断するのも、このキセノン１３３が検出されたかどうかで判断することもあります。実験場の近くには行けなくとも、気流に乗って拡散した気体を収集することは可能だからです。

キセノン１３３は、トレイサーとしても利用されています。キセノン１３３は貴重な気体のトレイサーですので、肺での換気機能を調べるのに使われています。81ｋｅＶという低いエネルギーのγ線がここでは役に立っています。

ところでみなさんの中には、キセノンと言われて最初に思い浮かべるの

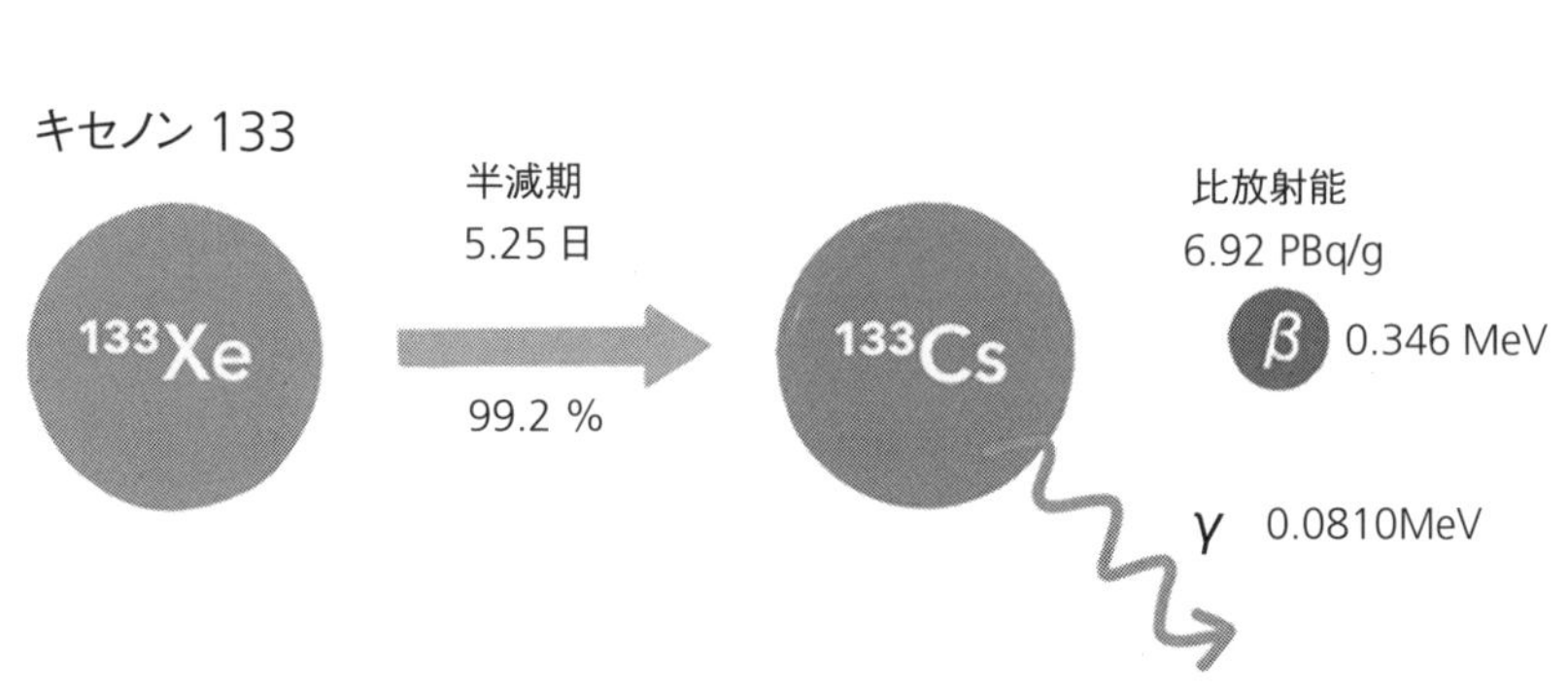

排気中濃度限界	2×10^{-2} Bq/cc

がキセノンランプである人もおられるのではないでしょうか。あの夜目にも眩しい自動車のヘッドライトがそれです。キセノンランプはキセノン雰囲気中での放電を利用したものですが、点灯時のみその放電を利用したものも広義的には含まれます。同様に気体中の放電を用いたランプには、ヘリウム、ネオン、アルゴン、クリプトンを用いたものがありますが、キセノンを含めて、これらはすべて、希ガスと呼ばれる元素の仲間に属します。周期表で言うと一番右端の列です。ラドンも希ガスです。ランプには使いませんが。

希ガスは、化学的な反応性に乏しい、つまり化学的に安定した気体ですので、ランプ以外にも、その安定性を利用した用途に広く使われています。

キセノン１３３以外のキセノンの放射性同位体としては、キセノン１３５が有名で、これは原子炉の運転によって生成する同位体であるにもかかわらず、中性子の吸収断面積が極めて高いのが特徴です。一般的な原子炉内での代表的な速度（０．０２５eV）の中性子に対する吸収断面積[19]は、水素1で０．３３b、炭素12で０．００３５b、吸収剤として有名なホウ素10で3,８００bであるのに対して、キセノン１３５はなんと2,９００,０００bもあります。[20]このため、原子炉の運転を妨げる物質（「毒物質」と呼ばれます）として、特にあつかいに注意を要します。運転とともに炉内に発生するので、あらかじめ取り除いておく、ということができないからです。史上最悪の原子力事故であるチェルノブイリ原子力発電所事故の原因も、運転員がこのキセノン１３５に起因する原子炉の挙動に対する対応を誤ったためです。

Xenonの語源は、ギリシア語のξένον（奇妙な）です。日本人は「キセノン」と発音しますが、英語ではゼノンです。

19 反応のしやすさを表わす値は、「断面積」と呼び、面積の次元をもちます。ここで登場している「b（バーン）」は、１b＝10^{-28}m^{2}です。

20 JAEA Nuclear Data Center

ヨウ素131（^{131}I）

ヨウ素131は、福島第一原子力発電所事故以前に、チェルノブイリ原子力発電所事故で一躍有名になった放射性同位体です。

ヨウ素は海藻に多く含まれているため、海藻をよく喰べる日本人はその摂取量が他国に比べて多いです。内陸国ではヨウ素欠乏症になる人が比較的多く、逆に日本ではヨウ素の過剰摂取によるものと思われる海岸性甲状腺腫を発症する人もいます。

ヨウ素の工業的な生産では、全世界のうち、1位のチリが2／3、2位の日本が1／3と、驚くべきことにこの2カ国でほとんどを占めます。資源が乏しいと言われ続けている日本で、このような輸出資源があるということは意外なことでしょう。しかも、日本での生産のうち、そのほとんどが、千葉県で産出しているのです。これは南関東ガス田という天然ガス鉱床から抽出しているのですが、そもそもこんなところにガス田があったということをご存知なかった方も多いのではないでしょうか。このガス田は、可採埋蔵量4,000億m^3にも及び、日本の天然ガス埋蔵量の実に9割を占めると言われています。[21]

ヨウ素は半減期が8日ととても短いため、事故などで生活環境中に漏れた場合には、最初の数日の対応がとても大切になってきます。チェルノブイリ原子力発電所事故では、このヨウ素に対する初期対応（ヨウ素剤云々以前に、飲み物に気をつけるなど）が遅れたために、周辺住民の甲状腺癌の発生が有意に増えました。[22] そう、ヨウ素は甲状腺に溜りやすいのです。それを

21 http://www.gasukai.co.jp/gas/index4.html

22 『Sources and Effects of Ionizing Radiation』, *United Nations Scientific Committee on the Effects of Atomic Radiation* (2011)

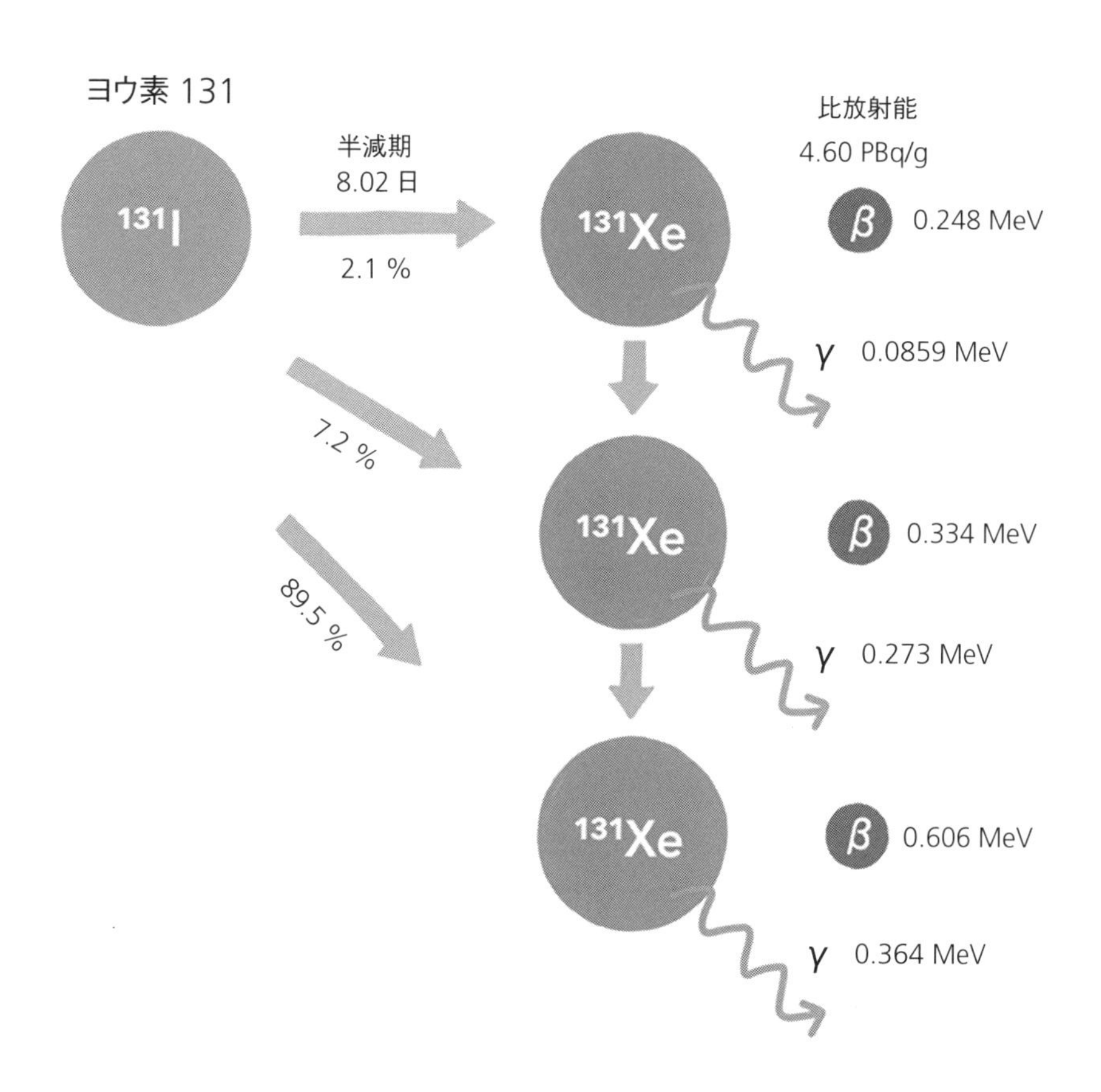

実効線量係数	吸入	成人	1.6 $\times10^{-9}$ Sv/Bq
		幼児	6.2 $\times10^{-9}$ Sv/Bq
	摂取	成人	2.2 $\times10^{-8}$ Sv/Bq
		幼児	1.8 $\times10^{-7}$ Sv/Bq
排気中濃度限界（蒸気）			5 $\times10^{-6}$ Bq/cc
排気中濃度限界（ヨウ化メチル）			7 $\times10^{-6}$ Bq/cc
排気中濃度限界（それ以外）			1 $\times10^{-5}$ Bq/cc
排水中濃度限界			4 $\times10^{-2}$ Bq/cc

逆に利用して、バセドウ病の治療のためにヨウ素１３１を投与して故意に被曝させる話も、第9章でしました。

ヨウ素１３１が体内に入った場合、もしくは入る恐れがある場合の対処方法は、第６章でもお話ししたとおり、放射性でないヨウ素の同位体を投与することで、体内の全ヨウ素中のヨウ素１３１の割合を下げる方法です。みなさんも、福島第一原子力発電所事故が起こった直後に「ヨウ素剤を飲め」なる話を聞いたことがあるではないでしょうか。先ほどお話ししたとおり、日本人は普段からヨウ素の摂取量が多いのでそれほどでもありませんが、大陸国の人たちは普段の摂取量が少ないだけに、ヨウ素剤の摂取はとても効果的です。

ストロンチウム90（^{90}Sr）

福島第一原子力発電所事故の際に、セシウム１３７やヨウ素１３１と並んで有名になったのが、このストロンチウム90です。

ストロンチウム90は崩壊のしかたがひととおりで、しかもβ線だけを出すので、とてもわかりやすいです。ストロンチウム90が崩壊してできたイットリウム90は、まだ不安定な放射性同位体の状態ですので、それについては次節で取り上げておきます。

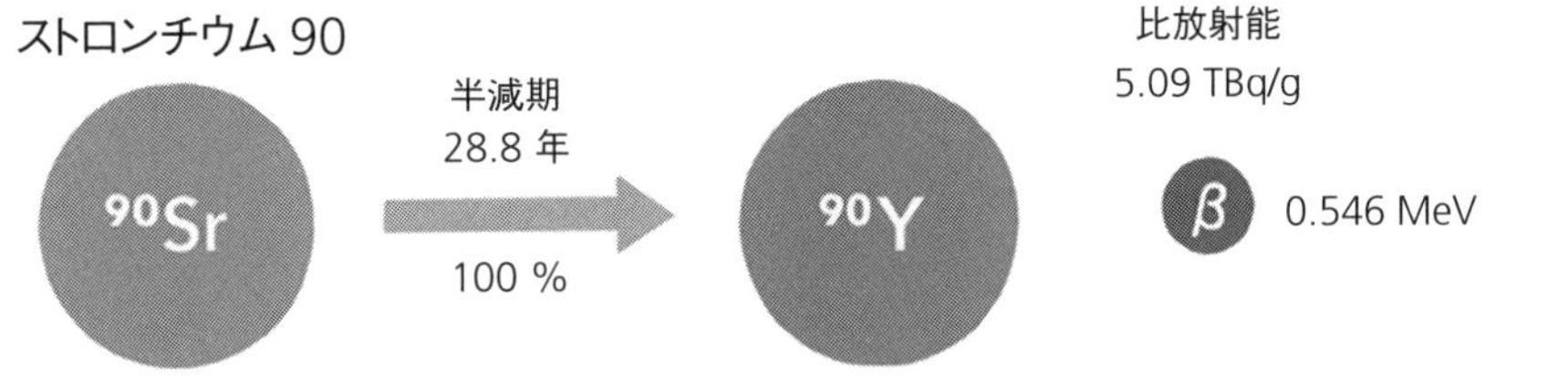

ストロンチウム 90

^{90}Sr → 半減期 28.8 年 100 % → ^{90}Y

比放射能 5.09 TBq/g

β 0.546 MeV

実効線量係数	吸入	成人	1.6 x10^{-7} Sv/Bq
		幼児	4.0 x10^{-7} Sv/Bq
	摂取	成人	2.8 x10^{-8} Sv/Bq
		幼児	7.3 x10^{-8} Sv/Bq
排気中濃度限界（チタン酸ストロンチウム）			8 x10^{-7} Bq/cc
排気中濃度限界（それ以外）			5 x10^{-6} Bq/cc
排水中濃度限界			3 x10^{-2} Bq/cc

ストロンチウムはカルシウムと同じアルカリ土類金属ですので、体内では、カルシウムが集まるところに同じように集まります。つまり骨です。

体内に取り込まれてしまったストロンチウム90を取り除くのは、とてもむずかしいです。体内の特定箇所に溜まりやすいものと言えばヨウ素が思い浮かぶかも知れませんが、ストロンチウム90を取り除く方法として、ヨウ素と同じような方法は採れません。なぜなら、ストロンチウムはカルシウムと間違えて骨に取り込まれるので、相対的な濃度を下げるにしても、体内のカルシウム量は相当に多いので、それに対する濃度を薄めようとすると、大変な量の非放射性ストロンチウムを投与しなければならず、現実的ではありません。

そこで、第6章でもお話ししたように、代謝を攪乱させる方法を採ります。[23] カルシウムの量が少ない食事を続けると、骨からカルシウムが離脱し、ストロンチウム90も離脱していきます。いっぽう、離脱したストロンチウム90を腎臓から排出させるには、リンの量が少ない食事を続けるのがよいです。ただし、それだけだと、カルシウム量の低下を察知した身体が腎臓からの排出を抑制するように動くので、代わりに、放射性同位体でないストロンチウムを摂取させます。この、低カルシウム・低リン・高ストロンチウム（非放射化）食の組み合わせが、骨に入ってしまったストロンチウム90を除去するのに最適なものとなります。ただし、カルシウムを不足させて代わりにストロンチウムを摂取させていることになるので、長期間の適用は障害を引き起こします。したがって、あくまでストロンチウム90をある程度排出させるための短期間の処置です。

23 以下、この段落は、『人体内放射能の除去技術』、講談社（1996）より。

イットリウム90（^{90}Y）

イットリウム90は、それ単独ではそれほど有名でもないのですが、ストロンチウム90の娘であり、半減期もわずか2.7日と短いので、ストロンチウム90の影響とまとめてあつかわれることが多いです。

つまり、ストロンチウム90を体内に取り込んでしまうと、ストロンチウム90からのβ線だけでなく、イットリウム90からのβ線も浴びることになります。しかもイットリウム90からのβ線のほうがはるかにエネルギーが高いです。

イットリウムになってしまうと、化学的な挙動はストロンチウムとまったく異なりますので、体内からの除去の方法もまったく異なります。イットリウムの除去には、第6章でお話ししたキレート剤を使います。プルトニウムやアメリシウムのところでもお話ししたジエチレントリアミン五酢酸（DTPA）は、イットリウムに対しても有効です。

イットリウムはみなさんにとっては縁遠い物質かも知れませんが、僕は学部生のときの実験であつかったことがあります。イット

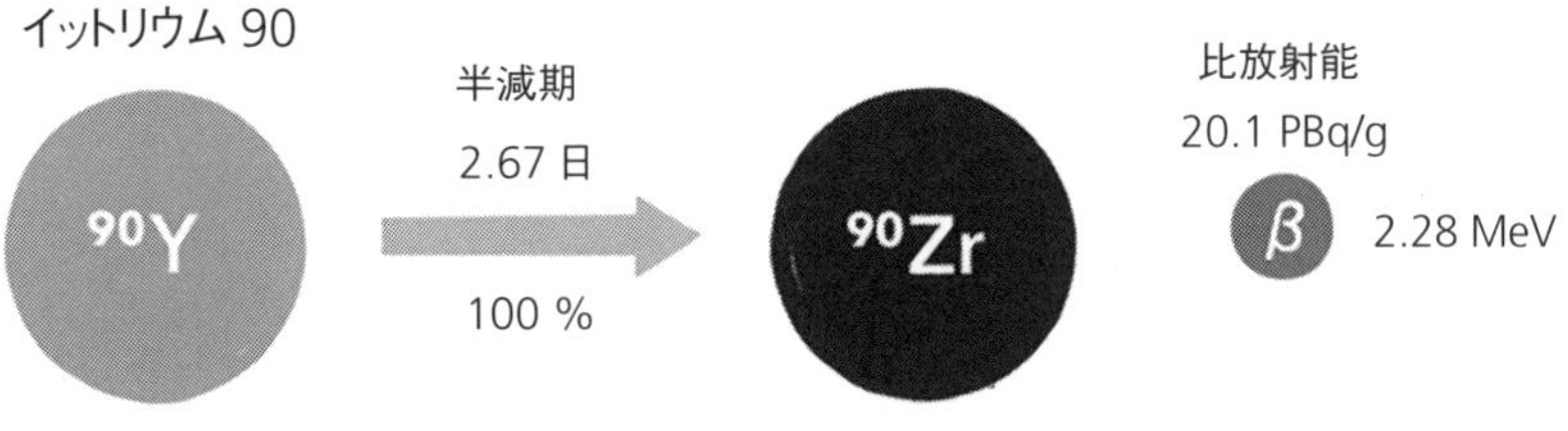

イットリウム 90

^{90}Y

半減期

2.67 日

100 %

^{90}Zr

比放射能

20.1 PBq/g

β 2.28 MeV

実効線量係数	吸入	成人	1.5 x10^{-9} Sv/Bq
		幼児	8.8 x10^{-9} Sv/Bq
	摂取	成人	2.7 x10^{-9} Sv/Bq
		幼児	2.0 x10^{-8} Sv/Bq
排気中濃度限界			8 x10^{-5} Bq/cc
排水中濃度限界			3 x10^{-1} Bq/cc

リウム、バリウム、銅、酸素の化合物である$YBa_2Cu_3O_7$は、比較的高い温度（90Ｋ以上）で超伝導となる物質で、この温度は液体窒素で冷却して達成できるので、超伝導の実験ではよく使われるのです（もっとも広くつかわれている超伝導物質であるニオブチタンで10Ｋ）。僕も、大学3年生のときに、自分で酸化イットリウムと炭酸バリウムと酸化銅を混ぜて焼き固めてこれをつくりました。

他には、産業に詳しい方であれば、ＹＡＧレーザーというものをご存知かも知れません。これは、イットリウム・アルミニウム・ガーネット（Yttrium Aluminum Garnet）の結晶（化学式は$Y_3A_5O_{12}$）を媒質に用いたレーザーで、工業用レーザーとして広く使われています。

Yttriumの語源は、それを含む鉱物が発見された場所であるスウェーデンのイッテルビー（Ytterby）に由来します。

使用済み核燃料に含まれる放射性同位体はここまでにして、ここからはそれ以外で重要なβ線を出す放射性同位体について見ていきましょう。

コバルト60（^{60}Co）

コバルト60は、工業的医療的利用のために人工的につくられる放射性同位体の代表格です。天然のコバルトは、１００％コバルト59です。これに原子炉で中性子を照射し、吸収させて、コバルト60を製造します。

図のようにコバルト60は99.9％が2段階の崩壊をしますから、観測する側としては、1.17MeVと1.33MeVの2本のγ線を放出したように見えます。このγ線が、γ線照射源としてはもっとも広く利用されるものです。第9章でお話しした食品へのγ線照射やγ線滅菌、そしてγ線照射による治療にも、このコバルト60が使われます。[24]

我々は、実験施設の建設の際に各種材質の耐放射線性能を調べましたが、そのために原研の高崎研究所（当時、現在は原研から切り離され、量子科学技術研究開発機構に編入されています）の照射施設に行って照射試験を行いました。そこでもγ線源としてコバルト60が使われていました。

このように広く利用されているだけに、事故もそれなりに起こっています。多くは、工業や医療目的で使用されたコバルト60が、それを含む装置ごとスクラップにされ、スクラップに混ざった状態で再利用されてしまうことです。一

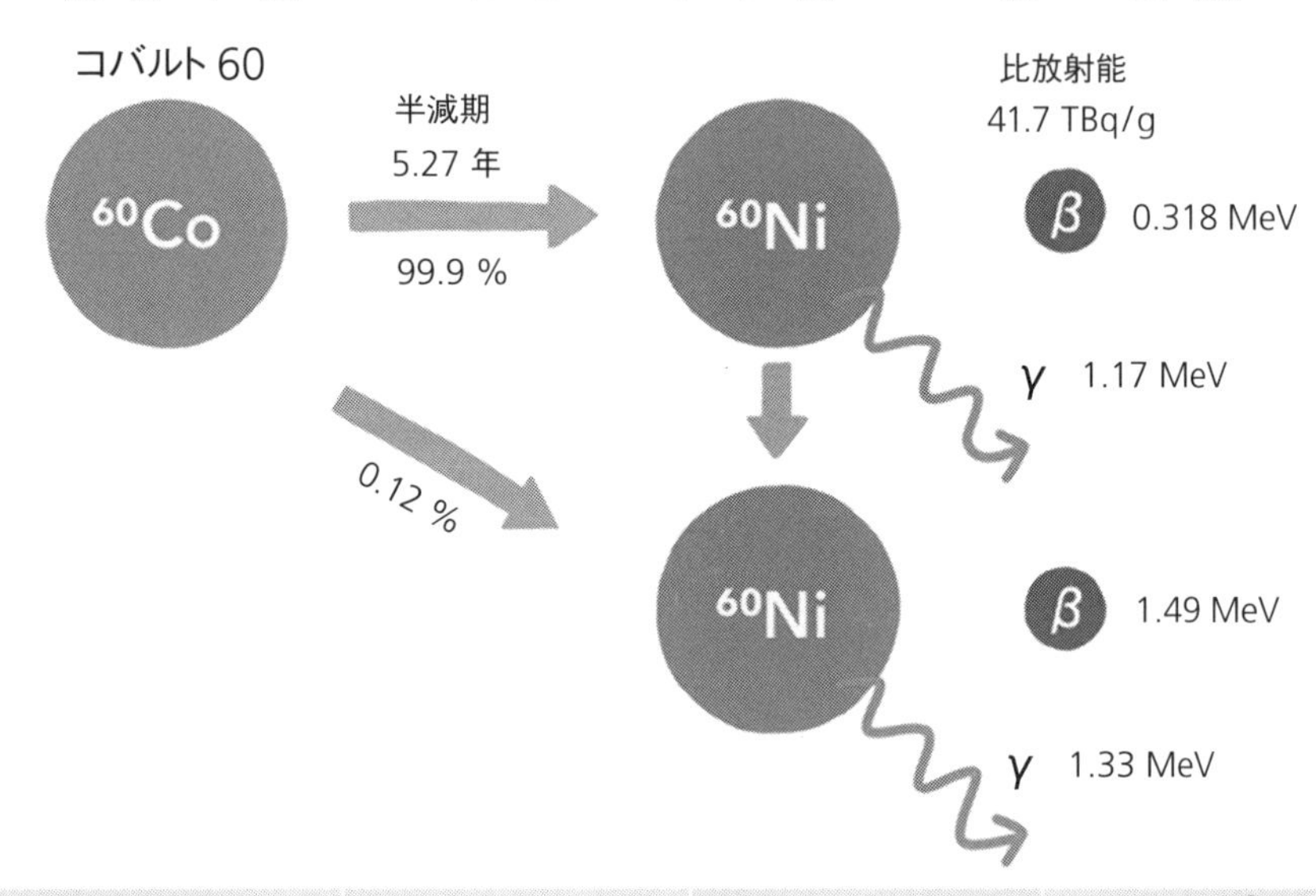

実効線量係数	吸入	成人	3.1 x10^{-8} Sv/Bq
		幼児	8.6 x10^{-8} Sv/Bq
	摂取	成人	3.4 x10^{-9} Sv/Bq
		幼児	2.7 x10^{-8} Sv/Bq
排気中濃度限界（酸化物、水酸化物、ハロゲン化物、硝酸塩）			4 x10^{-6} Bq/cc
排気中濃度限界（それ以外）			1 x10^{-5} Bq/cc
排水中濃度限界			2 x10^{-1} Bq/cc

例として、メキシコで起きた事故について触れておきましょう。[25]

１９７７年、メキシコのヤレスの医療センターが、アメリカから中古のコバルト60入り放射線治療機器を購入しました。しかし、ヤレスの医療センターでは使用されずに倉庫に保管されていました。１９８３年11月に、窃盗犯がその倉庫から盗み出し、12月にスクラップ業者に売り飛ばしました。ゴイアニア被曝事故と似ていますが、ここでも、窃盗犯には放射線に関する知識はなかったようです。

スクラップ業者はコバルト60を含む屑鉄を鉄製品業者に販売し、鉄製品業者はその屑鉄から鉄製品をつくってメキシコ国内とアメリカに販売しました。

１９８４年1月、その鉄製品を運んでいたトラックが、たまたま、ロスアラモス国立研究所（アメリカの核兵器開発のためにつくられた研究所）の前を通過しようとし、敷地境界の放射線測定器を反応させ、事件が発覚しました。製品の納入先はロスアラモス研究所ではなく、まったく違うところであり、同研究所の前を通ったのは本当にたまたまですから、この偶然がなければ発覚はもっともっと遅れていたでしょう。

コバルトは、無機化合物の状態では体内に吸収されにくいのですが、有機化合物の場合には取り込まれやすくなります。特にビタミンＢ12の構成要素ですので、人体にとっての必須元素でもあります。ビタミンＢ12が欠乏すると、ＤＮＡ合成障害が起き、悪性貧血となります。

産業的には、他の金属とともに鉄に混ぜられ、耐摩耗性が高い合金をつくります。みなさんがホームセンターに行くことがあれば、是非、工具コーナーに行ってみてください。ドリルの刃の材質は、多くがコバルト合金です。また、アルミニウムやニッケルとの合金は、アルニコ磁石と呼ばれる強力な磁石となります。

24 かつては乳癌の治療にコバルト60によるγ線照射が盛んに行われていましたが、粒子線治療が普及してからはずいぶん減ってきています。

25 『メキシコ－米国における治療用^{60}Co線源紛失事故顛末記』、放射線科学、**28**, 268 (1985)

ウランのところでアトムの妹のウランちゃんの話をしましたが、アニメ版には、コバルト兄さんというのも登場しました。原作ではアトムの弟だそうですが。ウランとともに、放射性同位体の代表格として当時はとらえられていたことがわかります。コバルトの語源は、ドイツ語圏の妖精のコボルト（kobold）です。

カリウム40（^{40}K）

カリウム40は、本章でご紹介した放射性同位体の中でウラン238に次いで寿命が長く、太古の昔からずっと存在してきているものです。

カリウム40の崩壊のしかたは特徴的です。他の同位体が何通りかの崩壊のしかたをしても、それは途中で「寄り道」するだけで、結局は同じところに行き着くのであるのに対して、カリウム40は、カルシウム40とアルゴン

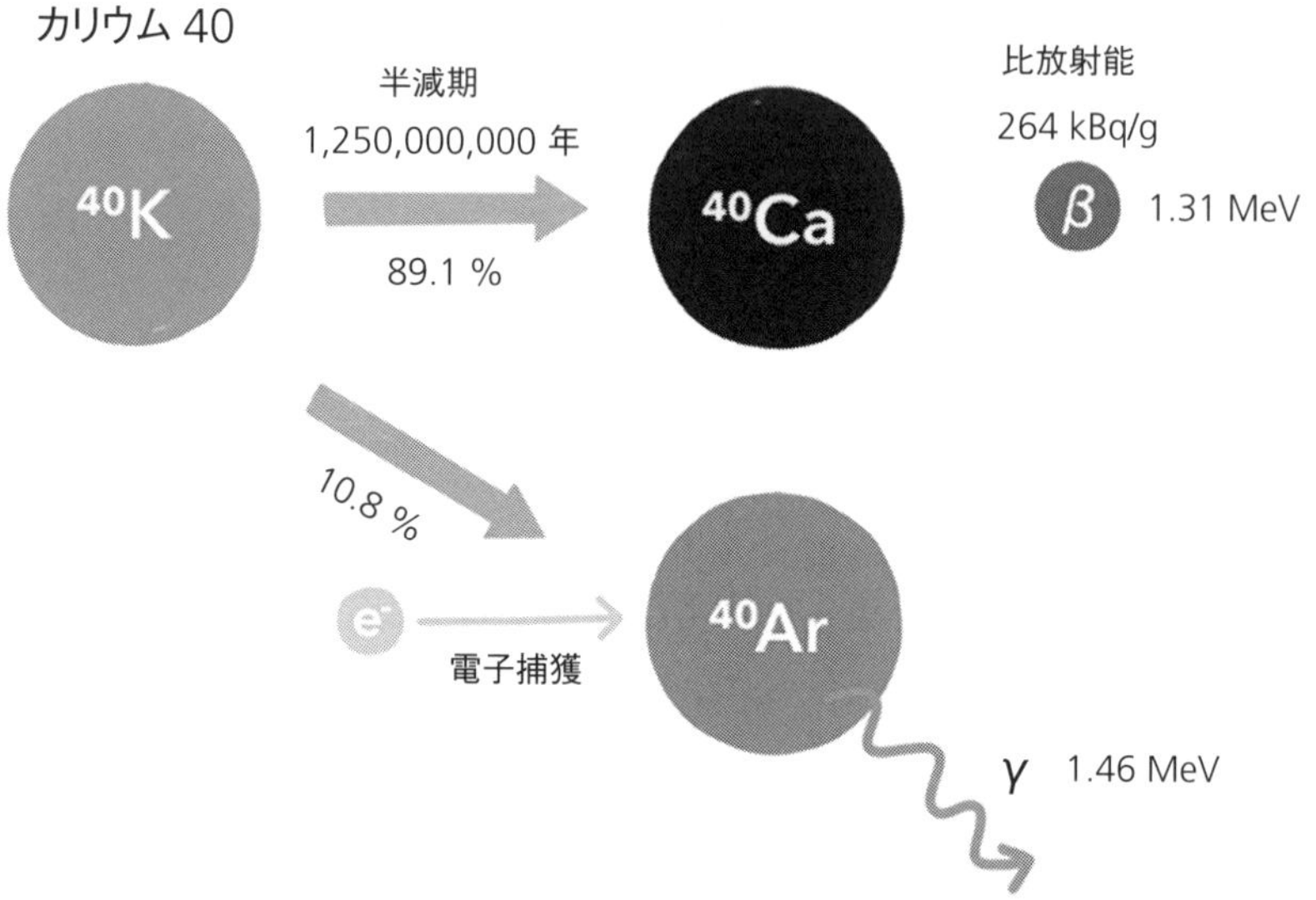

カリウム 40

半減期

1,250,000,000 年

89.1 %

^{40}K

^{40}Ca

比放射能

264 kBq/g

β 1.31 MeV

10.8 %

e⁻

電子捕獲

^{40}Ar

γ 1.46 MeV

実効線量係数	吸入	成人	2.1 x10^{-9} Sv/Bq
		幼児	1.7 x10^{-8} Sv/Bq
	摂取	成人	6.2 x10^{-9} Sv/Bq
		幼児	4.2 x10^{-8} Sv/Bq
排気中濃度限界			5 x10^{-5} Bq/cc
排水中濃度限界			1 x10^{-1} Bq/cc

40という、まったく違う2種類の同位体に変化します。そして、それぞれの崩壊も、β^-崩壊と電子捕獲と、まったく違います。

第6章でもお話ししたように、カリウムは人体にとって必須の、それもかなりの量が必要な元素ですので、体内に含まれるのはもう避けられません。内部被曝が嫌で摂取をしないとなると、普通に死んでしまいます。

カリウムの役割は重要ですが、特に神経伝達には欠かせないものです。細胞の内外では、カリウムイオンの濃度が大きく異なるように維持されており（内部が高く、外部が低い）、それによって細胞内外で電位差（電圧）が生じます。その電位差の変化を伝えることで、情報を伝達しているのです。

そのため、体内のカリウム濃度が急激に変化すると、最悪の場合には心停止に至ります。死刑の一種である薬殺刑では、塩化カリウムを注射しますし、一時期社会問題にもなったタナトロンという自殺装置も、塩化カリウムを点滴するものです。このように、身体にとってなくてはならないものでも、量が適切でないと死に至ることもあるのです。何事においても、大切なのは量の問題であるという、典型的な例です。

カリウムというのはドイツ語（Kalium）で、英語ではPotassiumです。元々は植物の灰を意味するアラビア語（القَلْيَة）が語源で、植物の灰からカリウムを抽出していたのが由来です。ちなみに、このالقَلْيَةは、「アルカリ」の語源でもあります。カリウムがアルカリの代表格であることがわかります。

炭素14（^{14}C）

炭素14は、大気中の窒素14（ごく普通の窒素）が中性子を吸収し、☞という、中性子と陽子が入れ替わる反応によってつくられます。中性子は宇宙線と大気との反応によってつくられますので、この反応は絶えず起こっていて、炭素14は安定した供給を受けていることになります。

☞ $^{14}N + n \rightarrow {}^{14}C + p$

大気中でつくられた炭素14は、二酸化炭素の形で植物に取り込まれ、食物連鎖によって動物の身体にも常時取り込まれています。炭素は、生物の身体を構成するもっとも基本的な元素ですから、摂取を控えるとか、体内から取り除くとか、そういうこと以前のものです。ありとあらゆる生物の中に、この放射性同位体は含まれています。

そのことを利用したものが、第9章でお話しした、炭素14を使った年代測定です。あらゆる生物が必ずある一定量を含んでいるからこそ可能な方法です。

しかし、何度かお話しししているように、40～60年代には、国連

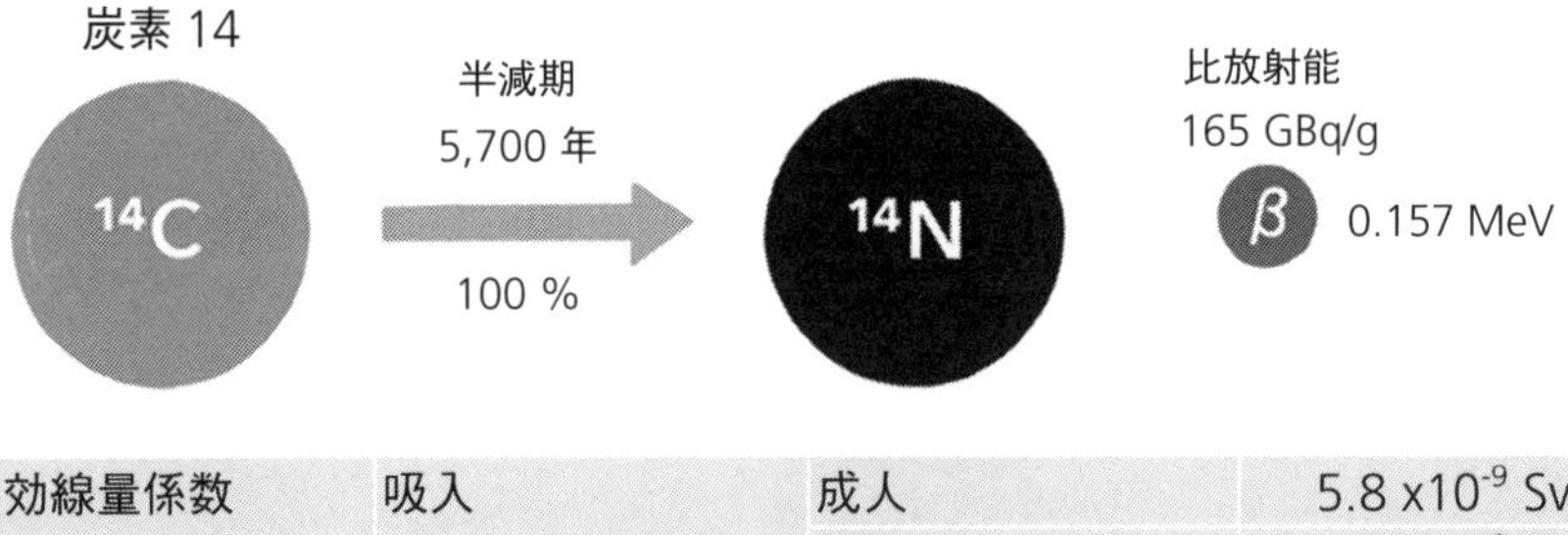

炭素 14

^{14}C → 半減期 5,700 年 100 % → ^{14}N

比放射能 165 GBq/g

β 0.157 MeV

実効線量係数	吸入	成人	5.8 x10^{-9} Sv/Bq
		幼児	1.7 x10^{-8} Sv/Bq
	摂取	成人	5.8 x10^{-10} Sv/Bq
		幼児	1.6 x10^{-9} Sv/Bq
排気中濃度限界（蒸気）			2 x10^{-4} Bq/cc
排気中濃度限界（一酸化物）			1 x10^{-1} Bq/cc
排気中濃度限界（二酸化物）			
排気中濃度限界（メタン）			5 x10^{-2} Bq/cc
排水中濃度限界			2 Bq/cc

の中核を成す安全保障理事会常任理事国が、遠慮なしに地上で核実験を行っていましたから、そのときに大量に放出された中性子によって、炭素14も自然生成分よりも多めにつくられました。そのため、年代測定を行うときには、この核実験の分の補正を行う必要があります。ほんと、国連は碌なことをしないですね。

Carbon の語源は、木炭を表わすラテン語 carbo に由来します。

トリチウム（^3H）

トリチウムは水素の同位体で特別に名前をつけてもらっているものですが、Tritium という名前が表わすように、核子が3つあるものです（tri はラテン語で3を意味します）。そのため、日本語では「三重水素」という名前もつけられています。その3つの核子は、陽子1つと中性子2つです。中性子が多すぎるためにβ崩壊を起こします。

トリチウムは、デューテリウム（水素2）が中性子を捕獲することでできます。

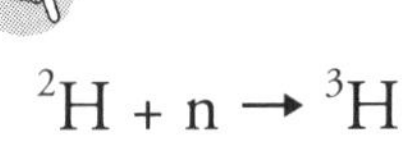

$$^2H + n \rightarrow {}^3H$$

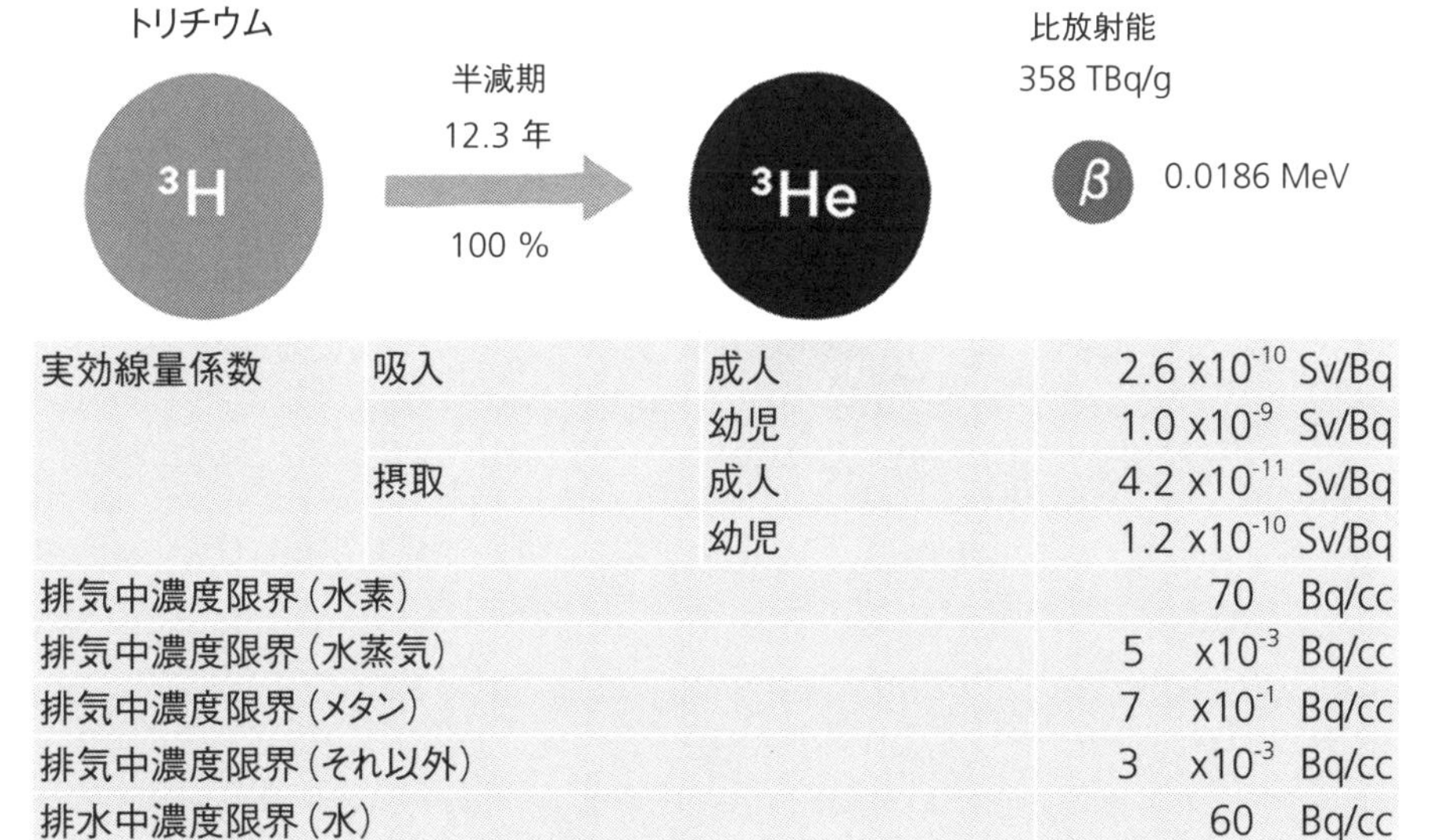

実効線量係数	吸入	成人	2.6×10^{-10} Sv/Bq
		幼児	1.0×10^{-9} Sv/Bq
	摂取	成人	4.2×10^{-11} Sv/Bq
		幼児	1.2×10^{-10} Sv/Bq
排気中濃度限界（水素）			70 Bq/cc
排気中濃度限界（水蒸気）			5×10^{-3} Bq/cc
排気中濃度限界（メタン）			7×10^{-1} Bq/cc
排気中濃度限界（それ以外）			3×10^{-3} Bq/cc
排水中濃度限界（水）			60 Bq/cc
排水中濃度限界（メタン以外の有機化合物）			20 Bq/cc
排水中濃度限界（それ以外）			40 Bq/cc

そのため、中性子が発生するところでは、かならずと言っていいほど生成される同位体です。

図のように、トリチウムのβ線のエネルギーは、たった19ｋｅＶしかありません。これまで紹介したどの放射線よりも小さなエネルギーです。そのため、人間が日常的に手であつかう多くのものを透過できず、簡単に遮蔽されてしまいます。測定するときには、どんな測定器の外枠も透過することができないので、試料を液体状のシンチレーターの中に直接入れて測定するしかありません。

こんな弱弱しい放射性物質だけに、特に気をつける必要もないと思ってしまいがちです。測定もできないものなど、気にするな、と。ところが、これが水素の同位体であるということが、トリチウムをもっとも厄介な放射性同位体としているのです。水素は、その名のとおり、水の素だからです。

トリチウムが、水素分子の状態でいてくれたら、我々にとっては取るに足りない放射性同位体です。水素（分子）はきわめて水に溶けにくいので、人体には取り込まれにくいからです。水素水詐欺なんてものも流行ったことがありましたが、わざわざ水に溶けにくいものを選んでいるところが秀逸なジョークですよね。なぜああいう詐欺師たちは突っ込まれどころ満載のものをわざわざ選ぶのでしょうか。突っ込んでもらわないと話題にならないからでしょうか。

ところが、これが、別の化合物、水となったとたんに、トリチウムは厄介極まりない同位体となります。水はあらゆる生物の身体に含まれる物質であり、他のあらゆる物質を体内で循環させる溶媒だからです。水であれば、容易に体内に取り込まれますし、体内を存分に循環して、ＤＮＡのもっとも近くからこれを攻撃することも可能です。体内に取り込まれる場合を考えても、粉塵の吸入を防ぐことは容易ですが、水蒸気を防ぐことは簡単ではありません。

そしてより重要なことは、環境中から取り除くことも簡単ではない点です。第6章で水の中に溶けている放射性同位体を取り除く方法についてお話ししましたが、この方法でもトリチウムは取り除けません。なにせ、「水の中に溶けている」のではなく、「水そのもの」だからです。

みなさんの中にも、福島第一原子力発電所事故の処理で、汚染水がタンクに溜められているという話を聞いたことがあるかも知れません。あの「汚染」の正体は、トリチウムです。トリチウム以外のものは水の中から取り除けますから、そういうものはちゃんと取り除いて、そしてどうしても取り除けない「水そのもの」であるトリチウムが残ってしまった、というわけです。

事故がなくとも、トリチウムは原子炉の通常の運転で生成されます（一般的な沸騰水型原子炉の1年間の運転で20TBq程度）。このトリチウムは、どの国でも、通常は普通の水で希釈して、排水基準以下の濃度にしてから捨てています。水素1とトリチウムの同位体分離の方法もあるにはあるのですが[26]、とてもコストがかかるからです。

しかし、倫理的な問題もあり、コストを少しでも抑えながら分離する方法が模索されています。福島第一原子力発電所事故での汚染水処理では、ロシアの原子力企業であるРосатомの子会社であるPocPAOが、東京電力から依頼されて、トリチウム除去のプラントの開発を行いました。その試験がうまくいったとのプレスリリースが、2016年に出されています。これは、従来の同位体分離の方法を組み合わせることにより、コストダウンを実現したもののようです。PocPAOがつくった紹介映像もYoutubeに上がっています[27]。

しかし世の中には原子炉など比較にならないほど多くのトリチウムを環境に放出した人たちもいます。これまで何度か触れているとおり、国連の安全保障理事会の常任理事国です。彼らが大気内核実験により大気中に放出したトリチウムは、240,000,000,000,000,000,

26 トリチウムの同位体分離には、蒸留法、同位体交換法、電気分解法などがあります。詳しくは、https://fukushima.jaea.go.jp/initiatives/cat05/pdf/20140311.pdf [PDF]

などをご覧ください。

27 このプラントの紹介映像は、https://www.youtube.com/watch?v=pPOBAZswT9Q

でご覧いただけます。

000,000Bqにも及びます。これによって地球上のトリチウム量は大きく変わりました。そんなことをやらかした国連に、いまさら、したり顔で環境問題を取り上げられても、ねぇ……

捨てる神あらば拾う神ありで、トリチウムを積極的に使う場合もあります。たとえば核融合炉でも、核融合兵器でも、デューテリウムとトリチウムとの反応（DT反応）☞が、もっとも重要な反応です。デューテリウムは天然にある程度の量が存在するのに対して、トリチウムはたとえ国連がせっせと大気中に放出したとしても、資源として利用できるほどの量はありませんから、人工的につくるしかありません。しかし水素に中性子を加えていく方法だと、先ほどお話ししたとおり、トリチウムだけ分離して取り出すのが大変です。そこで、リチウムと中性子との反応を使う方法があります。リチウムの同位体であるリチウム6（天然に存在します）は、中性子と反応して、☞のようにトリチウムを生成します。この方法は、あとでトリチウムを分離しやすいだけでなく、中性子との反応断面積も大きいのが利点です。[28]そのため、核融合兵器では、その燃料として、デューテリウムとトリチウムを入れるのではなく、デューテリウムとリチウムの化合物である重水素化リチウムを入れます。

本来は、廃棄物となるトリチウムを回収して利用できれば、資源の有効活用という面ではとてもよいのですが、第7章でお話ししたとおり、放射線としての量と、我々がたとえば産業利用する物質としての量とには、大きく隔たりがあります。先ほどの原子炉で1年間につくられるトリチウムの量は、放射線で言えば20TBqと膨大な量ですが、これを比放射能（358TBq）で割って質量に換算すると、たったの0.6gにしかなりません。これでは核融合に使う量としてはまったくお話にならないのです。

$$^{2}H + ^{3}H \rightarrow ^{4}He + n$$

$$^{6}Li + n \rightarrow ^{4}He + ^{3}H$$

28　本章の末尾に記します

γ線を出す放射性同位体

γ線は、第2章でもお話ししたとおり、原子核のエネルギーが過剰にある場合に放出されるものです。ですから、本章でこれまで見てきた放射性同位体が、α線やβ線を出したあとに、まだエネルギーがあまっていて（図ではグレーの原子核として表わしています）、γ線を出すような状態がこれに当たります。例として、セシウム１３７の図をもう一度載せておきます。

このとき、下の黒色のバリウム１３７は安定していてもう放射線を出しませんが、上のグレーのバリウム１３７はまだエネルギーがあまっている状態で、そのあまった分のエネルギーを出すことで安定して、下の状態になります。

このとき、α崩壊やβ崩壊のあとに直ちにγ線を出すのではなく、エネルギーが高い状態を少しの間保つ場合、この原子核を核異性体と呼びます。表記上は、バリウム１３７ｍ（記号では^{137m}Ba）のように、ｍを添えて書きます。バリウム１３７ｍの場合は、この持続時間（半減期）が２．55分です。

そして、この持続時間ののちにγ線を出す反応を、特に、核異性体転移と呼びます。ここでは、ひとつだけ、この核異性体について取り上げておきましょう。

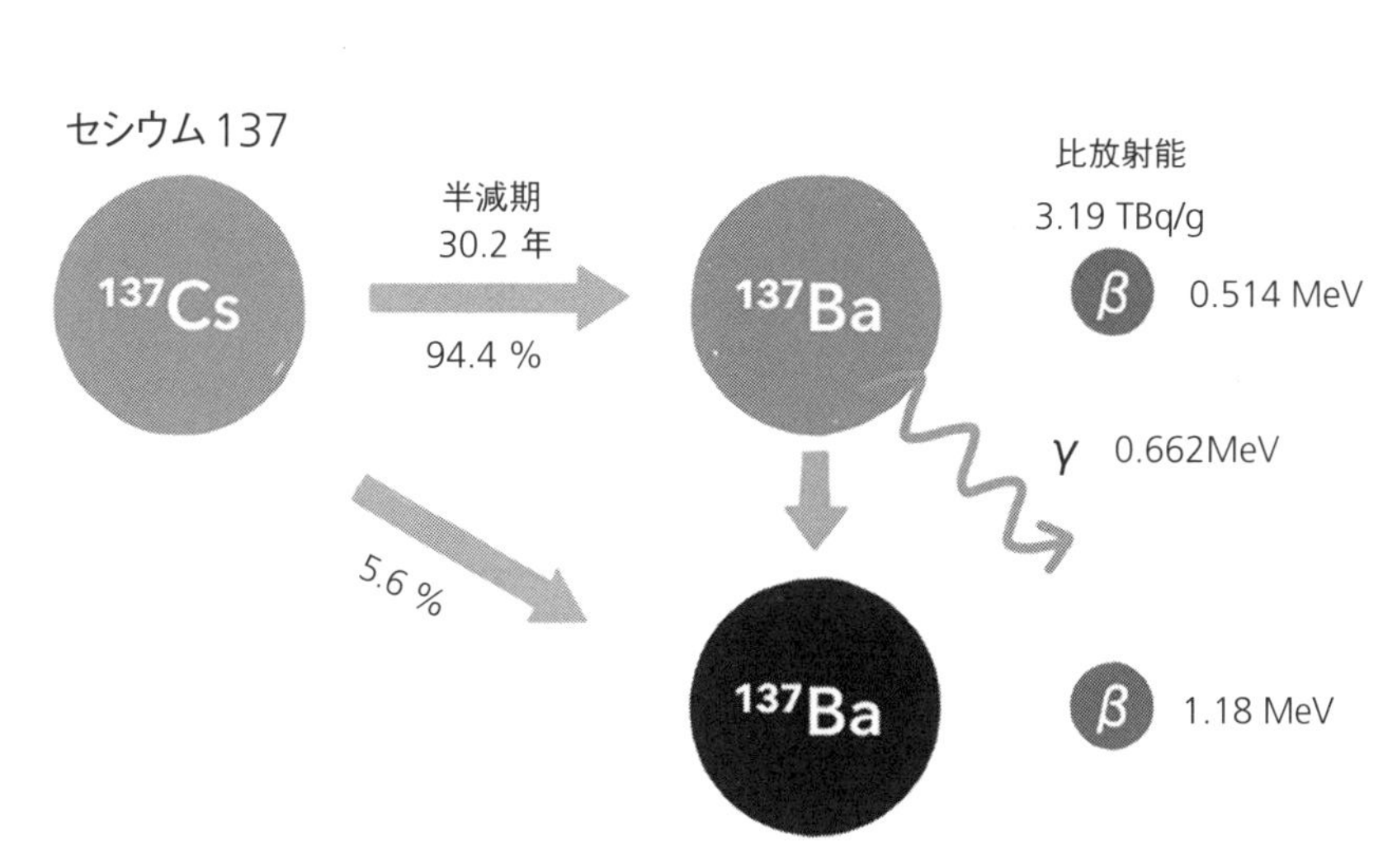

テクネチウム99m（^{99m}Tc）

テクネチウムは地球上にはほとんど存在せず、人工的につくる必要があります。人類が人工的につくった最初の元素です。なにせTechnetiumの語源がギリシア語で人工を意味するτεχνητόςです。そしてその同位体はすべてが放射性です。

テクネチウムの同位体のうちもっとも重要なものはテクネチウム99mで、トレイサーとして、骨疾患、脳血管障害、甲状腺疾患、癌などの医療診断に広く使われています。医療診断に使われる放射性同位体としてはもっとも多く、利用件数は、世界で年間3,000万件、日本で年間100万件と言われています。

それぞれ測定したい部位にたどりつきやすいキレートの鋏にテクネチウム99mをはさんで、人体に投与します。

半減期がわずか6.01時間と短いことが、トレイサーとして選ばれた理由のひとつです。医療目的とは言え放射性物質を体内に投与するのですから、早くなくなるに越したことはありません。かと言って分単位のものでは、取りあつかっている間になくなってしまいますので、この6時間というのがとてもいい感じなのです。

トレイサーとして選ばれたもうひとつの理由は、エネルギーが141keVと低いことです。

テクネチウム99mは、モリブデン99がβ崩壊してできます☞。

テクネチウム99mは半減期がたった6時間しかないために、医療機関が直接製造所からそれ

☞ $^{99}Mo \rightarrow {}^{99m}Tc + e^-$

（ニュートリノは省略）

を買ってきて使うことは現実的ではありません。仮に医療機関の隣のコンビニに売っていたとしても、コンビニに配送に来るトラック便は日に何度もありませんので、コンビニ弁当よりも日持ちしないテクネチウム99mを直接購入するのは現実的ではありません。しかも、その親のモリブデン99をつくっている場所は研究用原子炉で、世界に数か所しかありません。そんなレアな場所から運んで来なければならないのです。

そこで、テクネチウム99mを直接買うのではなく、その親のモリブデン99を購入し、それぞれの医療機関の中、もしくは医療機関の近くの国内にある製薬会社で、モリブデン99が崩壊によって随時生み出しているテクネチウム99mを抽出するのです。モリブデン99の半減期は65.9時間ですから、空輸すれば、途中である程度は減るものの、なんとか使えます。日本でも、海外からの空輸が１００％を占めています。[29] モリブデン99をあつかっている日本の製薬会社は、日本メジフィジックスと富士フィルムＲＩファーマで、この両社が全国各地で運営している事業所から、テクネチウム99mを含むキレート剤や、モリブデン99の状態で、各医療機関に配達しています。

ところが、近年、その研究用原子炉が老朽化により運用を停止することが見込まれています。モリブデン99を供給している原子炉は、そのほとんどが50〜60年代に運転を開始したもので、21世紀から運転を始めたのはわずか1基しかありません。そのため、これらの原子炉が廃炉になったあとにモリブデン99をどのようにして安定して供給するかが、喫緊の課題となっています。モリブデン99の需要は、これから増えるいっぽうだからです。

また、モリブデン99を製造する原子炉では、90％以上という高い濃縮度のウラン２３５を用い、その核分裂によって生成したモリブデン99を抽出しているのですが、この高濃縮ウランはまさに核兵器級であるため、単に技術的だけでなく社会的な問題もあります。

29 日本に輸入する場合の典型的な日数は、原子炉に元になる核燃料（ウラン２３５）を入れておくのが4〜10日、そこから取り出した使用済み核燃料からモリブデン99を抽出するのに1〜2日、航空輸送に2日、製薬会社で投与できる状態にして医療機関に届けるのが2〜3日、といったところです。日本は主にカナダから購入していますが、南アフリカでも製造しているので、そこから買う場合、空輸時間が長くなるために量が減ってしまう、などという、数時間の時間差が問題となるような世界です。まさに時間との勝負、といった感じです。

そこで、この従来の方法を改め、モリブデン98（安定した同位体で、天然のモリブデン中に最多の24％含まれる）に中性子を照射して中性子を捕獲させてつくる方法☞や、モリブデン100（同じく10％含まれる）に高速の中性子を照射して2つの中性子を叩き出してつくる方法☞などが研究されています。[30] 後者の場合は、加速器を用いて高速の中性子を発生させます。

以上で、放射線についてのお話は終わりです。いかがでしたでしょうか。最後にまとめを書いて、締めとさせて頂きます。

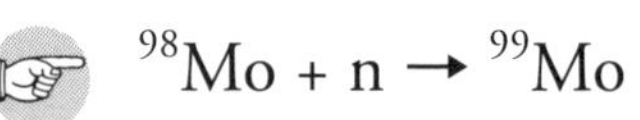

$^{100}Mo + n \rightarrow {}^{99}Mo + 2n$

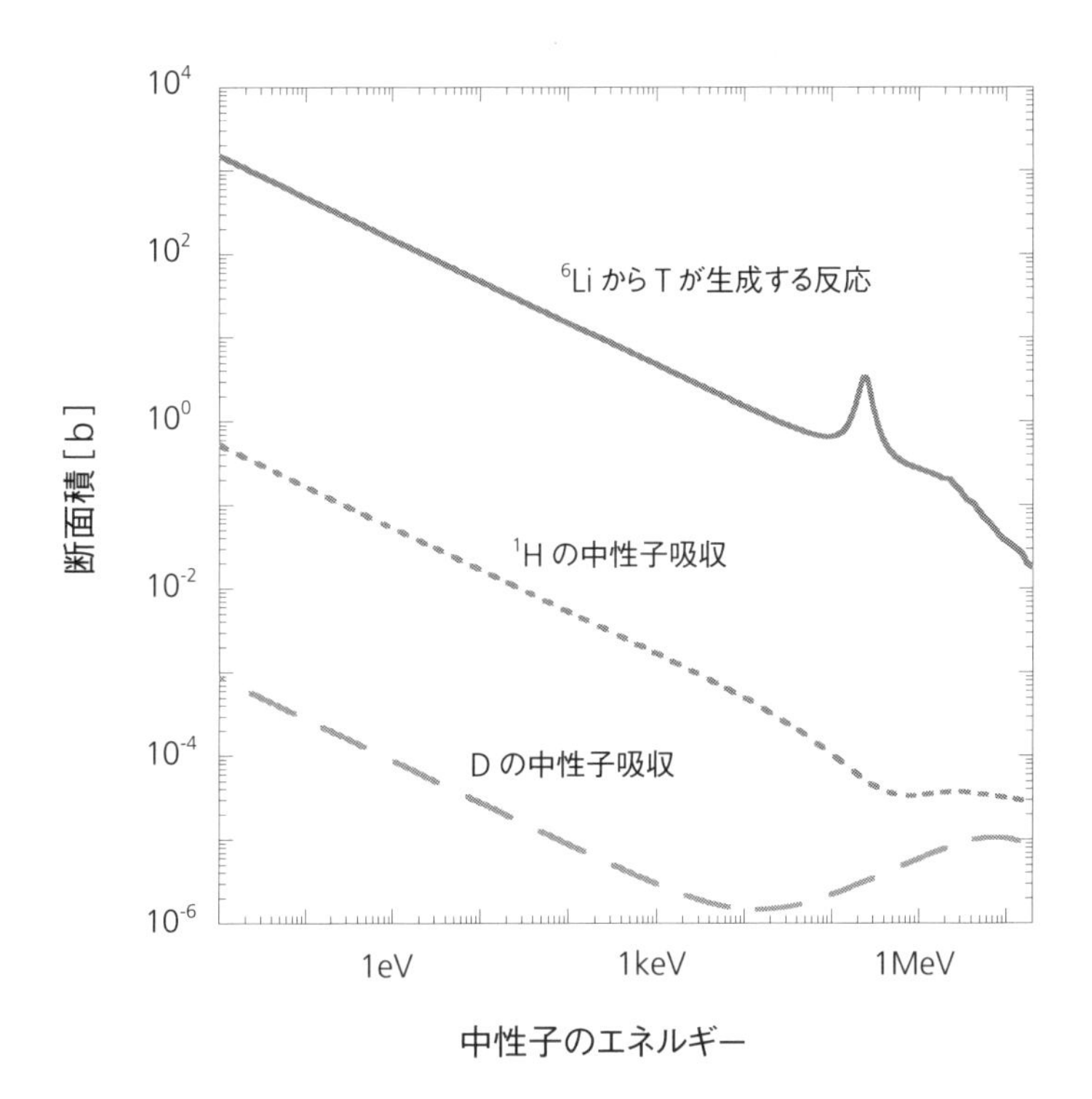

（JAEA Nuclear Data Center の JENDL-4.0 のデータより、著者がグラフ作成）

28　水素1がトリチウムになるには、まず水素1が中性子を吸収してデューテリウムとなり、そのデューテリウムが中性子を吸収してトリチウムになる過程を経ます。ところが、デューテリウムは中性子を吸収しにくいのです。水素1とデューテリウムが中性子を吸収（捕獲）する反応の断面積と、リチウム6が中性子を吸収してトリチウムを生成する反応の断面積を比較すると、上図のようになります。リチウム6からトリチウムを生成する反応のほうが、けた違いに起こりやすいことがわかります。

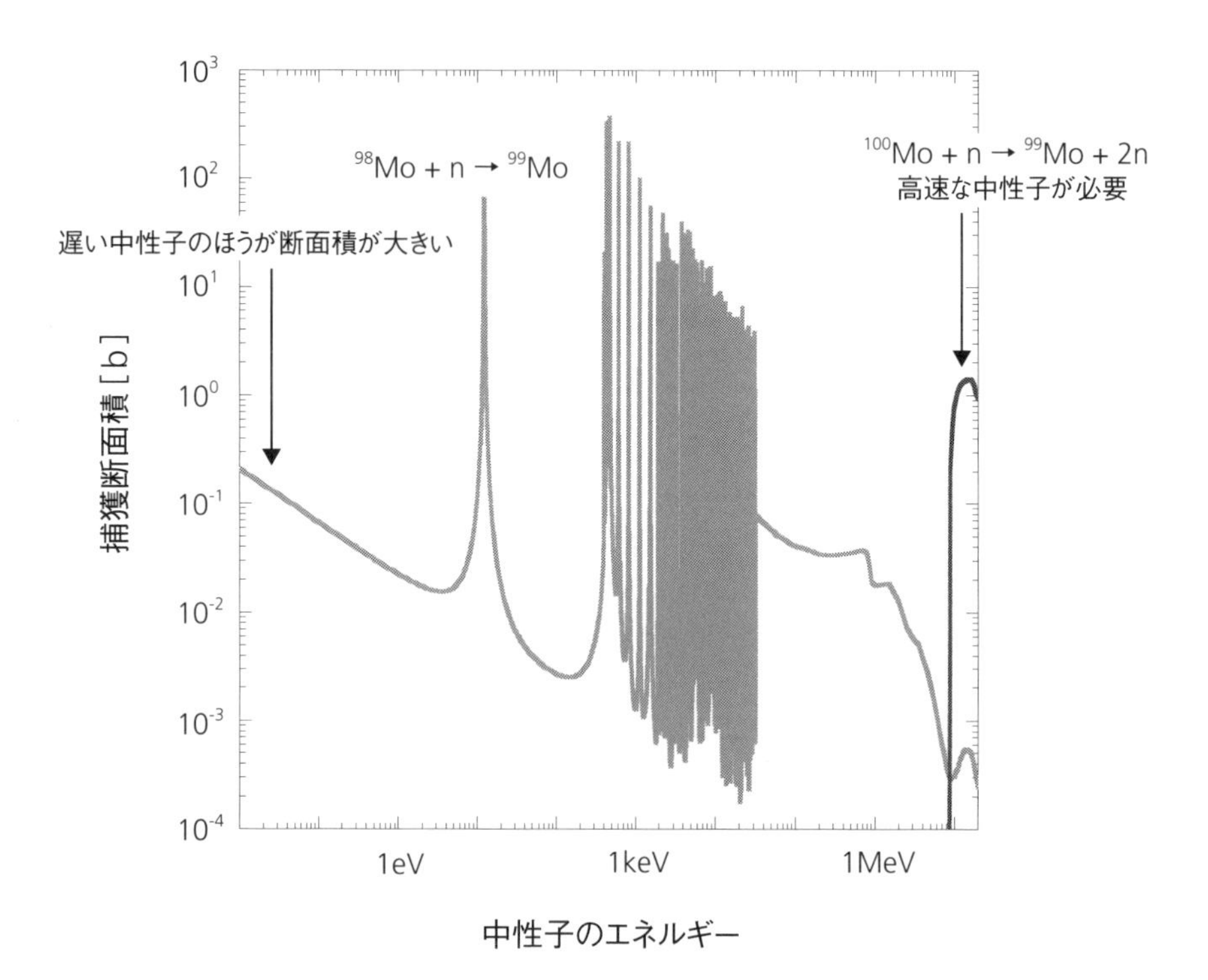

（JAEA Nuclear Data Center の JENDL-4.0 のデータより、著者がグラフ作成）

30　モリブデン98が中性子を捕獲する反応と、モリブデン100に1つの中性子を衝突させて2つの中性子を叩き出す反応との断面積は、上図のようになります。前者の反応では遅い中性子のほうが反応断面積が大きいのですが、後者の反応を起こすためには、十数MeV附近の高速の（エネルギーが大きい）中性子が必要であることがわかります。

「ゼロリスク」を叫ぶ無意味さ

みなさん、米は好きですか。僕はあまり好きではありません。僕はコンビニ弁当をほとんど食べないのですが、その理由は、米が多すぎて、食べきれないからです。なんであんなにも米ばかり詰め込むのでしょうか。おかずとのバランスが、明らかにおかしいでしょう。僕は普段、いわゆるおかずしか食べないので、米を食べることはほとんどないのですが、日本人はなぜかとても米が好きなようで、驚くべきことに、ラーメンや餃子を食べるときに米を一緒に食べる人すら、いるようです。なぜに炭水化物を重ねるのか。

そうまでして米を食べたい日本人のみなさんに、ここで、突然ではありますが、米を食べることによるリスクについてお話ししましょう。

米には砒素が含まれています。平均的な白米１ｇあたり０．１１μｇの砒素だそうです。１日あたり１００ｇもの白米を食べる人は、毎日11μｇもの砒素を摂取していることになります。そんなにもたくさん食べる人はめったにいないかも知れませんが。

砒素は発癌性物質で、毎日、体重１kgあたり１mgの砒素を摂取し続けた場合に、生涯のうちにその人に発生する癌の件数は、3.5／（mg／kg）／ｄａｙです。たとえば体重70kgの人が毎日１００ｇもの白米を食べると、それによって増加する、生涯のうちに癌にかかるリスクは、０．０５５％となります（以上、『いくつかの損失余命』、岡敏弘、福井県立大学（２０１６）より）。

ぁあ、やはり米は恐ろしい食べ物ですね！

さて、みなさんはこれをどう考えますか。これに対して、もし、

「ほんで？」

関西弁ではなにを言っているのかがわからない方も多いでしょうから、日本語に訳すと、

「それがどうした」

と言えたとしたら、みなさんがこれまでこの本を読んでくださったことは、まったく無駄でなかったどころか、とても大きな成果を残したことになります。僕も書いた甲斐があったというものです。なぜなら、生涯米を食べ続けることと、たった０．０５５％だけ癌にかかるリスクが増えることを、天秤にかけて評価できたからです。この本で最初に言った、「定量的に考える」ことができたことを意味します。

そんな大層なことを言わなくても、あたりまえのことやん、とおっしゃる方もおられるかも知れません。それもそのとおりでしょう。ではそこで、僕は、なぜそれと同様のあたりまえの考え方が、放射線に対してできないのか、と問いたいのです。リスクを定量的に評価して問題がないかどうかを考える点では、まったく同じなのに、です。

本書では度々「ゼロベクレル」派の人をｄｉｓってきましたが、改めて、その根源にある「ゼロリスク」思想をｄｉｓっておきましょう。

２０１７年の第48回衆議院選挙で、「12のゼロ」という「なんとかへの道しるべ」を掲げて選挙を戦った党がありましたね。それが発表されるや否やネット上ではそれをおちょくるネタがあふれ、選挙結果も大敗したということでみなさん笑ってらっしゃいました。

ですが、僕は笑えませんでした。

なぜなら、その党が比例代表で９００万を超える得票数を得たからです。つまり、「12のゼロ」をまるっきり信じたとは言いませんが、少なくともそれを見て「こりゃだめだ」と思わなかった人が、９００万人以上もいた、ということを示しているからです。正直慄然としました。

この本をここまで読んでくださった方々であれば、リスクを「ゼロ」にすることなどできないことは充分におわかりいただけることでしょう。そして、ここでお話ししたとおり、これまで何十年間にもわたってみなさんが繰り返して来たであろう「米を食べる」というあたりまえのことですら、リスクは「ゼロ」ではないのです。


本書の元となる連載をサイトで始めてから、さまざまな反応を頂きました。ちゃんと読みもしないで全否定してくる人もいましたが、そういう人は、とにかく、放射線をおどろおどろしいものだと書いていないことが気に喰わないようです。しかしちゃんとこの本を読めばわかるように、僕は、放射線がいかに危険かということを、しっかり書いています。

でも僕は現実主義者なので、その危険なものでも、現実問題としてそこにある以上、なんとかして向き合っていかねばならないと考え、だからその向き合い方を書いているだけなのです。そりゃあ、「放射線をゼロに！」と念仏のように唱えていれば消えてなくなるのであれば、僕もそうしますがね。

除染のところでもお話ししたとおり、放射線や放射性物質は、減らすことはできますが、「ゼロ」にはできません。「減らしていけばいつかはゼロになるじゃないか」と思われる人もいるかも知れませんが、そうではありません。そう思ってしまうのは、ある考え方ができていないからです。

少し横道にそれますが、こういうことを考えてみましょう。ある問題で、正解が１００なのに対して、Ａくんは60、Ｂくんは１５０、と解答したとしましょう。どちらも大きく間違っていますが、もしどちらが正解に近いか、ということを評価しなければいけないとしたら、どうでしょうか。たとえば「正解から見て、Ａくんの答えは40、Ｂくんのは50差があるので、Ａくんのほうが近い」と考える人がいたとしたら、その考え方は自然科学には向いていません。自然科学的な考え方では、「正解から見て、Ａくんは1.7倍、Ｂくんは1.5倍違うので、Ｂくんのほうが近い」が正しいです。世の中の事象は、「差」ではなく、「比」で考えなければならないのです。

「比」でものごとを考えてみましょう。ある場所が汚染されていて、最初その汚染の度合いは１,０００Bq／cm^2だったとしましょう。ある除染作業を1回行ったあとに再度測定してみると、３７０Bq／cm^2まで下がったとします。このとき、除染によって、「６３０Bq／cm^2だけ減った、あと1回除染すればゼロになる！」と考えるのではなく、「１／2.7になった、あと1回除染すればさらにその１／2.7の１４０Bq／cm^2になる」と考えるのです。3回繰り返せば１／20の51Bq／cm^2、10回繰り返せば１／２１０００の０.０４９Bq／cm^2にまで減らせます。

これだと、どれだけ回数を増やしても、「ゼロ」にはなりません。しかし、減らせることには充分に意味がありますし、実用上問題がないレヴェルまで減らせれば、それでよいのです。リスクも同じです。

ところが、「ゼロにできなければ意味がない！」などと言う人もいます。そういう人は、ゼロになどできないということが理解できないだけではなく、恐らく、それ以前に、そもそも頭を使って考えることすらできない、あるいは、したくないのだと思います。なぜなら、「実用上問題がないレヴェル」というのがどの程度なのか、生涯米を食べないということと天秤にかけられるのがどの程度なのか、ということは、頭を使って考えなければならないからです。

頭を使いたくないから、「ゼロ」であることにしておきたい。「ゼロ」であるなら、頭を使ってリスクを評価しなくて済むから。

そのように自分の頭を使うことすらしたくない怠け者は、他の人の努力をも認めることはしません。1／2.7にしようが、1／20にしようが、1／2100０にしようが、「ゼロ」にできていないのだから、なにもしていないのと同じではないか、と。

これが、「1か0か」しか考えられない哀れな人たちなのです。

序文でも言いましたように、僕は、そういう人たちを相手にしてあげる気など、もはやまったく持っていません。「哀れな」とは言いましたが、本当は哀れむ気持ちすら僕は持ち合わせていません。そういう人たちは、癌になるリスクに怯えながら、生涯米を食べないようにすればよいのです。

問題は、そういった人たちが、他の人たちを巻き添えにしようとすることです。自分たちだけで恐れていると滑稽に見られるから、他の人も巻き込んで、自分たちだけがおかしいわけではない、これが普通だ、ということにしたいのです。だから、そういう人たちからの「巻き添え」を防ぐために、僕はこれを書きました。そういう人たちがもっとも恐れるのは、みなさんが放射線に関する知識を身につけ､自分で考え始めることだからです。ですからみなさん、もっと学んで、もっと考えて、彼らをもっと恐れさせてやりましょう。

「ゼロベクレル」派の人たちが、そのおかしな発想のために来たしている矛盾を、ひとつ例として挙げておきましょう。

福島県の農産物は、ちゃんと放射線の検査をしています。しかも、種類によっては全数検査という、世界でも類を見ないほどの厳しい検査です。それでも「ゼロベクレル」「ゼロリスク」派の人たちは、福島県の農産物を避けます。そして、その彼らが取った方法とは、「いっさい検査などされていない他県の農産物」を食べることです。ちゃんと検査されているものを避け、検査されていない、要するにどれくらい汚染されているのかまったくわからないものを、あえて選ぶとは！

「ゼロベクレル」を目指しているはずなのに、なぜ?と思われるでしょう、まともな方は。でも、彼らの考え方が、ここには非常に顕著に顕われています。つまり、検査しなければ、「自分の目に見えなければ」、それはゼロと同じだ、というわけです。リスクが自分の目に入らないようにする、それが即ち、「ゼロリスク」の考え方なのです。呆れて物が言えないでしょう。「福島のものでなければ安心」などというのも、不思議な思い込みですね。放射性物質に意志でもあって、日本人が勝手に決めた「〇〇県」という人工的な境界に従って、農産物を汚染するとでも思っているのでしょうか。とても正気とは思えない発想ですよね。

さて、「ゼロベクレル」派をd・isるのはこれくらいにして、こういう話もしておきましょう。連載を読んでくださった方の中で、好意的な引用リツイートで、「第5章だけでもいいから読め」と書いていた方もおられました。宣伝してくださるのは大変ありがたいことですし、それについてどうこう言うのも失礼なのかも知れませんが、誠に恐縮ながらあえて言うなら、それは僕が意図したこととまったく違うことです。

序文から始まって、本文を通して僕が言いたかったことは、自分の頭で考えましょう、ということです。そのためには、面倒でも、基礎的なことから理解していきましょう、というのが本書の趣旨です。

福島第一原子力発電所事故のあと、さまざまな調査結果が発表されました。みなさんがもっとも気になさる健康調査もたくさん発表されました。それはどれも「見る人が見れば」安心するような結果でしたが、では、「誰もが」そのことを理解できたのかというと、僕は疑問が残ると思います。それは、放射線に関する素養がない人がそれを読んだとしても、じつは本当の意味で理解できたことにならないであろうからです。

発表された調査結果を曲解する人たちまで現われました。もちろん、その中には、どんな結果でも自分の田圃に水を引き込もうとして、無理矢理曲解する人も多いことでしょう。しかしいっぽうで、その一部には、そのような悪意を持っているからではなく、基礎的なことがちゃんと理解できていないのに、「応用編」である調査結果だけを読み解こうとして、間違って捕えてしまっている人もけっこう多いのだと思います。

なぜそうなっているのかという仕組みを理解しようとせずに、結論だけ知りたがる人は、残念ながらこの日本にはとても多いです。その典型が、僕が本書でも度々批判してきた、マスコミでしょう。彼らは、その事柄について驚くほど不勉強で、それどころか、理解しようとする気すらないまま、結論だけを聞きたがります。確かに人生の時間は限られていますし、一からちゃんと学んでいくのは手間だと思うのはわかります。マスコミがとても多岐に亘る分野を網羅しなければならないのもわかります。しかし、基礎的な知識や基本的な考え方を身につけないまま結論だけを求めると、世に出ている事柄を、その意味するところを、本質的に理解できないまま、表面的にだけ知った気分になり、それが結局は曲解につながるのです。マスコミの「キーワード主義」はここにあります。中身が理解できないから、印象的なキーワードだけにこだわるのです。

この放射線の問題でも、あるいは別の問題でも、中途半端に印象的なキーワードだけ頭に入れて、それが意味するところを本質的には理解せずに、やたらと振りかざしてくる人がいます。こういう人は、ちゃんと順を追って学ぶべきところを、面倒なのかなんなのかすっ飛ばして、いきなり結論のところを知りたがった結果、そうなったということなのです。

本書で言えば、第1章から第4章までに書かれていることを理解しないままに、そこをすっ飛ばして、第5章だけを読むことに当たります。

大切なことなので繰り返しますが、時間と手間をかけて学ぶことは大変です。でも、それを避けて結論だけ知ろうとすると、表面的なものだけの、薄っぺらいものになってしまいます。簡単に手に入れたものは簡単に失ってしまいます。そして、苦労して身につけたものは、そう簡単に失われたりしないものです。ですから、本当の意味で理解したい、身につけたいのであれば、手間でも、大変でも、一から学び、考えていってください。

そして最後に。

この本をお読みいただいた方の中には、お気づきになられた方もおられるかも知れませんが、ここでは、話の流れの中の例として挙げたものを除いて、福島第一原子力発電所事故に関連した調査結果などについて、いっさい書いていません。

なぜか。

それを読んで、それがどういう意味を持つのか、を考えるのは、みなさん自身がなさることだからです。

僕が序文で言った言葉を思い出してください。

「その方々が、デマに立ち向かうための武器、と言えばおおげさですが、そうでなくとも、デマにだまされないようにするための道具として使っていただけるよう、この文章を書きました」

僕は、デマに立ち向かうための「武器」を、「考え方」を、みなさんに提供しました。しかし、デマと戦うのは僕ではありません。みなさん自身が、「武器」を活用し、「考えて」、デマに立ち向かうのです。

さぁ、いまこそ、「放射線について考えよう」。

書籍版の出版にあたって

本書は、放射線について解説したサイト「放射線について考えよう。」にアップした文章を、そのまま書籍としたものです。サイトのほうは現在も無料で公開されていますし、今後もそのままのつもりです。では、なぜ、無料サイトに上がっているものを、わざわざ書籍化したのか、不思議に思う方もおられることでしょう。実は、こういう経緯があったのです。

サイトに連載を始めて以来、とても多くの方々からありがたいメッセージをいただきました。中には、ご自身の周囲の方々への教育に使っている、という方も多くおられたのですが、さらにその中に、なかなか衝撃的なことをおっしゃる方がおられました。曰く、

「印刷して配っている」

と。しかもお一人ではなく、けっこうな数おられたのです。

ウェブで見ることが可能なのに、なぜわざわざ紙に印刷を……?

21世紀生まれの方であれば、わけがわからないよ、と思われることでしょう。ところが、旧世紀から生きてきた僕のようなクラシカルな人間には、気持ちはわからないでもないのです。

子供の頃から紙の本に慣れ親しんできた我々の世代の中には、長文を読んだり、それをもとに学習したりするときには、どうもウェブ画面ではしっくり来ず、紙で読みたくなる人が多い

のです。若い方には想像もつかないでしょうが、世の中には、メールをいちいち印刷してから読む人すら存在します。

そのような「紙」に対するニーズが、意外なほど多いことが、このサイトを運営してわかりました。

もちろん、ウェブ版のほうが読みやすい方のほうが多いことでしょう。ですから、ウェブ版はそのまま公開して、同時に紙の書籍も出すことで、どちらでも読みやすいほうを選んでいただけるようにしよう、そう思い立って、書籍版を出版することにしました。出版後もウェブ版は無くなったりしませんから、ご安心を。


別の理由もあります。この文章は、自分で言うのも何なのですが、それなりによくまとまっていて、しかも、これまで世に出た放射線関連の本や解説サイトにはあまり書かれていなかったようなことまで踏み込んで書いていて（自画自賛的で恐縮ですが）、特に若い方々にはぜひとも読んで学んでいただきたい内容になっています。

そこで、できれば学校の図書室などに寄付したいと思っているのですが、そのとき、紙の書籍があると、とても都合がよいのです。「ウェブに公開されていますから読んでおいてください」では味気ないではありませんか。その意味でも、紙の書籍として出版しておきたかったのです。


そして、第3の理由。僕個人的には、むしろこれが最大の理由かも知れません。

このサイトを無料で公開するために、僕も編集者さんも無償で働いています。本サイトではうっとうしいアフィリエイトもありませんし、なにも報酬のあてがありません。ところが、こういうものの運営には必ずお金が発生するものであって、イラストレイター／ウェブディザイナーの方への報酬や、サイト維持費など、必要な経費は、なんと、編集者さんが私費で賄っているのです！　たいへんな太っ腹で、それがあればこそみなさんに無料であのサイトをお読みいただけているのですが、編集者さんへの負担は増すばかりです。しかも慎み深いことに、編集者さん側からは、この件についてはなにも言ってこないのですよ！

僕は当初からこれは何とかしなければならないとずっと思っておりました。その費用を、少しでも編集者さんに回収してもらうために、僕は書籍版の刊行を決めたのです。この第3の理由は、あくまでも、編集者さんではなく、僕自身の判断です。

そのような事情がありますので、すでにサイトのほうをお読みになられた方でも、懐に余裕のある大人の方々は、若い人たちが無料でサイトを読み続けられるように、若い人たちへの投資だと思って、ご購入いただけると、とても助かります。そうしてご購入いただいた書籍版を、若い人へとプレゼントなされば、なお素晴らしい！　未来を担う若者に教育の支援をすることは、とても有益な社会貢献ですよ！（そそのかし

そうは言っても、ウェブ版そのままのものを販売するのは心苦しいので、ささやかながら、おまけ（附録）をつけてみました。たいしたものではありませんが、わざわざ課金してくださった方々への、ほんのわずかなお礼です。

話はまったく変わりますが、僕はいわゆる「洒落怖」と呼ばれるネット怪談が好きです。少し時間ができたときに読むのに最適です。もちろんこれらの話はつくり話なのですが、それだけに、よくできた話はとても楽しめます。

僕はそれらの中でも、田舎の集落や因習にまつわる話が特に好きなのですが、それらの定番は、ある理由から行ってはならない場所があり、大人たちが理由を説明しないでとにかく行っ

てはいけないとしか言わないので、子供たちが行ってしまって、災難に遭う、というものです。そういう場面を読むたびに、つくり話であることを一瞬忘れて、「ちゃんと理由を説明しとけばよかったのに、なんで説明しとかへんねん」とディスプレイに向かってつぶやいてしまいます。

日本人の悪いところのひとつに、「寝た子を起こすな」という考えがあります。必要以上に知らせない、できるだけ人々を無知に保っておく、という考えです。僕はこれがとても問題のある考え方だと思っています。無知ほど恐ろしいことはなく、無知な人は、その無知ゆえに、時に、とんでもないことをしでかしてしまう可能性があるのです。洒落怖で起こることは単なるつくり話の中ですが、セシウム１３７を盗み出したロベルトのように、現実の世界でも起こりうることです。

そして、より重要なことは、寝た子が急に起きてしまったときの、その子の反応です。今、「放射脳」と呼ばれる、デマをまき散らす人たちの中には、福島第一原子力発電所事故が起こるまで、放射線に関する知識をなんら与えられないまま、「寝た」状態にされ続けてきた人たちがとても多いです。そのため、とても純粋で、「真っ白」な状態なまま、悪意ある間違った情報を多く含んだ、情報の津波の中にさらされてしまいました。もともとちゃんとした知識をもっていた人たちからは考えられないような、まったく違った影響を受けたことでしょう。我々はつい、「なんであんなデマに踊らされるんや」と嗤ってしまいがちですが、無垢な状態であれにさらされていたら、そういうふうに染まってしまったとしても、多少は仕方ない面もあるのではないでしょうか。

当然ながら、学問は政治や思想とは無関係であるべきです。政治や思想がからんだ瞬間、結論が決まってしまって、その結論を出すようにねじ曲げられてしまうからです。それはもはや学問とは言えません。

でも、あのような大事故が起こったときは、あふれる情報から政治色を取り除くことはなかなか難しいものです。そういう環境に置かれてから学びはじめると、どうしてもバイアスがかかってしまいがちです。ですから、事が起こる前に、あらかじめ学んでおく、「寝た」状態から脱して「起き」ておくことが重要です。

本書をお読みいただいたみなさんは、すでに「起き」ておられます。もし身近な方で未だ「寝て」おられる方がおられたら、あの事故からずいぶんたって、ようやく少しずつ冷静な目で見られるようになってきた今こそ、穏やかに「起こして」あげてみてはいかがでしょうか。本書がその目覚めのための一冊となれば幸いです。

謝辞

書籍版を出版するにあたって、実に素晴らしいイラストで僕の意図を見事にヴィジュアル化してくださったききき ききさん、通常の編集作業だけでなく、書籍版の本文ディザインまで手がけてくださった高良さん、そのディザインのアドヴァイスをしてくださった桜井雄一郎さん、素晴らしい装幀に仕上げてくださった鈴木さん、そして誰よりも、本書を手にしてくださった読者のみなさんに、深く、感謝の言葉を捧げます。

本当にありがとうございました。

周期表

10	11	12	13	14	15	16	17	18
								$_{2}$He ヘリウム
			$_{5}$B 硼素	$_{6}$C 炭素	$_{7}$N 窒素	$_{8}$O 酸素	$_{9}$F 弗素	$_{10}$Ne ネオン
			$_{13}$Al アルミニウム	$_{14}$Si 珪素	$_{15}$P 燐	$_{16}$S 硫黄	$_{17}$Cl 塩素	$_{18}$Ar アルゴン
$_{28}$Ni ニッケル	$_{29}$Cu 銅	$_{30}$Zn 亜鉛	$_{31}$Ga ガリウム	$_{32}$Ge ゲルマニウム	$_{33}$As 砒素	$_{34}$Se セレン	$_{35}$Br 臭素	$_{36}$Kr クリプトン
$_{46}$Pd パラジウム	$_{47}$Ag 銀	$_{48}$Cd カドミウム	$_{49}$In インジウム	$_{50}$Sn 錫	$_{51}$Sb アンチモン	$_{52}$Te テルル	$_{53}$I 沃素	$_{54}$Xe キセノン
$_{78}$Pt プラチナ	$_{79}$Au 金	$_{80}$Hg 水銀	$_{81}$Tl タリウム	$_{82}$Pb 鉛	$_{83}$Bi ビスマス	$_{84}$Po ポロニウム	$_{85}$At アスタチン	$_{86}$Rn ラドン
$_{110}$Ds ダルムスタチウム	$_{111}$Rg レントゲニウム	$_{112}$Cn コペルニシウム	$_{113}$Nh ニホニウム	$_{114}$Fl フレロビウム	$_{115}$Mc モスコビウム	$_{116}$Lv リバモリウム	$_{117}$Ts テネシン	$_{118}$Og オガネソン

$_{64}$Gd ガドリニウム	$_{65}$Tb テルビウム	$_{66}$Dy ジスプロシウム	$_{67}$Ho ホルミウム	$_{68}$Er エルビウム	$_{69}$Tm ツリウム	$_{70}$Yb イッテルビウム	$_{71}$Lu ルテチウム
$_{96}$Cm キュリウム	$_{97}$Bk バークリウム	$_{98}$Cf カリホルニウム	$_{99}$Es アインスタイニウム	$_{100}$Fm フェルミウム	$_{101}$Md メンデレビウム	$_{102}$No ノーベリウム	$_{103}$Lr ローレンシウム

1	2	3	4	5	6	7	8	9
$_{1}$**H** 水素								
$_{3}$**Li** リチウム	$_{4}$**Be** ベリリウム							
$_{11}$**Na** ナトリウム	$_{12}$**Mg** マグネシウム							
$_{19}$**K** カリウム	$_{20}$**Ca** カルシウム	$_{21}$**Sc** スカンジウム	$_{22}$**Ti** チタン	$_{23}$**V** バナジウム	$_{24}$**Cr** クロム	$_{25}$**Mn** マンガン	$_{26}$**Fe** 鉄	$_{27}$**Co** コバルト
$_{37}$**Rb** ルビジウム	$_{38}$**Sr** ストロンチウム	$_{39}$**Y** イットリウム	$_{40}$**Zr** ジルコニウム	$_{41}$**Nb** ニオブ	$_{42}$**Mo** モリブデン	$_{43}$**Tc** テクネチウム	$_{44}$**Ru** ルテニウム	$_{45}$**Rh** ロジウム
$_{55}$**Cs** セシウム	$_{56}$**Ba** バリウム	ランタノイド 57～71	$_{72}$**Hf** ハフニウム	$_{73}$**Ta** タンタル	$_{74}$**W** タングステン	$_{75}$**Re** レニウム	$_{76}$**Os** オスミウム	$_{77}$**Ir** イリジウム
$_{87}$**Fr** フランシウム	$_{88}$**Ra** ラジウム	アクチノイド 89～103	$_{104}$**Rf** ラザホージウム	$_{105}$**Db** ドブニウム	$_{106}$**Sg** シーボーギウム	$_{107}$**Bh** ボーリウム	$_{108}$**Hs** ハッシウム	$_{109}$**Mt** マイトネリウム

ランタノイド	$_{57}$**La** ランタン	$_{58}$**Ce** セリウム	$_{59}$**Pr** プラセオジム	$_{60}$**Nd** ネオジム	$_{61}$**Pm** プロメチウム	$_{62}$**Sm** サマリウム	$_{63}$**Eu** ユウロピウム
アクチノイド	$_{89}$**Ac** アクチニウム	$_{90}$**Th** トリウム	$_{91}$**Pa** プロトアクチニウム	$_{92}$**U** ウラン	$_{93}$**Np** ネプツニウム	$_{94}$**Pu** プルトニウム	$_{95}$**Am** アメリシウム

附録1　物理量まとめ

接頭記号

F	femto	× 1/1,000,000,000,000,000	$\times 10^{-15}$
p	pico	× 1/1,000,000,000,000	$\times 10^{-12}$
n	nano	× 1/1,000,000,000	$\times 10^{-9}$
μ	micro	× 1/1,000,000	$\times 10^{-6}$
m	milli	× 1/1,000	$\times 10^{-3}$
c	centi	× 1/100	$\times 10^{-2}$
h	hecto	× 100	$\times 10^{2}$
k	kilo	× 1,000	$\times 10^{3}$
M	mega	× 1,000,000	$\times 10^{6}$
G	giga	× 1,000,000,000	$\times 10^{9}$
T	tera	× 1,000,000,000,000	$\times 10^{12}$
P	peta	× 1,000,000,000,000,000	$\times 10^{15}$

物理定数

アヴォガドロ定数（Avogadro constant）
　6.02214076×10^{23}／mol
→第1章

素電荷量（elementary charge）
　1.602176634×10^{-19} C
→第3章

物理量

放射能（radioactivity）
単位：Bq（＝／s）（Becquerel）
1秒間あたりの崩壊の数（1秒間あたりに放出する放射線の数）
→第3章

比放射能（specific radioactivity）
単位：Bq／kg、Bq／g、Bq／cc など
単位量（単位質量や単位体積など）あたりの放射能→第3章

半減期（half-life）
単位：時間の単位と同じ
放射性同位体がもとの状態の半分の量となる時間→第3章

吸収線量（absorbed dose）
単位：Gy（＝J／kg）（Gray）
単位質量あたりに吸収する放射線によるエネルギー→第4章

等価線量（equivalent dose）
単位：Sv（Sievert）
吸収線量に、放射線の種類の違いの分を反映させた量→第5章

等価線量率（equivalent dose rate）
単位：Sv／h
単位時間あたりの等価線量→第5章

実効線量(effective dose)

単位：Sv

等価線量に、臓器や組織の感受性の違いの分を反映させた量→第5章

実効線量係数(effective dose coefficient)

単位：Sv／Bq

取り込んだ放射性物質の単位放射能あたりの被曝量（実効線量）→第5章

名目リスク係数(nominal risk coefficient)

単位：／Sv

単位実効線量あたりの、その影響(癌による死亡など）が顕われる確率が増える割合→第5章

反応断面積(cross section)

単位：b（＝×10^{-28} m^2）(barn)

その反応の起こりやすさ→第4章

換算式

エネルギー換算

1 eV ～1.602176634×10^{-19} J

1 J ～6.241509074×10^{18} eV

質量換算

1 MeV ～1.782661922×10^{-30} kg

比放射能と半減期の関係式

その放射性同位体の質量数をA、半減期をTとすると、比放射能Sは、

$$S \sim \frac{4.17\times10^{23}}{AT}$$ ［Bq/g］ 半減期の単位を「秒」とした場合

$$S \sim \frac{1.16\times10^{20}}{AT}$$ ［Bq/g］ 半減期の単位を「時間」とした場合

$$S \sim \frac{4.83\times10^{18}}{AT}$$ ［Bq/g］ 半減期の単位を「日」とした場合

$$S \sim \frac{1.32\times10^{16}}{AT}$$ ［Bq/g］ 半減期の単位を「年」とした場合

附録2　福島第一原子力発電所事故関連の調査結果

本書を手にしてくださった方々の多くが、福島第一原子力発電所事故がきっかけで放射線に興味を持たれたのかも知れません。しかし、僕は、本書の中では、特に必要と思われるところを除いて、同事故に直接関連する話はあえてしませんでした。その理由は跋文に書いています。そこで、本書で放射線について学ばれた方が、改めて同事故における放射線量の調査結果や、放射線による影響の調査結果をご覧いただけるよう、リンク先を書いておきます。

まず最初にご覧いただきたいのは、UNSCEARの報告書です。UNSCEARのHPには、同事故に関する特設ページがあります。

http://www.unscear.org/unscear/en/fukushima.html

我が国の機関としては、やはりまず原子力規制委員会の調査報告に目を通しておきましょう。

放射線モニタリングのトップページ

http://radioactivity.nsr.go.jp/ja/index.html

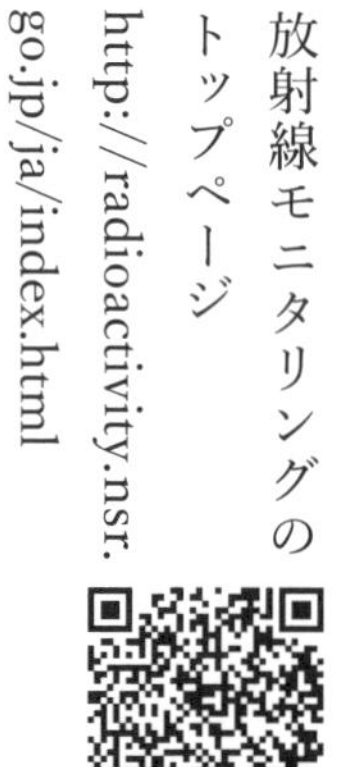

報告書

http://radioactivity.nsr.go.jp/ja/list/519/list-1.html

「福島復興ステーション」という復興情報のサイトに、放射線関連の情報が載っています。

http://www.pref.fukushima.lg.jp/site/portal/list272.html

また、福島県は、有識者による、県民健康調査に関する検討委員会を設けており、その議事録も公開されています。

http://www.pref.fukushima.lg.jp/site/portal/kenkocyosa-kentoiinkai.html

日本学術会議が、子供に対する被曝の影響についてまとめてあります。

『子どもの放射線被ばくの影響と今後の課題』

http://www.scj.go.jp/ja/info/kohyo/pdf/kohyo-23-h170901.pdf

日本原子力研究開発機構は、放射線についてはまさに専門中の専門ですので、同事故においても、様々な形で協力をしています。

放射性物質の分布状況についても調査しており、その報告書が公開されています。

『放射性物質の分布状況等調査報告書』

https://fukushima.jaea.go.jp/initiatives/cat03/entry02.html

また、放射線に関するQ&Aサイトも開設しています。みなさんがお知りになりたいことも載っているかも知れません。

『答えます みんなが知りたい福島の今 – 根拠情報Q&Aサイト – 』

https://fukushima.jaea.go.jp/QA/

環境庁が、マスコミのいい加減な報道に対して苦言を呈しています。

『最近の甲状腺検査をめぐる報道について』

http://www.env.go.jp/chemi/rhm/hodo_1403-1.html

アメリカ軍は、東北大震災の際、我々を支援する「Tomodachi」作戦を展開してくれましたが、その作戦時における軍人の被曝量をまとめた資料が公開されています。

『Radiation Dose Assessments for Fleet-Based Individuals in Operation Tomodachi, Revision 1』

http://www.dtic.mil/dtic/tr/fulltext/u2/a606666.pdf

附録3
更に学びたい方のために

　放射線の勉強をするにあたり、お薦めの本は何かと問われると、それはそれで悩ましいのですが、逆に、「絶対に避けるべき本」は何かと訊かれれば、これははっきりと答えることができます。

　「政治」や「思想」が入っている本だけは、絶対に避けてください。

　つまり、反原発にせよ、原発推進にせよ、そういった考えを表明している本は、放射線について学ぶための教科書としては、まったく不向きです。なぜなら、そういうものは、結論が決まっていて、そちらのほうへと誘導しようとするからです。学問は純粋に学問であるべきで、変なバイアスがかかっていたり、結論ありきでは、学問としてまともに成立しません。

　もちろん、各個人が、どのような意見や思想を持っていても自由です。しかし、そのような思想と独立でなければ、学問とは言えません。学問とは、自分に都合のよい結論を出すための道具ではありません。科学を学ぶ上では、特にこのことは重要です。

　まずは、放射線について純粋に科学的に学び、それから、その知識を以って、他の問題を考えればよいのです。

書籍

　書籍に関しては、現在絶版になってしまっているものもここでは紹介します。というのも、絶版でも読める可能性があるからです。絶版になったものは、アマゾンのマーケットプレイスで入手できるものもありますが、法外なプレ値がつけられていたり、そもそもマーケットプレイスになかったりするものは、図書館で閲覧する手があります。こういうときこそ、図書館を活用しましょう！

　でも、どの図書館にどの書籍が置いてあるかわかりませんよね。そこで、まずは図書館の蔵書を検索できるサイトをご紹介します。

カーリル

https://calil.jp/

というサイトは、書名を入力し、地域を指定すれば、その地域内のどの図書館にその書籍が置いてあるのか、そして現在借りられるか（貸し出されていないか）がわかるだけでなく、貸出予約までできてしまいます。ぜひご活用ください。

　では、推薦図書の紹介を。

『放射線概論（第10版）』通商産業研究社（２０１８）

ISBN978-4860451103

放射線について学ぶときの、もっとも基本的な教科書です。放射線について語っている人で、これすら読んでいない人がいたとしたら、その人はちゃんとした教育を受けていない可能性が極めて高いので、その人の言うことはあまり信用しないほうがよいです。

放射線に関する法律や国際機関の勧告などは刻々と変わりますので、特に法令を学びたい方は、最新の版を読まれることをお薦めします。右は、本書執筆時点（２０１８年）での最新版（第10版）です。

『アイソトープ手帳 第11版』日本アイソトープ協会（２０１１）

ISBN978-4890732111

各放射性同位体ごとの、半減期、崩壊の仕方、放射線のエネルギーなどがまとめられたデータブックです。ありとあらゆる放射性同位体について載っています。放射線について学ぶときは、常に手もとに置いておくとよいでしょう。本書の執筆時点では、この第11版が最新のようです。

『放射線計測学シリーズ』日本放射線技術学会

『放射線概論』を読んだ人が、それぞれについてより詳しく知りたいときには、これを読むといいでしょう。ただし、とても専門的で高価ですので、その道に進む人以外には、それほどお薦めしません。

『生活環境放射線』原子力安全研究協会（２０１１）

我々は普段の生活でどれくらいの放射線を浴びているのか。その被曝量をまとめた本です。自然放射線、核実験フォールアウト、職業被曝、医療被曝、公衆被曝などを、最新（当時）の情報に基づきまとめたものです。ただし、刊行時期がちょうど福島第一原子力発電所事故直前だったために、その影響が載っていないのが残念です。

また、一般の書店などでは扱っておらず、原子力安全研究協会のHP
https://www.nsra.or.jp/library/books/book.html
から注文しなければなりません。

『人体内放射能の除去技術』講談社（1996）

ISBN978-4061539426

体内に入ってしまった放射性同位体に対して、その体内での挙動に合わせた除去方法について書いた書籍です。多くの種類の放射性同位体について、どの方法がどれくらい有効であるかを、過去の実験データを挙げながら解説しています。

絶版になったものですが、マーケットプレイスにたくさん出品されています。

『放射性物質の人体摂取障害の記録』日刊工業新聞社（1995）

ISBN978-4526037795

過去の内部被曝事故での放射線障害についてまとめた貴重な書籍です。ただ、本書執筆時点でアマゾンにアクセスすると、在庫なしでした。図書館に行って読んでください。

1995年とちと古いのですが、それでも充分なくらい様々な被曝事故について簡潔に書かれています。それぞれの事故についてさらに詳しく知りたい方は、それぞれの記事の最後にある参考文献を読むとよいでしょう。

『ニュートリノ』イースト・プレス（2016）

ISBN978-4781680163

僕の、ニュートリノに関する著書です。宣伝、宣伝！

テーマはニュートリノなので直接放射線の話とは関係がないのですが、本書に登場した物質／反物質の関係について書いてある部分はぜひご一読を（宣伝、宣伝！）。

勧告・報告書

第5章冒頭でもお話ししたとおり、まず最初に目を通すべきは、ICRPの勧告でしょう。日本アイソトープ協会のHPに、無料で読める日本語訳版がリンクされています。日本語訳がないものは、原文版（英語）でお読みください。

ICRP

http://www.jrias.or.jp/books/cat/sub1-01/101-14.html

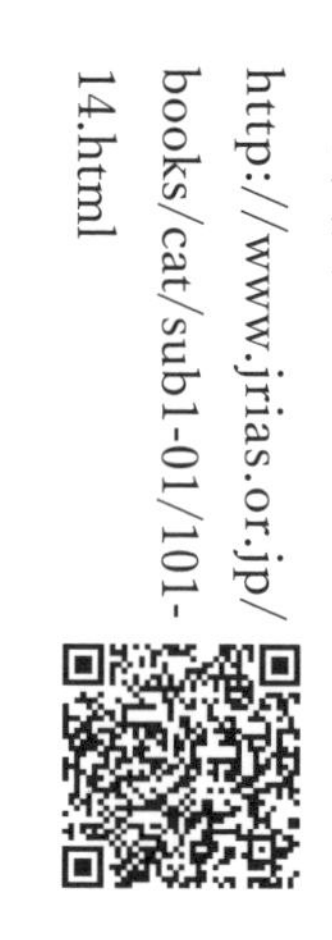

そして、UNSCEARの報告書も合わせて読むことをお薦めします。特に、附録2でも触れたように、福島第一原子力発電所事故に関する特設ページがありますので、同事故

に興味がある方は、ぜひご覧ください。

UNSCEAR 総括報告

http://www.unscear.org/unscear/en/general_assembly_all.html

出版物

http://www.unscear.org/unscear/en/publications.html

福島第一原子力発電所事故に関する特設ページ

http://www.unscear.org/unscear/en/fukushima.html

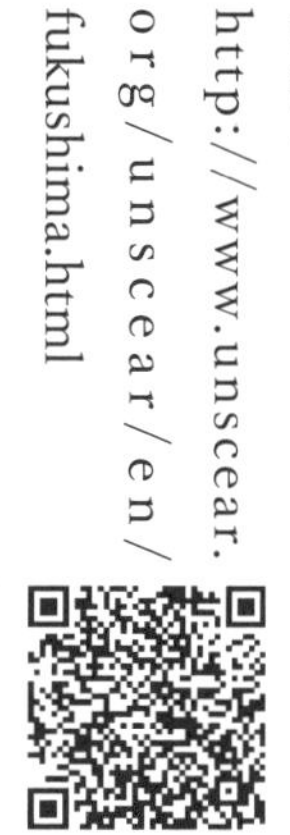

原子爆弾の被爆者の子供の放射線による遺伝的影響の調査結果については、UNSCEARの2001年報告に詳しく書いてあります。

http://www.unscear.org/docs/publications/2001/UNSCEAR_2001_Report.pdf

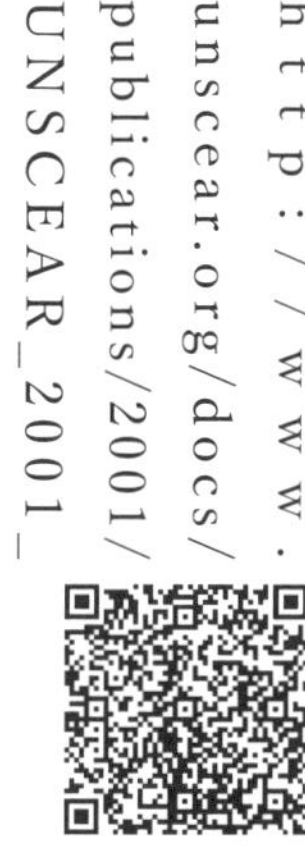

報告書は長いので、それを読むのが面倒な人は、放射線影響研究所のHPにある、その結果のまとめを読むとよいでしょう。

出生時障害の調査結果

https://www.rerf.or.jp/programs/roadmap/health_effects/geneefx/birthdef/

染色体異常の調査結果

https://www.rerf.or.jp/programs/roadmap/health_effects/geneefx/chromeab/

血液蛋白質の突然変異

https://www.rerf.or.jp/programs/roadmap/health_effects/geneefx/bloodpro/

DNA調査

https://www.rerf.or.jp/radefx/genetics/dna.html

索引

多田 将 ただ・しょう

一九七〇年大阪府生まれ。京都大学理学研究科博士課程修了。理学博士。京都大学化学研究所非常勤講師を経て、現在、高エネルギー加速器研究機構・素粒子原子核研究所、准教授。

著書に『すごい実験』『すごい宇宙講義』『宇宙のはじまり』『ミリタリーテクノロジーの物理学〈核兵器〉』『ニュートリノ』（以上、イースト・プレス）、『核兵器』『弾道弾〈兵器の科学1〉』（以上、明幸堂）がある。

放射線について考えよう。

二〇一八年八月二一日　第一刷発行
二〇二一年十月二十日　第三刷発行

著者　多田 将
イラストレーション　ききき きき
ブックデザイン　鈴木成一デザイン室
発行者　高良和秀
発行所　株式会社明幸堂
〒一八四-〇〇〇二 東京都小金井市梶野町一-二-三六 KO-TO
電話〇九〇-八一一四-九六四四
印刷・製本　中央精版印刷株式会社
 ISBN978-4-9910348-0-0